KB043204

탄광의
기억과 풍경

탄광의 기억과 풍경

충남 최대의 탄광 취락 성주리의
문화 · 역사지리적 회상

홍금수 지음

푸른길

머리말

　2009년도 춘계 정기 답사에 학생들을 인솔하여 충청남도 보령시의 석탄박물관을 찾은 것은 3월 28일이었다. 그전에도 한 차례 방문한 일이 있었지만 성주리 옛 탄광촌의 사택이 눈에 들어온 것은 그때였다. 줄을 지어 정연하게 늘어선 허름한 대단지 사택의 강한 인상에 끌려 연구를 마음먹고 마을을 드나든 지도 어느덧 4년이란 세월이 흘렀다. 이런저런 사정과 게으름으로 미루어졌던 결과가 늦게나마 한 권의 아담한 책으로 엮어지게 된 것을 기쁘게 생각한다. 동시에 보잘 것 없는 연구에 관심을 갖고 지켜봐 주신 많은 분들, 특히 현지 조사에서 자료를 제공하고 면담에 응해 주신 지역 주민에게는 조금 미안한 마음이 앞선다. 제때에 마무리하지 못한 것은 전적으로 능력이 부족한 필자의 탓으로 돌릴 수밖에 없을 것 같다.

　반복되는 일상이지만 가끔 주변을 돌아다보면 곁에 있던 것들이 어느 순간 우리 눈앞에서 사라져 버린 것을 알아차리게 된다. 아쉬움에 다시 찾고 불러 보아도 되돌아오는 것은 아무것도 없으며 남은 것이라고는 오직 아련한 기억과 지워지다 남은 흔적뿐이다. 잃고 나서야 그 소중함을 느끼게 되는 것은 변함없는 세상의 이치일 것 같은데, 아련한 향수까지 더해지면 아쉬움은 더욱 커진다. 과거는 현재에 머물고 있는 우리의 성찰을 통해 기억되고 경관으로 재현되며 의미 있게 해석된다. 그런데 정작 1950년대, 1960년대, 1970년대는 가까운 과거임에도 이미 많은 것들이 기록으로 남지 못하고 부지불식간에 사라진 역사지리의 공백기로 남아 있다. 전쟁의 참화를 거친 뒤 산업화를 통해 삶의 기반을 다시 정비해야 하는 사회적 상황 때문에 기억에는 생생하지만 체계적인 연구의 대상으로는 그다지 깊게 그리고 진지하게 생각해보지 않았던 시대인 것이다. 지리학의 상황은 가히 치명적일 정도이다.

이 글은 이런 문제의식에서 출발한다. 그리 오래지 않은 과거에 사라진 한 탄광촌을 기억해 보고자 했는데, 현장은 우리나라를 대표하는 삼척탄전이 아닌, 황해를 앞에 둔 충청남도 보령시 성주면 성주리로서 누구에게는 이름조차 생소한 곳일지 모른다. 석탄 채굴이 한창일 때에도 세간에 자주 오르내린 곳이 아니었다. 지질상으로 중생대 대동계 지층에 개발된 탄전인 까닭에 석탄의 품위와 열량이 삼척탄전의 그것에 비해 떨어지고 채굴 규모도 작아 제대로 평가받지 못했던 것이다. 그러나 성주리 탄광촌은 다른 광산지역과 마찬가지로 오랜 기간 독자적인 생활 양식을 영위하면서 대지 위에 지역 특유의 문화경관을 형성하였다. 석탄산업합리화 정책 이후에는 그 모든 것들이 일순간에 와해되는 아픔도 겪었다. 성주리 탄광촌은 따라서 지역지리의 형성, 발전, 변화, 쇠퇴의 전 과정을 짧은 기간에 경험한 사례로서 차분하게 들여다볼 가치가 충분하다.

그런 판단에서 필자는 충남탄전 최대의 취락이었던 성주리의 재발견에 나섰다. 남겨진 산업유산의 흔적을 실마리로 탄광촌 사람들의 기억을 더듬으면서 전성기의 성주리 지역지리를 복원하고 그로부터 폐광 이후까지의 변화를 짚어 보고자 하였다. 본 연구는 로컬 스케일에서 진행한 심층 조사의 일환으로 탄광촌의 형성과 변화를 중심으로 지역 특유의 생활 양식과 문화경관을 기술하고 해석하였다. 지역 내 심원탄광이 마지막으로 광업권 소멸 등록을 마친 것이 1994년이므로 폐광과 함께 탄광촌의 자취를 완전히 감춘 지도 어언 20년을 넘어섰다. 기억 속 취락에 대한 연구이기에 현지 답사를 통해 과거의 흔적을 찾아내는 작업에서부터 출발했으며, 탄광의 운영에 관여했던 광업권자 이하 현장 노동자에 이르는 제반 주체의 구술과 생활 자료에 의거하였다. 과거의 탄광촌 상황을 복원하는 단계에서는 시기를 달리하는 대축척 지형도가 참고가 되었으며, 지역민들이 지금까지 간직하고 있는 사진과 각종 서류도 큰 도움이 되었다. 기존의 연구에서 소개되지 않았던 광업출원카드, 광업원부, 조광권원부 등의 일차 자료는 광업권과 조광권의 변동 사항을 사실적으로 확인하는 데 긴요하였다.

연구 결과는 일곱 개 장으로 나누어 정리하였다. 1장은 연구 지역의 지형과 지질, 특히 성주탄전의 성립을 유도한 탄층의 분포를 살폈고, 2장에서는 성주리의 옛 모습을 돌아보는 데 할애하였다. 이어지는 3장은 전통 취락이 산업화를 거치며 탄광촌으로 변모하는 과정을 조명하였으며, 4장은 지역 내 광구와 탄광의 구체적인 분포를 확인하는 데 중점을 두었다. 5장은 탄광 노동의 유형과 마을의 일상을 그렸고, 6장에서는 탄광촌의 기억을 안고 살아가는 주역들의 회상을 엮어 실었다. 7장은 석탄산업합리화 시책에 따른 순차적인 폐광과 그 뒤에 남게 된 의미를 되돌아보았다. 내용에 따라 일반 대중이 관심을 가질 만한 부분이 있고, 동시에 연구자나 대학원생들에게는 접근 방법과 활용한 자료가 흥미롭게 느껴질 것이다. 석탄산업에 종사했던 분들과 관계 기관은 다른 무엇보다 사실 기록의 하나로 의미를 부여할 수도 있을 것 같다. 필자 개인적으로는 이 작은 책자가 후속 연구를 자극하는 계기가 되었으면 하는 바람을 가져 본다. 언젠가는 사라지게 될 대한석탄공사의 장성·도계·화순광업소를 비롯해 굳이 탄광이 아니더라도 과거의 광산지역을 대상으로 산업유산의 의미를 되돌아보는 노력이 계속되었으면 한다.

시간에 쫓겨 성급하게 마무리하는 연구물은 지나고 보면 낯 뜨거울 때가 많다. 지금 내놓는 결과도 크게 다르지 않을 것이며 독자의 아낌없는 비판과 질책 부탁드린다. 그럼에도 많은 분들의 도움이 없었더라면 이 정도의 성과조차 빛을 볼 수 없었을 것이다. 이 기회에 감사의 말씀을 전하고자 한다.

먼저, 성주리 탄광의 기억을 가슴에 새기고 살아가는 분들에게 고마움을 표하고 싶다. 낯선 이의 잦은 방문에도 거리낌 없이 선뜻 자료를 제공하고 면담에 응해 주신, 필자에게는 더없이 소중한 분들이다. 때론 기억에서 지우고 싶은 아픔을 환기해야 했음에도 내색하지 않고 경험을 진술하게 들려 주신 모든 분들께 거듭 감사드린다. 그리고 배울 것 많지 않은 지도교수를 만나 이유 없는 핀잔을 들으면서도 묵묵히 학생의 본분을 다해 준 고려대학교 대학원 지리학과의 제자들에게도 고맙다는 말을 전하며, 자신만의 영역을 끈기 있게 개척하여 훌륭한 문화·역사지리학자로 남아 주길 바란다. 김태형 군은 먼 거리를 마다하지 않고 여러 차례 답사에 동행하였으며, 본 연구와 관련해 성주탄광의 개척자라 할 수 있는 고 장순희의 장남 장경주 씨의 소재를 파악하는 데도 성심으로 임해 주었다. 어렵게 수소문한 끝에 부산에 거주하는 당사자를 만나 고인의 사진을 전해 받은 순간 함께 느꼈던 기쁨은 지금도 잊을 수가 없다. 필자가 활동하고 있는 한국문화역사지리학회의 여러 선생님들, 특히 후배 연구자들은 적지 않은 자극과 격려가 되고 있다. 앞으로도 의미 있는 성과로서 선의의 경쟁을 계속하며 문화·역사지리학 발전에 기여했으면 한다. 끝으로 어려운 상황에도 수익성을 보장할 수 없는 연구서의 출판을 기꺼이 허락해 주신 푸른길출판사의 김선기 사장님, 그리고 편집을 맡아 딱딱한 글을 예쁘게 다듬어 준 정혜리 님에게 마음으로나마 고마움을 전한다.

2014년 2월

안암동 연구실에서, 홍금수

차 례

1. 연구 목적

1940년 5월 31일. 조선총독부 산하 연료선광연구소는 조선탄전조사보고 제14권으로 211페이지 분량의 「강원도삼척무연탄탄전(江原道三陟無煙炭々田)」을 정리해 간행한다. 이는 1925년부터 1928년까지 230일에 걸친 현지 조사에 기초하여 조선총독부 기사 시라기 다쿠지(素木卓二)가 작성한 보고서로서, 삼척탄전의 위치, 지형, 기상 등 자연지리 일반에 대한 고찰에 이어 지질, 지질 구조, 지사를 상세히 분석해 주고 있다. 아울러 탄층, 탄질, 탄량에 관한 구체적인 현황에 대한 설명과 함께 일체의 실상을 지질도, 단면도, 주상도 등의 도면으로 정리한 귀중한 자료가 아닐 수 없다. 남한 최대의 석탄 매장지를 파헤쳐 얻어 낸 이상의 성과에 입각해 시라기는 삼척탄전이 "일본의 부족한 자원을 보충하는 데 중요하고" 따라서 "그것을 개발하는 일이 국가적으로 긴급하다."라는 입장을 조선총독부에 전달하여 결과적으로 동부 구역 원덕면·소달면, 중앙 구역 검천·황지리, 서부 구역 백운산의 탄전 개발을 유도하였다. 그리고 이들 지역에서 시작된 석탄광업은 훗날 한국의 산업화를 견인하고 한국지리의 면모를 일신하는 거대 동인으로 작용하였다.

황지천으로 흘러드는 강원도 태백시 금천동의 작은 개울가에는 1996년에 태백문화원이 건립한 최초석탄발견지탑이 자리를 지키고 있다(사진 1). 이는 1920년 무렵 삼척군 상장면사무소에 근무하던 장해룡이라는 직원이 발견한 검은 돌덩이가 괴탄으로 밝혀진 데 이어, 대한석탄공사(大韓石炭公社, 석공) 장성광업소의 전신이라 할 삼척개발주식회사가 설립됨으로써 1926년부터 채탄이 시작되었던 역사적 사실을 기억하기 위해 조성된 것이다. 비록 규모는 웅장하지 않으나 이 평범하고 소박한 조형물은 우리나라 산업 발전과 경제 성장을 선도해 온 삼척탄전의 시대적 중요성을 일깨워 주는 상징경관으로서 우리에게 크게 다가온다.

　단순한 에너지원의 차원을 넘어 개발과 성장의 논리를 뒷받침하고 산업화 담론의 논거를 제공한 무연탄은 삼척탄전처럼 주로 고생대 평안누층군에 다량 매장되어 있고 질적으로도 우수하다. 그렇다고 탄층이 고생대의 퇴적암으로만 존재하는 것은 아니며 시대가 내려온 중생대 대동누층군에도 다량 부존하는데, 경기도의 김포, 연천과 경상북도의 왜관을 비롯해 특히 보령, 부여, 청양, 서천, 홍성, 예산, 당진 등 충청남도 일대에는 광구가 거의 연속적으로 분포할 만큼 그 실체는 지표와 지하 공간에 뚜렷한 흔적을 남긴다(윤성순, 1952, p.157; 그림 1). 그러나 흥미롭게도 충남탄전의 무연탄은 고생대탄에 비해 탄화도가 낮고 열량이 부족하다는 이유로 '차별'을 받았으며, 그런 부당한 인식으로 인해 지역지리에 미친 명확한 공과가 있음에도 세간의 관

사진 1. 태백시 먹돌배기(黔川)의 석탄 발견지

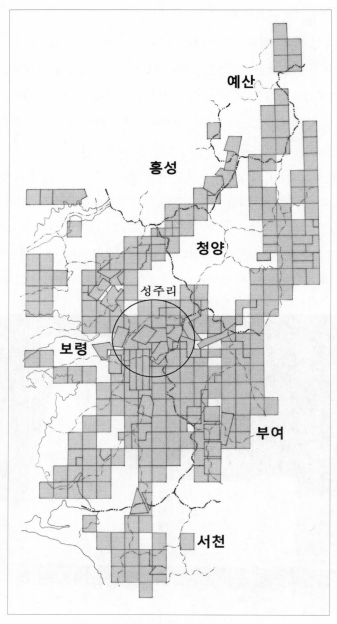

그림 1. 충남탄전과 성주리의 광구 분포

심에서 벗어나 있었던 것이 사실이다. 바로 이 점은 필자가 보령, 구체적으로 충남 최대의 탄광 취락인 성주리에 관해 연구를 시작하게 된 동기이기도 하다.

소위 '저질탄' 생산 지역으로서 성주리는 석탄산업합리화(石炭産業合理化)의 광풍에 휘말려 폐광을 맞은 뒤 사람들의 뇌리에서 빠르게 잊혀져 가고 있다. 태백 지역에 대한 연구가 정암(1989; 1995)의 치밀한 분석을 필두로 지리학은 물론 역사학, 사회학, 경제학, 경영학, 환경공학 등의 분야에서 심층적으로 수행되어 논문, 보고서, 단행본의 형태로 꾸준히 성과를 축적해 온 것과는 사뭇 대조적으로, 보령을 포함한 충남 유수의 탄광 지역에 관해서는 강홍준(2001)의 촌락 연구를 제외하면 거의 찾아보기 힘들다. 이 또한 기억 저편에 놓인 충남탄전의 서벌턴(subaltern)의 지위와 무관하지 않을 것이다. 따라서 잊혀져 가는 기억을 환기시켜 탄광촌의 역사지리와 그 안에서 펼쳐진 생활 양식을 복원하는 작업은 일차적으로 감정이입의 상태에서 내부자의 시선으로 지역·공간·장소를 이해하는 의미 있는 시도가 될 것으로 확신한다.

연구 지역인 성주리는 한적한 산촌으로 출발하여 백제의 호국사찰, 나아가 통일신라와 고려의 국가이념을 지탱한 구산선문(九山禪門)으로 성장하며, 성리학이 국시(國是)가 되는 조선시대에는 명촌의 한 곳으로서 유교적 이상향을 구현하였다. 그러나 산자수명했던 마을은 산업화를 거치며 하루아침에 잿빛으로 변하였고 개발이라는 미명 아래 지역 전체적으로 200여 개 가까운 구멍이 뚫리는 아픔을 감수하지 않을 수 없게 된다. 연구를 위해 특별히 성주리를 선택한 것은 충남탄전을 대표하는 탄광촌이라는 단순한 이유 때문만은 아니다. 사회·경제적 맥락에 따라 지역지리의 외형이 달라진 것은 물론, 장소성(placeness) 또한 전혀 다른 관점에서 해석되는 아이러니의 현장이었고 역사지리의 극적인 변화를 짚어볼 수 있는 생생한 사례라는 점도 신중하게 고려되었다.

석탄산업합리화의 여파로 1989년 6월부터 1992년 11월에 걸쳐 국영 및 민영 탄광의 광업권이 순차적으로 말소되면서 성주리는 탄광 취락의 굴레를 내려놓지만, 과거의 상처가 아물기는커녕 역설적으로 무너진 갱도와 폐석 더미로 얼룩진 경관에 뚜렷한 흔적을 남기고 있다. 석탄광업은 다른 일차적인 경제 활동에 비해 전개되는 지상의 공간적 범위는 상대적으로 좁지만, 지하를 무대로 한다거나 경관 자체가 파격적이고 그 형성과 변화의 속도 또한 빠르다는 특징을 가진다. 생활 양식(genre de vie)으로서 문화 그리고 시간의 흐름에 맡겨진 지역지리의 다양한 면모를 일견하기에 탄광촌이 더없이 좋은 소재인 이유이다.

이미 많은 흔적이 인멸된 열악한 상황이지만 필자는 잔존한 역사경관 (historical landscape)에 주목하면서 첫째, 시·공간적 맥락에서 형성된 성주리의 장소성과 그 변화를 과거에서 현재로 내려오는 순행적 방법에 입각해 해석하고, 둘째, 1950년대 후반의 전후 재건기 이래 성주탄이라는 성장 동인에 의해 추동된 산업화가 지역지리에 미친 파장을 규명하는 두 가지 작업을 진행하였다. 아울러 폐광으로 표출된 탈산업화(deindustrialization)가 성주리에 초래한 지역정체성의 위기 상황을 타개하기 위해 지역 주민들이 펼치는 장소성 회복의 열망을 비판적으로 음미해 보았다.

2. 연구 방법

본 연구는 성주리에 흩어져 있는 일상경관을 중심으로 접근하고자 계획하였다. 일반적으로 경관은 장소성의 형성과 변화를 확인하고 지역의 과거를 복원하는 핵심적인 단서로 소개되지만 이 경우 특정 지리적 맥락에서 성립된 데다 다양한 메시지를 '모호한' 방식으로 전달하므로 내재된 암호를 풀고자 한다면 보고 읽고 해석하는 일련의 과정이 필요하다(Lewis, 1979, pp.11-32). 성주리에 잔존해 있는 경관을 올바로 독해하려면 우선 역사성의 공리(the historic axiom)에 의거하여 오랜 기간 축적된 의미의 층위를 하나씩 들추어내야 할 것이다. 그와 함께 성주리 공동체에 귀속된 이념, 가치, 상징을 반영하는 '조망 양식(ways of seeing)'으로서 경관을 비판적으로 이해하는 자세 또한 필요하다.

성주리의 일상경관에는 지난 시기를 반영하는 잔적인 동시에 문화유산(cultural heritage)으로서 전통과 역사성을 다분히 함유한 유형이 다수 포함되어 있으며, 그 일종인 산업유산도 비록 퇴락한 상태이기는 하지만 곳곳에 자취를 남기고 있다. 유기된 폐탄광은 지역민의 정신세계를 지탱하던 산업화의 가치가 전도되었음을 알리는 성주리의 대표 경관이 된 지 오래다. 영속적인 활황을 약속할 것 같았던 지역경제가 하향세로 돌아서면서 탄광 마을은 쇠퇴하였고 그에 따라 물리적 경관 또한 퇴락의 멍에를 짊어질 수밖에 없었던 것이다. 경관의 유기는 이처럼 기존 질서와 전통은 물론 이념의 와해를 의미하며(Jakle & Wilson, 1992), 암울해 보이는 폐기된 광산은 성주리 사람들의 삶의 터전과 환경의 황폐화를 짙게 반영한다.

하지만 가시경관 하나만으로 지역을 온전히 이해하기란 여간 어려운 일이 아닐 수 없다. 해석이 진행되는 과정에 자연스럽게 주관이 개입하기 마련이며 그것을 배제하는 것이 거의 불가능하기 때문인데(Holdsworth, 1997, pp.44-55), 경관 독해는 따라서 현상을 이해하는 여러 갈래의 통로 가운데 단지 하나에 불과하다고 인정하는 편이 옳을 것이다. 그렇다고 했을 때 추가적으로 요구되는 것은 사회, 문화, 경제, 역사 등 제 과정에 대한 천착이며 그를 위해 기초 자료의 수집은 필수 불가결한 절차가 될 것이다. 당연히 성주리의 장소성 변화와 산업화 시대 탄광 취락의 삶을 재구성하는 데에도 일·이차 문헌 자료의 수집과 분석이 뒤따라야 한다. 연구를 진행하면서 성주리의 지역사(local history)를 고증하는 단계에서는 시기를 달리하는 지리지의 도움을 받았으며, 산업화 시기의 탄광 현황을 개관하는 데에는 일간신문을 비롯해 대한석탄공사가 발간한 각종 실태 조사 보고서와 『광구일람』 같은 희귀 자료를 참고하였다(그림 2).

지식경제부 산하 광업등록사무소에 소장된 「광업출원카드」(광업권 출원상황표), 「광업원부」, 「조광권원부」는 광구의 광업권 출원에서부터 소멸에 이르는 전 과정에 대한 일체의 정보를 확인할 수 있는 일차 자료로서 중요하게 활용하였다. 이들 자료는 다른 광산촌 연구에서 볼 수 없었던 것들로서 아마도 필자가 처음으로 소개하는 것이 아닐까 생각한다. 발급받은 등본에는 등록번호, 광구의 소재지, 광종, 면적, 소유권, 저당권 등 광구에 관한 구체적인 내용이 수록되어 있으며, 특히 광업권 보유자의 변동 사항을 지속적으로 추적하는 것이 가능하다(그림 3). 광업권자나 조광권자가 회사로 등록된 경우에는 폐쇄등기부등본을 신청, 확보함으로써 대표이사를 중심으로 한 사원의 구성을 비롯해 제반 등기사항의 변동을 체계적으로 파악하였다. 아울러 현지의 자연지리를 파악

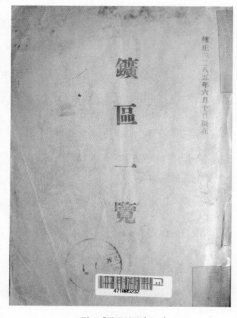

그림 2. 『광구일람』(1952)

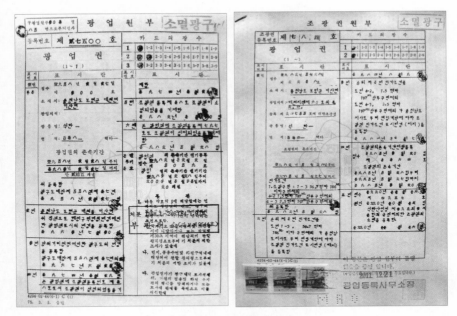

그림 3. 「광업원부」와 「조광권원부」

할 목적으로 1:5,000, 1:25,000, 1:50,000 등 대축척 지형도를 읽고 지질도를 통해 층서와 암상을 검토하였으며, 지역을 설명하는 데 중요하다고 판단한 사항은 주제도로 작성해 제시하였다. 일제강점 직후에 제작된 지적도는 과거의 토지 이용과 취락 상황을 확인하는 근거로 활용하는 한편 최근에 작성된 대축척 지형도와 비교하여 그간의 변화상을 추적하는 데에도 참고하였다(그림 4). 시기를 달리해 1:20,000 축척으로 촬영된 항공 사진은 지역을 입체적으로 조망하는 데 도움이 되었고 산업화 시기의 석탄 채굴 현장을 확인하는 단계에서도 유효하였다.

성주리는 과거와 현재가 수렴하는 현장인 동시에 그 자신이 변화의 한가운데 자리하고 있다. 지역지리의 형성과 변용의 과정이 집약된 이곳은 시·공간적 관점에서 역사지리를 종합적으로 복원하여 체계적으로 기술 또는 분

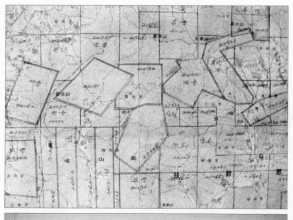
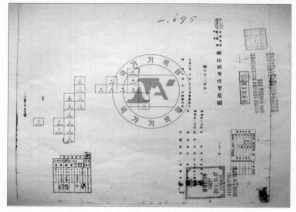

그림 4. 지형도와 지적원도

석하고 장소성의 변화를 유의미하게 해석할 수 있는 현장이 되는 셈이다. 소기의 목표에 다가서기에 앞서 문헌으로부터 도출한 각종 지역 관련 정보는 현지에서 경험적으로 재확인하는 절차를 밟았다. 2009년 3월 28일에 실시한 사전 답사를 토대로 지역 조사를 위한 대략적인 윤곽을 계획한 데 이어, 2010년 10월 1일, 19일, 11월 11일, 2011년 4월 14일, 5월 21일, 6월 11일, 8월 10일, 15일, 20일, 24일, 28일, 9월 3일, 9일, 17일, 23일, 2012년 1월 28일, 2월 4일, 10일, 19일, 26일 등 여러 차례 연구 지역을 답사하여 과거의 잔적을 면밀히 관찰, 조사하였다. 출발에 앞서 조사 항목을 선정하였고 성주리 현장에서는 자연환경, 형승, 성주사적, 성주광업소 폐광산 등을 확인하는 동시에 지역 주민이 기억하는 탄광촌 생활과 합리화 이후 지역경제 활성화를 위해 지역 주민들이 펼치고 있는 사업 등을 중점적으로 탐문하였다. 이미 현지를 떠나 타지에 정착한 관련 인사들은 주변 인물을 통해 소재를 확인하였고 필요하다고 판단될 경우 직접 방문하여 면담을 진행하면서 관련 자료를 수집하였다.

다른 무엇보다 주민과의 면담은 빼놓을 수 없는 절차의 일부였다. 우리를 둘러싼 세계에 대한 이미지는 경험과 기억의 조합으로 이루어진다. 특히 기억은 과거의 경험을 토대로 추상적인 이념과 가정을 만들고 그것에 기초해 세계를 바라보게 하는데, 즉각적인 회상에서 멀리 떨어진 지난 시절의 인물, 사건, 사물조차 무의식에 잠재적으로 각인되어 기억에 의한 환기를 기다린다(Lowenthal, 1961, pp.245, 259-260). 사회적 이념에 따라 역사가 날조된다 해도 개별 기억이 종합된 집단 기억(collective memory)은 그것을 초월할 수 있을 만큼 강력한 힘을 발휘한다고 한다. 본고가 복원하려는 성주리의 역사지리 또한 폐광 후 남겨진 사람들의 공동체적 기억과 감성을 더듬고 자극하면 효과적으로 도달할 수 있을 것이라는 기대를 안고 장소에의 일체감을 담보하고 있는 주민과의 면담을 수행하였다. 답사 도중에 만난 지역민과의 대화에서는 소중한 경험을 겸손하게 청취하는 자세로 임하였으며, 그들의 기억 속에 생생하게 살아 있는 성주리의 심상지리(mental map)를 도출하는 기회로 삼았다.

리(里) 단위의 소지역 연구는 규모가 큰 지역을 연구할 때와는 여러 면에서 차이가 있기 마련이다. 기초적인 연구 자료가 달리 요구되는 것은 물론 무엇보다 정밀한 미시적 접근을 필요로 하기 때문에, 분포와 유형에 초점을 둔 개괄적인 분석보다는 지역 주민의 생활 양식을 이해하려는 인류학의 연구 방식이 유효할 것이다. 더욱이 본 연구처럼 시기별로 역사지리를 복원하고 그들 각각을 통시적으로 비교하여 변화의 궤적을 좇는 데 목표를 둘 경우, 잔존한 역사경관과 문헌 자료를 비교·검토해서 얻어 낸 정보를 제보자의 머릿속에 담긴 과거의 지리와 대조하여 진정성을 확보하는 면밀한 절차가 요구된다. 이를 위해 현지인과의 정서적 교감을 형성하는, 일명 래포(rapport)의 구축이 절대적이며 일단 일체감을 이루게 되면 연구자 자신도 외부자의 시선을 탈피해 내부자의 입장에서 관조하고 사고하는 태도를 내재화할 수 있다고 생각한다. 실제로 필자가 여러 차례의 답사를 통해 형성한 지역 주민과의 유대감은 성주리의 지역성을 이해하고 시기별 변화상을 사실적으로 종합하는 데 적지 않은 도움이 되었다.

3. 연구 결과의 종합과 구성

연구를 통해 확인한 내용은 본론의 일곱 개 장에 정리·제시하였다. 보령시 성주면 관내의 작은 지역을 선정해 조사에 나서게 된 취지를 밝히고 실내와 야외에서 실제로 수행한 조사 방법을 개괄한 머리말에 이어 제1장은 성주리의 지형과 지질을 자세히 소개하는 자리로 활용하였다. 연구 지역의 지세와 수문을 설명하고 행정 구역의 변천을 시간적인 순서에 따라 짚어 본 다음, 일제강점기에 시작된 지질 조사의 경과와 그 의미를 숙고하는 데 할애하였다. 아울러 현대 기술을 적용하여 보다 정확하게 파악된 지층의 형태를 점검하는 한편, 성주탄전의 성립을 유도한 탄층의 분포를 자세히 살펴보았다. 2장에서는 연구 지역의 인문지리적 배경으로서 주로 성주리의 역사에 대해 설명하고자 하였다. 백제의 오합사에서 기원한 사원촌으로 출발하여 구산선 문의 도량으로 성장한 다음, 지배이념의 교체에 따라 유교적 이상향으로 거듭나는 일련의 여정을 현재 남아 있는 유물 및 유적과 문헌에 기초하여 되돌아보았다. 산등성이와 산기슭을 따라 조성된 엘리트 계층의 묘지와 유력 가문의 묘역은 길지로서의 성주리의 상징적 위상을 확인시키는 경관 요소로, 그 특징을 포착하였다.

3장은 전통 취락 성주리가 산업화를 거치며 탄광촌으로 변모하는 과정을 집중적으로 조명하였다. 조선시대를 거치며 벼루의 원석으로 각광을 받은 검은색의 사암, 즉 '남포 오석'의 산지로 유명세를 치르다 일제강점기 들어 금과 은 같은 귀금속 광물의 채굴 현장으로 변모하고, 나아가 '검은 노다지' 라 불린 석탄을 캐어 민수용과 발전용으로 공급하던 성주리 지역경제의 변화를 『광구일람』과 현지 주민의 제보에 의거해 설명하였다. 지역 최초로 광구 등록이 이루어진 1947년 12월 27일의 의미를 되새기면서 탄전 운영의 중심인물을 부각시켜 산업화 전 시기의 상황을 구체적으로 짚어 보았다. 4장은 그 연장선에서 광구와 탄광의 분포를 상세히 확인하는 한편, 갱(坑)으로 향하는 길가에 형성된 마을이 탄광촌의 특성을 띠게 되는 시점을 대략적으로 비정하고 그 후의 변동을 살폈다. 논의는 석탄광업의 성장과 쇠퇴라는 과정 안에서 이루어졌다. 확인한 성주리 탄광촌의 역사지리적 변천은 시기를 달리하는 지형도로 재구성하여 이해를 돕고자 했으며 변화에 대한 필자의 해석을 덧붙였다.

탄광 마을의 일상은 5장에서 되돌아보았다. 작업장 내 노동의 유형과 실제적인 전개 과정을 소개하고 마을 내부의 생활상을 사실적으로 그려 보고자 했다. 일상이 전개되는 구심점으로서 가정의 기초 공간이기도 한 주거에 주목하였다. 특히 광산업체가 주도적으로 건립한 대표 경관, 즉 사택촌에 대해서는 건립 연도를 확인하고 초기의 모습을 담고 있는 사진을 발굴해 남아 있는 건축물과 비교하면서 건축학적 특징과 변화상을 파악하였다. 지역 중심지인 성주6리와 성주8리의 옛 모습을 복원하는 일은 본 연구에서 적지 않은 비중을 차지하였는데, 지역 구조를 이해하는 단서를 제공하기 때문이다. 여기서는 1:5,000 대축척 지형도에 의거해 탄광 운영 당시 주요 건물의 입지를 파악하는 데 초점을 두었다. 그리고 이들 중심지를 포함한 성주리 내 여러 지역에 거주하면서 탄광촌의 형성과 변화를 지켜보고 시대의 흐름을 몸소 경험한 사람들에 관한 이야기는 6장에서 채웠다. 자료의 수집은 성주리 현지나 인근 지역에 거주하고 있는 관계자를 대면하고 그네들이 살아온 일생을 청취하는 방식으로 진행하였으며, 정리한 내용은 가급적 윤색을 피하면서 직설적으로 제시하려 하였다. 인터뷰 대상자는 조광권자, 민영광업권자, 덕대, 광부, 선탄부, 숙박업자, 수송기사 등 가급적 여러 직종을 아우를 수 있도록 다양하게 선정하였고, 면담은 주로 해당 주체가 일생을 회고하는 형식으로 이루어졌다. 거주지를 방문해 앨범을 열람하면서 탄광촌의 과거를 구성하는 데 도움이 된다고 판단되는 사진은 허락을 얻어 촬영하였다.

7장은 합리화 시책에 따른 연쇄적인 폐광과 그 뒤에 남은 상처 그리고 아련한 기억을 소재로 구성하였다. 석탄산업의 구조 조정이 요청될 수밖에 없었던 시대적 배경을 돌아보고 부실 운영으로 파국을 맞게 된 성주탄전의 폐업 상황을 정리하였으며, 폐광 후 유기된 풍경과 사람들의 이야기를 실었는데, 지역경제가 위기에 봉착하게 된 급작스런 상황 자체보다는 이후의 재기를 위한 지역민의 지난한 몸부림을 강조하고 싶었다. 맺음말에서는 성주리가 걸어온 발자취를 종합적으로 정리하고 연구를 마무리하는 자리에 필자가 그간 지역 곳곳을 돌아보며 확인하고 느낀 성주리와 성주리 주민의 염원을 대신 전하고자 하였다. 아마도 그것은 시대가 변해 설령 그들이 원하지 않더라도 탄광 마을의 경관과 기억 속에 뚜렷하게 각인되어 있는 삶의 애환을 보듬어 달라는 외침에 다름 아닐 것이다.

글 말미의 부록에는 성주리와 성주탄좌 관련 내용을 시간 순서로 정리한 연표를 첨부하였다. 성주리를 무대로 전개된 정치, 경제, 사회, 문화 각 분야의 단편적인 현상을 종합적으로 파악하는 데 도움이 될 것으로 생각한다. 아울러 우리나라 석탄산업사의 제도적 토대를 마련한 법령도 일선 탄광의 조직과 운영 체계를 구체적으로 확인하고 궁극적으로 산업화 시기의 성주리를 거시적으로 조망하는 데 불가결하다는 판단에서, 「석탄개발임시조치법」(1961년 12월 31일 제정, 1962년 1월 1일 시행), 「석탄광업육성에 관한 임시조치법」(1969년 8월 4일 제정, 1970년 1월 1일 시행), 「석탄수급조정에 관한 임시조치법」(1975년 3월 29일 제정, 1975년 3월 29일 시행) 등 소위 '석탄3법' 전문을 수록하여 이해를 돕고자 했다.

제1장..
성주리의 지형과 지질

1. 성주리의 지형

보령시 중심에서 동쪽을 바라보면 해발 330m 지점을 따라 산줄기가 남북으로 달린다. 절대고도에서 그리 높은 편은 아니지만 10m 안팎의 해안평야에서 올려다보는 상황이라면 사정은 다를 수 있다.**1)** 실제로 시야에 들어오는 산지는 평지에 조성된 대천 구 시가지를 압도하고도 남는다(사진 2). 평야를 출발하여 산지로 향하는 40번 국도를 따라 급경사면을 오르면 성주면 경계를 알리는 표지판과 그 배후에 있는 터널을 만나게 된다. 아치형 터널 벽면에는 '천년의 고장 성주사지', '석탄박물관' 등의 문구가 새겨진 커다란 안내판이 걸려 있다. 연장 710m의 희미한 동굴을 통과해 경사면을 타고 내려가 닿는 곳이 바로 성주리이다. 성주리는 동·서·북 삼면을 둘러싸고 있는 산줄기 안쪽의 아늑한 산간 계곡에 자리하며 민가가 들어선 곡저의 해발고

사진 2. 성주산과 대천
해안평야에서 올려다보는 성주산 줄기는 높게 보인다. 대천은 성주탄전에 종속된 소비도시로서 탄광 경기에 영향을 받으며 발전을 구가한 끝에 지금의 보령시 중심부로 성장할 수 있었다.

---

1) 臨時土地調査局, 1918, 『朝鮮地誌資料』, p.52. 동 자료에는 충청남도 보령군의 군청이 자리한 대천리의 해발고도를 10m로 기록하고 있다.

도는 140m 내외이다.

백두대간(白頭大幹)·장백정간(長白正幹)·13정맥(正脈)의 삼원 체계로 전통 산줄기를 정리한 『산경표(山經表)』를 참고할 때, 충청남도로 내려오는 줄기는 한남금북정맥(漢南錦北正脈) 위의 죽산 칠현산(七賢山)에서 갈라져 나온 금북정맥(錦北正脈)으로 분류된다. 금강 이북의 산줄기를 지칭하는 금북정맥은 칠현산을 기점으로 청룡산, 성거산, 월조산, 차령, 광덕산, 송악, 거유령, 사자산, 우산, 구봉산, 백월산, 성태산, 오서산, 보개산, 월산, 수덕산, 가야산, 성국산, 팔봉산, 백화산, 지령산 등을 아우른 다음 태안의 안흥진(安興鎭)에서 끝난다.2) 성주리 외곽으로 포물선을 그리는 산줄기는 한남금북정맥의 연봉 가운데 오서산(烏栖山, 790.7m)에서 뻗어 내린 일맥으로서 연속성이 탁월해서인지 1895년의 구한말 지형도에는 성주산맥(聖住山脈)으로 표기되어 있다. 자세히 살펴보면 보령시 청라면, 성주면, 부여군 외산면의 경계부에 솟아 있는 문봉산(文奉山, 600.4m)에서 서쪽으로 성주산(聖住山, 680.4m)을 지나 무명의 연봉을 잇고, 그로부터 서남쪽으로 방향을 틀어 터널 부위를 지난 후 멀리 개화리 서단의 옥마산(玉馬山, 596.9m)으로 연결되어 성주면계를 완성한다. 성주리 남쪽 개화리와의 경계부 또한 계곡을 흘러온 성주천이 빠져나가는 수구 인근까지 가파른 능선이 내려와 만남으로써 지역은 전체적으로 폐쇄된 것 같은 분위기를 자아낸다(그림 5; 사진 3).

지금에야 터널이 뚫리고 도로가 잘 닦여 지역 안팎으로의 연결이 용이하

---

2) 성주리 일대를 지나는 전통 산계는 천안과 공주 사이의 고개에 착안하여 명명된 차령산맥과 연관하여 설명된다. 통상 차령산맥은 태백산맥의 오대산에서 시작하여 남한강을 넘고 경기도 안성으로 들어와 충청남도 서천까지 이어지는 것으로 소개되는데, 북동~남서의 방향성을 가지며 연구 지역을 지나는 천안~서천 간 산줄기는 산맥으로보다는 안성천·삽교천 유역과 금강 유역을 가르는 일종의 분수계로서 침식을 덜 받아 남아 있는 잔구성 산지로 보려는 입장이 설득력을 얻고 있다(권혁재, 2000, pp.395-396).

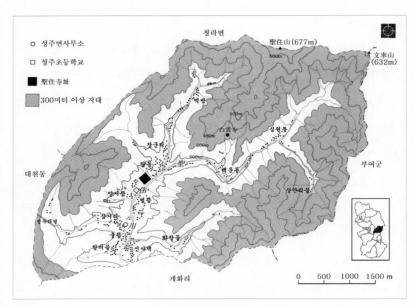

그림 5. 연구 지역

지만 그렇지 못했던 과거에는 인근 지역과의 교통에 적지 않은 어려움이 따랐을 것이다. 그나마 산봉과 산봉 사이의 안부(鞍部)가 지역 간 교류를 촉진하는 '지름길'로 중요한 역할을 하였고 실제로도 활용이 빈번했던 것 같다. 대정(大正) 8년(1919)에 제작된 1:50,000 지형도에서 대천리와 남포 도엽에는 다섯 곳의 고개를 따라 소로가 열려 있는 것으로 나타나 있다. 바래기재 (약 310m)가 3·8일 주기로 개시하는 대천장(大川場)으로 향하는 고갯길이었다면,**3)** '한내(大川)' 양안으로 평야가 넓게 발달하여 예로부터 살기 좋은 고장으로 알려진 청라면으로 갈 수 있는 길도 여럿 있었다. 임천동(林泉洞)은 뱁재(약

---

3) 『林園經濟志』, 倪圭志 卷4, 貨殖 八域場市條에 소개된 바에 따르면 보령 목충면(木忠面)에 소재한 대천장은 3·8일 주기로 개시되던 정기 시장이었다. 「大東輿地圖」에는 '바래기재'가 '백운치(白雲峙)'로 표기되어 있다. 현지에서는 '망치(望峙)'로 소개된다.

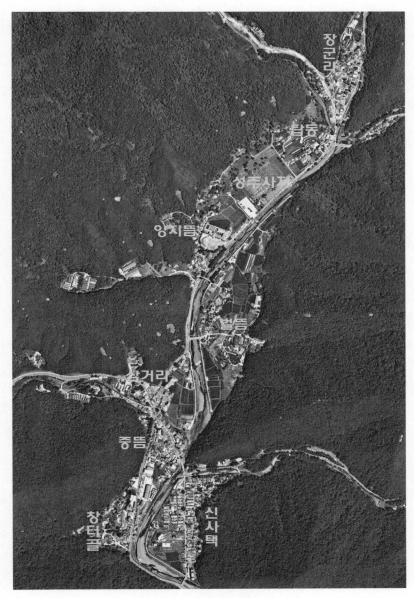

사진 3. 성주리 항공사진(2010)

320m)를 통해 넘나들었고, 호동(狐洞)은 비듬재(약 410m), 월치리(月峙里)는 수리재(약 590m)를 거쳐 닿을 수 있었던 것이다. 부여군 외산면의 지단리(芝丹里)로 가려면 상수리재(약 430m)를 넘어야 했다.

산지를 넘나드는 옛길이 대부분 하천이 파놓은 천연의 통로를 따라간다는 사실을 고려할 때, 이들 고개 역시 분수계 한쪽 사면에 형성된 계곡을 거슬러 올라오다가 끝나는 지점에서 반대편 사면의 소하천이 발원하여 계곡이 시작되는 지점 사이를 연결하는 길목이라고 할 수 있다. 이곳에서 뻗어 내려간 길고 짧은 계곡을 따라 흐르는 사방의 개울물은 성주천(聖住川)으로 모여든다. 웅천천 수계로 분류되는 성주천은 연장 6.3km, 유역면적 45.96km² 규모의 지방하천이다(건설교통부·한국수자원공사, 2002, p.140). 차령산맥에서 시작되는 대부분의 하천이 그렇듯 성주천 또한 남북 방향의 지질 구조선을 따라 흐르며 전체적으로 오른쪽으로 기운 지주(Y) 형상을 취한다. 왼쪽 갈래는 지역 북쪽의 먹방, 오른쪽 갈래는 동북방의 심원동으로부터 내려와 장군리에서 합류하고 계속해서 남류하다가 화장골을 빠져나온 또 다른 지류를 아우른 다음 수구를 나선다.

산간분지 안쪽의 평지와 주변 산릉은 최소 200m, 최대 530m의 고도차를 보여 사면의 경사가 대체로 급한 편이고 따라서 성주천 상류에 파인 골짜기는 꽤 깊다. 그로 인해 가옥은 길게 줄을 지어 늘어서게 되고 도로 또한 하천을 넘나들면서 측벽을 피해갈 정도로 생활의 터전은 비좁다. 역사가 오래되고 비교적 규모가 크다 할 수 있는 취락은 성주천이 산기슭 완사면 전면에 붙여 두껍게 쌓아 놓은 토사가 이룬 평탄면에 입지한다. 예를 들어 먹방과 심원골의 물이 만나는 지점에서 성주초등학교까지 약 620m에 걸쳐 형성된 '속들'과 '양지편들' 위에 들어선 양지뜸이 그러한데, 천년 고찰 성주사(聖住寺)의 유허인 동시에 성주리(聖住里), 성주산(聖住山), 성주포(聖住浦)**4)** 등의 지명

사진 4. 남포현 치소 경관

길이 900m, 높이 3.5m의 읍성 내부에 관아의 외문 진서루(鎭西樓), 내문 옥산아문(玉山衙門), 동헌(東軒)이 복원되어 있다. 옥산아문 옆에는 9기의 송덕비가 남아 있는데 군수 이석재(李奭宰)의 비는 오석으로 다듬었다.

이 유래한 전통 중심 지역이다. 취락은 벌뜸과 중뜸처럼5) 성주천이 지역 내부를 남북으로 굽이쳐 흐르면서 계곡 연안에 쌓아 놓은, 미약하나마 단구화를 거쳐 이례적인 홍수가 아니면 침수의 위협으로부터 비교적 안전한 포인트바(point bar)에도 형성되어 있다.

성주리는 조선시대에 남포현 북면에 속한 한적한 취락으로서 구한말을 전후해 남포군 북외면이 되었다가 전국적인 행정 구역 통폐합이 단행된 1914

---

4) 『新增東國輿地勝覽』과 『大東地志』에는 남포현(藍浦縣) 서쪽 15리 지점에 자리하는 것으로 소개되며 추측하건대 남포 앞바다를 지칭한다고 판단된다.

5) '뜸'은 '한 마을 안에서 몇 집씩 따로 한군데 모여 사는 구역'을 의미한다(한국어사전편찬회, 1995, p.797).

년을 기해 보령군 미산면으로 소속을 달리한다(사진 4). 미산면 소속 법정 성
주리의 인구는 해방과 한국전쟁을 넘기고 산업화 시대를 맞아 탄광업이 호
황을 누리면서 점차 늘기 시작하였고 그 결과 1967년에는 행정 구역이 성주
리 1구(區), 2구, 3구로 분리된다. 지역이 비대해지면서 행정상의 편의를 위
해 1970년 7월 27일에는 보령군 조례 제198호에 의거 도화담리의 미산면사
무소와 별도로 성주리와 개화리를 관장하는 성주출장소가 설치된다. 성장세
를 이어 1975년에 4구가 분할되고 1980년에는 다시 5구가 떨어져 나오며,
취락의 규모가 절정에 달한 1986년 3월 27일에는 대통령령 제11874호에 입
각해 미산면 성주출장소가 성주면으로 승격하고, 이듬해에는 성주6리(里), 7
리, 8리까지 분구가 이루어진다. 석탄이 성주리와 성장의 궤를 함께 하였기
때문에 가능한 일이었다. 1995년에 대천시와 보령군이 통합되면서 성주리는
보령시 성주면으로 재편되어 오늘에 이르고 있다.

　성주리는 동으로 부여군 외산면, 서로 보령시 동대동·명천동·남포면, 남
으로 성주면 개화리, 북으로 청라면과 접하며 내부적으로는 8개의 행정리로
구성된다. 지역 북동부 성주천 상류에 형성된 계곡을 끼고 1리(심원동, 상안리
골), 2리(백운동, 수원터), 3리(먹방), 4리(장군리)가 들어서고 이들 지역을 빠져나
온 하천이 합류하는 지점에 역사가 가장 오래된 5리(성주, 탑동, 벌뜸, 속뜸, 양
지뜸)가 자리를 잡고 있다. 이곳에서 남쪽으로 흘러가는 성주천 우안을 따라
6리(삼거리, 오카브, 바래기골)와 7리(창터골, 중뜸), 그리고 좌안을 따라 8리(신사
택)가 각각 위치하며, 지역 남단에 자리한 이들 7리와 8리는 같은 면내의 개
화리와 접경한다. 성주6리의 삼거리는 해안의 대천과 내륙의 부여를 잇는 교
통의 요지로서 성주탄광, 성주탄좌개발주식회사, 대한탄광주식회사, 대한석
탄공사 성주광업소 등 역대 탄광의 사무소가 자리하였다(사진 5). 산업화 시
기에 획득한 업무 중심성은 인근에 행정 기능을 수행하는 면사무소까지 유

사진 5. 삼거리 전경

교통 요지인 성주6리의 삼거리는 성주탄광의 역대 사무소가 위치한 곳으로서 강력한 중심성을 발휘해 인구와 각종 업무 시설을 견인하였고 행정 기능을 수행하는 성주면사무소까지 인근에 유치하였다. 미산면 성주리는 1979년에 미산면 성주출장소, 1986년에 성주면으로 승격하였다. 산업화 시기의 인구 증가로 성주리는 8개 행정리로 분화되었다.

치할 정도로 강력하게 작용하였다.

2. 성주리의 지질

성주리의 지질은 발달 과정에 있는 하천 양안의 현세 충적층을 제외하면 대부분이 중생대 쥐라기에 퇴적된 대동계로 구성된다. 성주리 거의 전역에 분포하는 대동계 지층은 한때 '충남'층군으로 알려지기도 했지만 구체적인 퇴적층의 이름으로는 범위가 너무 넓기 때문에 지금은 주요 분포 지역을 고려해 '남포'층군으로 불린다. 여기서 층군(層群)이란 지질도 작성에 사용되는 기본 암석의 층서가 복합적으로 나타날 때의 명명이며, 여러 층이 중첩된 남포층군은 지층의 형성 시기와 연관하여 대동누층군이라고 불리기도 한다.

보령 일대의 중생대 지층에 대한 조사는 조선총독부 기사였던 가와사키(川崎繁太郎)가 1916년 3월부터 6월 사이에 실시한 바 있다(朝鮮總督府地質調査所, 1921, pp.19, 34-35). 그는 보령, 서천, 청양 3군에 걸쳐 북북동~남남동으로 연장된 주라계(珠羅系)가 역암 및 사암을 중심으로 천매암, 혈암, 석묵(石墨, 흑연), 무염탄(無焰炭) 등으로 구성된다고 밝혔다. 범위를 좁혀 성주리 일대의 지질계통은 가와사키처럼 조선총독부 기사로 봉직한 시마무라(島村神兵衛)가 체계적으로 정리하였는데, 1926년부터 1930년에 걸친 여러 차례의 답사에 기초하여 선캄브리아(先寒武利亞)의 결정편암계·화강편마암계, 중부~하부 주라(珠羅)의 하부대동계, 백악(白堊)의 상부대동계, 제4계의 지질 구조를 확인하고 층서의 세부적인 상황을 면밀하게 분석하였다. 그는 성주리의 지질을 구성하는 하부대동계가 성질을 달리하는 월명산층(月明山層), 아미산층(峨嵋山層), 개화리만암층(開花里蠻岩層), 백운사층(白雲寺層), 평리만암층(坪里蠻岩層), 옥마산층(玉馬山層)이 순서대로 쌓여 이루어진 것으로 보고 각층의 퇴적상을 자세히 설명하였다(島村神兵衛, 1931, pp.1-3).

시마무라는 최하위 월명산층의 경우 사암이 일부 섞여 있지만 주로 만암(역암)으로 구성되며 두께가 최대 350m에 달하는 것으로 확인하였고, 이를 정합으로 덮고 있는 아미산층은 담흑색의 사암과 흑색의 혈암이 호층을 이루는 가운데 역암이 드문드문 끼어 있는 상태로 750m의 두께를 유지하는 한편, 하부에는 무연탄과 흑연이 사이에 들어 있는 것을 목격하였다. 개화리만암층은 규암과 점판암 자갈이 섞인 역암으로 구성되며 약 70m로 얇게 쌓여 있는 것을 관찰하였다. 그리고 식물화석 대부분이 출토된 백운사층은 650m로 두꺼우며 사암과 역암이 섞인 혈암 위주의 층임을 밝혔는데, 혈암이 흑색

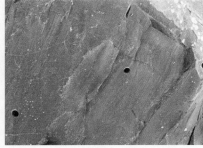

사진 6. 흑색 혈암, 역암, 흑색 사암
순서대로 백운사 입구 부근에 노두로 존재하는 흑색 혈암, 화장골 일대에 넓게 나타나는 역암, 발파공의 흔적이 역력한 먹방의 흑색 사암(오석)이 보인다. 역암은 입자의 형태가 두드러진다.

또는 암회색을 띠는 것은 다량의 미립 탄질물과 흑운모를 함유하기 때문이라고 해석하였다. 30m 이하의 얇은 평리만암층에는 직경 3mm의 백색 규암이 자갈로 박혀 있으며, 최상부의 옥마산층은 800m 정도로 상당히 두껍고 사암과 역암을 중심으로 탄질 물질을 함유하여 칠흑색을 띠는 혈암이 개재해 있음을 확인하였다 (사진 6).

지질 조사는 일제강점기 이후로도 비상한 관심 속에 계속되었다. 1961년에는 대한석탄공사 기술진이 탄좌(炭座) 설정을 위한 성주리 인근의 탐사를 실시한 데 이어, 1964년부터 1965년까지는 국립지질조사소 소속 연구관과 연구사 주도로 성주탄좌에 대한 조사가 이루어져 1:50,000 지질도와 설명서가 「탄전조사보고서」 6호에 발표될 수 있었다. 손치무, 정창희, 이상만 교수가 1966년 5월에서 12월까지 진행한 충남탄전지대 지질 조사의 결과는 「탄전조사보고서」 8호에 게재된 1:50,000 지질도와 설명서로 귀결되었다. 이상의 실적에 더하여 1970년 10월부터 1971년 9월까지 1년에 걸쳐 대한석탄공사 기술진이 성주리 일대 약 46km²에 대해 추진한 정밀 조사를 통해서는 1:5,000 대축척 지질도와 설명서를 성과로 얻어 「성주탄좌 지질조사보고서」로 발표하였다(상공부, 1974, p.2). 1973년 3월에서 1974년 12월까지 2년 가까운 기간에는 정부 지원으로 ㈜동아응용지질컨설턴트가 충남탄전 북부의 215개 광구와 남부의 171개 광구를 대상으로 함탄층인 중생대 퇴적층에 대한 조사와 분석을 수행하여 「충남탄전 정밀지질보고서」를 간행하였다(그림 6).

대한석탄공사, 국립지질조사소, 자원개발연구소 등 일선 기관의 경우 에너지 자원인 석탄을 발굴하려는 실제적인 목적을 가지고 임했기 때문에 층서의 분석을 보다 엄밀하게 시행하였다. 1980년대 초의 조사 결과는 「충남탄전 성주지역 지질도(1~4)」로 정리되었다. 지도에서 확인한 바로 성주리 북동단의 시·원생대 변성암 지대를 제외한 99% 이상의 지역에는 중생대 하부 쥐라기 아미산층·조계리층·백운사층·성주리층이 바로 이어져 고생대가 결층(缺層)이 되고 있다. 백악기에 관입한 맥암류도 비중은 크지 않으며 제3계를 결층으로 하천 양안에 형성된 현세의 충적층과 부정합으로 만난다(박인보, 1981; 자원개발연구소, 1980; 장기홍, 1985; 한국동력자원연구소, 1981; 1989). 시마무라의 지질 체계와 비교할 때 달라진 점이 있다면 기존의 개화리만암층과 백운사층 중·하부가 동일 층준(層準)에 가깝다고 보아 조계리층으로 새롭게 규정되었다는 점이다. 백운사층 상부는 아래층과 구성 암석의 특성에서 차이가 크게 나타나고 지층 경계 또한 뚜렷하여 백운사층으로 새로 규정되었다. 성주리층은 평리만암층과 옥마산층이 합쳐 명명되었다(장기홍, 1985, pp.88-89).

아미산층에서 성주리층으로 이어지는 남포층군 일부 퇴적암층에 대해서는 지층의 특성에 따라 재차 세부적인 구분이 시도되어 아미산층의 경우 하부사암대·하부셰일대, 중부사암대·중부셰일대, 상부사암대, 조계리층은 함(含)장석각력사암대, 역암대로 나뉜다. 백운사층은 사암과 흑색 혈암으로 구

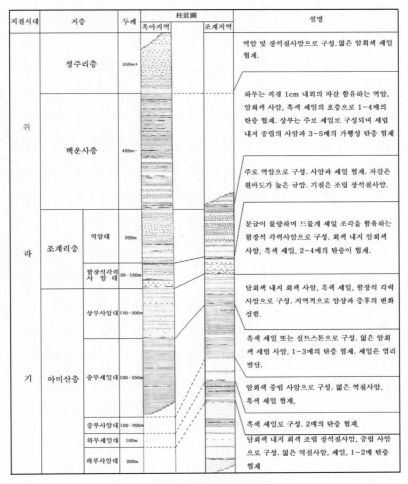

지질시대	지층		두께	柱狀圖 (옥마지역 / 조계지역)	설명
쥐	성주리층		550m+		역암 및 장석질사암으로 구성. 엷은 암회색 세일 협재.
	백운사층		480m~		하부는 직경 1cm 내외의 자갈 함유하는 역암, 암회색 사암, 흑색 세일의 호층으로 1-4매의 탄층 협재. 상부는 주로 세일로 구성되며 세립 내지 중립의 사암과 3-5매의 가행성 탄층 협재
					주로 역암으로 구성. 사암과 세일 협재. 자갈은 원마도가 높은 규암. 기질은 조립 장석질사암.
라	조계리층	역암대	200m		분급이 불량하며 드물게 세일 조각을 함유하는 함장석 각력사암으로 구성. 회색 내지 암회색 사암, 흑색 세일, 2-4매의 탄층이 협재.
		함장석각력사암	20-150m		담회색 내지 회색 사암, 흑색 세일, 함장석 각력사암으로 구성. 지역적으로 암상과 층후의 변화 심함.
기	아미산층	상부사암대	120-300m		흑색 세일 또는 실트스톤으로 구성. 엷은 암회색 세립 사암, 1-3매의 탄층 협재. 세일은 엽리 발달.
		중부세일대	100-350m		암회색 중립 사암으로 구성. 엷은 역질사암, 흑색 세일 협재.
		중부사암대	100-200m		흑색 세일로 구성. 2매의 탄층 협재.
		하부세일대	100m		담회색 내지 회색 조립 장석질사암, 중립 사암으로 구성. 엷은 역질사암, 세일, 1-2매 탄층 협재
		하부사암대	300m		

그림 6. 옥마지역 지질주상도

성되며, 특히 성주리 부근에 분포하는 성주리층은 장석질사암과 역암으로서 장석을 다량 함유하여 풍화에 약한 특성을 보이기 때문에 표토가 덮인 저지대를 이루는 경향이 있다(박인보, 1981, pp.12-13). 결과적으로 성주리 취락 외곽의 산지는 대체로 아미산 상부 및 중부사암층, 조계리역암층, 백운사층이 우세하며, 장석을 다량 함유하기 때문에 풍화에 약한 성주리층은 해발 200m를 전후한 저고도의 산복, 산각, 완사면을 이룬다.

지세를 결정하는 요인으로는 풍화와 같은 동적인 영력도 중요하지만 전체적인 윤곽은 단층과 습곡 같은 지질 구조에 의해 일차적으로 좌우된다. 본 지역의 기복에 영향을 미치는 지층의 층위와 배열도 북동~남서 방향으로 달리며 지역을 동서로 양분하는 백운사단층에 의해 간섭을 받고 있다. 단층을 기준으로 서쪽은 성주리층을 중심에 두고 백운사층과 조계리층이 둘러싸는 환상(環狀)의 배열을 취하지만 백운사단층이 지층 동단을 가로지르며 돌입함으로써 폐곡선을 완성하지 못하고 연속성이 일부 단절된다. 단층 동쪽으로는 순서대로 조계리층, 백운사층, 조계리층이 대상(帶狀)으로 백운사단층과 평행하게 달리며, 그다음으로 역시 같은 방향성을 가진 원풍단층이 나타난다. 원풍단층 동쪽으로는 부여군 외산면까지 이어지는 아미산층이 나타난다. 이들 지층의 배열이 결국은 산지, 사면, 평지의 분포를 일정 부분 좌우하며, 지표의 보다 미세한 굴곡은 성주리향사, 묵방소향사, 성주산소배사, 성주산소향사, 백운소배사, 백운소향사, 웅천향사, 원풍소배사, 원풍소향사 등 습곡 작용으로 인해 형성된 배사(背斜)와 향사(向斜)가 결정하고 있다(그림 7).

3. 성주리의 탄층

우리나라의 석탄은 무연탄으로서 고생대 평안계 지층에 매장량의 약 90%가 부존한다. 앞서 지적한 것처럼 중생대 대동계도 함탄층을 포함하고 있지만 평안계에 비하면 분포가 협소하고 탄층 발달도 불량하다. 예산군 대흥면에서 서천군 종천면까지 550km²의 면적에 달하는 충남탄전은 탄폭이 좁고

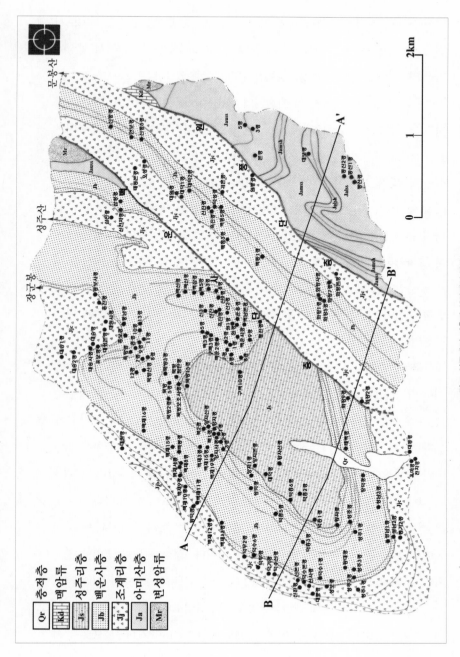

그림 7. 성주리의 지층과 석탄광의 분포

가는 실선은 단백, 검은 점은 갱의 위치를 가리킨다. 갱은 백운사층에 밀집해 있는 것으로 나타난다. A−A', B−B'는 단면선으로서 해당 단면도는 그림 8에 정리되어 있다.

지역에 따라 탄질의 변화가 심한 약점은 있으나 중생대탄의 주요 산지로서 전국 석탄 생산량의 7~8%를 차지하였다. 그리고 이 충남탄전에서 광상이 가장 양호한 곳이 바로 보령의 성주탄좌였다(대한광업진흥공사, 1990, pp.9, 14).

성주리 주변 산지에 석탄이 매장되어 있다는 사실은 이미 1916년에 가와 사키가 처음으로 언급하였는데, 미산면 도홍리로부터 부여군 홍산면에 이르는 1,600m 구간의 노두를 조사하는 과정에서 사암·혈암의 탄질에 이어 '무염탄(無焰炭)'을 발견한 것이다(朝鮮總督府地質調査所, 1921, p.35). 시라기(1929a, pp.58-59; 1929b, pp.130-131) 역시 대동통이 함탄층(含炭層)임을 인정하면서 보령의 탄층은 하부의 사암과 혈암 사이에 끼어 있고 간혹 두께가 4m에 이른다고 파악하였다. 이를 토대로 시마무라는 성주리에 분포하는 아미산층 하부에 무연탄이 내재하며 백운사층과 옥마산층의 흑색 혈암에도 다량의 미립 탄질 물질이 함유된 것으로 분석하여(島村神兵衛, 1931, p.7) 석탄 개발과 가행탄전의 성립을 예견했다.

한국동력자원연구소(1989, pp.16-17)의 자체 기초 조사에서도 아미산층 5개 지층 각각에 1매 이상, 조계리층 함장석각력사암대에 2~4매, 역암대에 1~2매, 백운사층에 3~5매 등 성주지역 전체적으로 약 30매 정도의 탄층이 존재한다는 사실이 밝혀졌다. 특별히 백운사층의 탄맥은 지점에 따라 차이가 있지만 대체로 지하 100~150m 내외에 집중해 있는 것으로 나타났다. 그림 7과 그림 8에서 보는 것처럼 백운사층을 따라 갱의 밀도가 높게 나타나는 것은 결국 탄맥이 특정 깊이에 밀집하기 때문에 자연스럽게 채산성에 맞춘 채굴이 가능했다는 점이 가장 큰 이유였을 것이다. 성주지구(聖住地區)의 경우 확인, 추정 및 예상 매장량은 7,981만 2,000톤, 가채량은 1,750만 6,000톤으로 조사되었다. 이 가운데 대한석탄공사 성주광업소의 매장량은 지구 전체의 80%인 6,401만 5,000톤, 가채량은 65.5%인 1,146만 6,000톤으로서 최

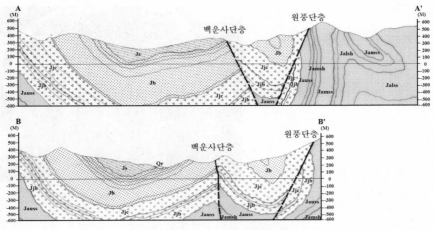

그림 8. 성주리 지층의 단면도와 탄맥

대였고, 나머지는 군소 민영 광업소에 귀속되었다. 성주지구 내 함탄대별 매장량과 가채량의 경우 조계리층은 각각 3,400만 톤과 560만 톤, 백운사층은 1,276만 톤과 345만 톤, 아미산층은 1,726만 톤과 242만 톤으로서(한국동력자원연구소, 1981, pp.10, 16, 18), 품위에서는 백운사층이 조계리층이나 아미산층보다 높게 예측되었다.

석탄에 보존된 화학적 에너지의 총량, 즉 발열량을 지표로 성주탄광 원탄의 탄질을 비교하면, 아미산층은 3,776kcal, 조계리층은 4,797~5,335kcal, 백운사층은 4,286~5,403kcal로서 출하탄 평균 4,725kcal로 나타난다(대한석탄공사, 2001a, p.587; 한국동력자원연구소, 1981, pp.24, 27-28; 1989, p.42; 사진 7). 이는 총 9개 등급으로 판정하는 무연탄 분류에서 4등급에 해당하는 수치로서, 통상 발열량 4,400~4,599kcal의 5급탄이 기준이 된다는 점을 감안하면[6]

---

6) 등급별 발열량은 다음과 같다. 1급탄: 5,200~5,399kcal/kg, 2급탄: 5,000~5,199, 3급탄: 4,800~4,999, 4급탄: 4,600~4,799, 5급탄(기준탄): 4,400~4,599, 6급탄: 4,200~4,399, 7급탄: 4,000~4,199, 8급탄: 3,750~3,999, 9급탄: 3,500~3,749. 탄질을 구분할 때 고질은 1~3급,

석탄 생산이 한창이던 당시 성주 출하탄은 기준 이상의 품질을 유지했다고 볼 수 있으며, 이는 탄광 취락 성주리를 성립되게 한 중요한 요인 가운데 하나이기도 했다.

사진 7. 성주탄

탄층의 부존 상태는 탄광에 따라 조금씩 차이를 보이게 마련으로 성주리 최대인 대한석탄공사 성주광업소의 함탄지층은 아미산층과 백운사층이 주가 된다. 아미산층에는 무연탄이 상부, 중부, 하부에 각각 발달해 있으며 성주리 남부의 개화지구와 향촌지구에서 상부와 중부의 탄층에 대한 개발이 이루어졌다. 성주리의 채탄은 주로 백운사층에서 이루어졌는데, 탄층은 상부, 중부, 하부에 고루 형성되어 있는 것으로 조사되었다. 하부 탄층은 백제사갱에서 개발·채취한 일이 있다. 중부 탄층 가운데 백동8갱 내 사갱1편(片)**7)**의 탄폭은 0.1~1m의 편차를 가지지만 대체로 0.4~0.5m 정도이며 탄질은 4,720~5,680kcal로 나타났다. 백동사갱에서 채취한 무연탄은 수분 5.19%, 휘발분 2.29%, 회분 34.32%, 고정탄소 63.39%, 유황 0.17% 등의 구성 비율을 보이며, 발열량은 5,150kcal 수준이라는 분석 결과가 나왔다. 상부 탄층에 개발한 양지사갱은 가행 당시 6편과 7편에서 탄폭 0.2~1m, 탄질 4,000~5,500kcal의 규모와 열량을 보유하고 있었으며, 묵방사갱 8편의 경우 4,700~6,000kcal의 열량을 가진 탄이 0.5~2m의 폭으로 매장되어 있는 것

중질은 4~7급, 저질은 8~9급을 가리킨다(한국광해관리공단, 2009, p.168).
7) 편은 주갱(主坑)에서 탄맥이 있는 곳으로 뻗어나간 지갱(支坑)을 지칭한다. 일종의 지굴(支窟)이다.

으로 밝혀졌다. 묵방사갱에서 채취한 석탄 표본을 분석한 결과에 따르면 수분 3.94%, 휘발분 2.39%, 회분 31.73%, 고정탄소 65.88%, 유황 0.01% 등이 섞여 있었고 발열량은 5,310kcal로서 양호하다는 판정이 내려졌다(대한광업진흥공사, 1992, pp.313-314).

민영 탄광을 대표하는 덕수탄광의 함탄층은 아미산층과 백운사층이었다. 아미산층 상부에 협재한 탄층 가운데 3매는 가행 대상으로서 위로부터 각각 1선, 본선, 2선으로 명명되었다. 1선 탄층은 광덕갱에서 0.3~0.5m의 폭으로 빈약하게 형성되어 있고 신사갱 6편에서는 0.3~2m, 7편에서는 0.8~1.5m 내외로 다소 양호하며 8편에서는 0.5~1m를 기록한다. 본선 탄층은 신사갱 7편에서 0.5m 내외의 폭이 기록되고 지점에 따라 1~2m로 넓어지며 8편은 0.5~1.5m에 달한다. 2선 탄층은 신사갱 6편과 7편에서 개발되었으며 7편의 폭은 0.5m 정도로 나타났다. 한편, 백운사층 하부에는 가행 탄층 1매가 협재하며 탄폭은 신사갱 8편에서 0.5m, 그 남쪽에서는 0.5~1.5m로 넓어지기도 한다. 가연성 가스의 함유율이 높아 갑종탄광(甲種炭鑛)으로 분류된 왕자신갱 6편의 무연탄 성분은 수분 1.31%, 휘발분 3.02%, 회분 39.8%, 고정탄소 57.2%, 유황 0.1%, 발열량 4,590kcal로 분석되었다(대한광업진흥공사, 1992, p.336).

제2장..
관념의 성지와 이상향

1. 오합사(烏合寺)와 성주선원(聖住禪院)의 성역

조선시대 남포현 북면에 속했던 성주리는 구한말에 남포군 북외면이 되었다가 행정 구역 통폐합이 단행되는 1914년을 기해 보령군 미산면으로 재편된다. 성주리와 남포의 인연은 백제시대로 소급될 만큼 역사가 오랜데, 경덕왕이 지명 개정을 단행하기 전 남포현(藍浦縣)의 옛 이름이 사포현(寺浦縣)이었다는 사실은 시사하는 바가 크다.**1)** 사포(寺浦)는 관념과 사상의 중심이었던 어느 사찰로 향하던 관문으로서의 포구 환경을 반영한 지명으로서, 명시된 절이 현재 성주리에 남아 있는 사찰의 터와 무관하지 않기 때문이다. 『신증동국여지승람』과 『대동지지』에는 남포현의 주요 포구로 성주포(聖住浦), 청연포(靑淵浦), 웅천포(熊川浦), 미조포(彌造浦), 군입포(軍入浦) 등이 기재되어 있다. 이 가운데 유일하게 절과 관계있는 지명은 '성주(聖住)포'로서 결국 '사(寺)포'와는 이름만 다른 동일 장소임을 알 수 있다. 후술하는 대로 '성주'라는 행정·포구·취락·산천 등 일체의 지명이 동일 이름의 사찰에서 비롯되었다는 점을 감안하면 우리가 찾고자 하는 사찰의 실체는 명확해진다고 하겠다. 사탑과 비석만을 남긴 채 지금은 폐허로 변한 성주사(聖住寺)가 그 답이 될 가능성이 짙다.

성주사는 유물과 유적을 통해 자취를 확인할 수 있을 뿐 대웅전을 비롯한 일체의 법당 건물은 현전하지 않는다. 조선 전기를 대표하는 지리지 『신증동국여지승람』의 불우조(佛宇條)에 성주사가 성주산에 실존하고 경내에 최치원(崔致遠)의 대낭혜화상탑비(大朗慧和尙塔碑)를 두고 있다는 기록이 보이나(그림 9), 조선 후기의 상황을 담고 있는 『여지도서』에는 비석과 달리 사찰이 더

---

1) 西林郡 本百濟舌林郡 … 領縣二 藍浦縣 本百濟寺浦縣 景德王改名 今因之(三國史記 卷36, 雜志 卷5 地理3)

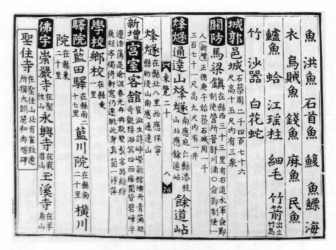

그림 9. 「신증동국여지승람」의 성주사 관련 기록
조선 전기를 대표하는 지리서에 성주사는 성주산에 있으며 사찰 북쪽에 최치원이 지은 대낭혜화상탑비
(大朗慧和尙塔碑)가 있다고 적혀 있다.

이상 존재하지 않는다고 적혀 있어**2)** 항간에 전하는 것처럼 임진왜란의 전화
에 소실된 것으로 판단된다. 19세기 후반에 제작된 「남포현지도」는 그런 역
사적 사실을 시각적으로 명확하게 제시해 준다. 지도는 석비와 사탑만을 묘
사하고 있는데 불사(佛舍)가 그려진 성주산 아래의 백운사(白雲寺)와 대비시켜
성주사가 단지 터로만 남아 있음을 강조하고 있다(그림 10). 더욱이 화재로 사
찰뿐만 아니라 관련 문헌도 소실되어 아쉬움이 크다. 사산비(四山碑)의 하나
로서 최치원의 수려한 문장에 최인연(崔仁渷)의 해서체 필력을 더해 5,120자
라는 전대미문의 긴 비명이 새겨진 국보 제8호 「대낭혜화상백월보광탑비(大
朗慧和尙白月葆光塔碑)」(251×148cm)**3)**를 통해 사찰을 개창한 성주대사(聖住大師)

---

2) 聖住寺 在聖住山 今無 只有崔致遠所撰 大郞慧和尙塔碑(輿地圖書 藍浦縣 寺刹條)
3) 대낭혜(大朗慧)는 진성왕이 무염에게 내린 시호, 백월보광(白月葆光)은 부도명, 무염(無染)은
   법휘이다.

그림 10. 남포현지도(1872)

남포현(藍浦縣) 북면산외(北面山外)로 표시된 성주리 외곽 산지를 따라 성주산(聖住山), 비봉산(飛鳳山), 상수리치(上水里峙) 등의 지명이 표기되어 있다. 백운사 일대는 지석부출소(誌石浮出所)로 소개되고 있다. 성주사지에는 최고운비(崔孤雲碑), 탑(塔), 수철불(水鐵佛) 등 19세기 후반까지 남아 있던 조형물의 형태가 뚜렷하게 그려져 있다.

무염(無染, 801~888)의 행적과 성주사의 연혁 일단을 엿볼 수 있는 것은 그나마 다행이라 하겠다(허흥식, 1984, pp.212-223). 동 석비는 헌강대왕이 지은 대사의 위업이 「심묘사비(深妙寺碑)」에 남아 있고 김립지(金立之)가 찬술한 성주사 개창 내력이 「성주사비(聖住寺碑)」에 자세히 새겨져 있다는 설명을 덧붙이고 있으나, 안타깝게도 비문은 비석과 함께 인멸되었으며 단지 절터와 인근 민가의 돌담에서 발견된 이수(螭首), 귀부(龜趺), 비신(碑身) 등의 파편을 통해 성주사비의 실체만을 확인할 수 있을 뿐이다(양승률, 1998; 황수영, 1969).

「대낭혜화상백월보광탑비」는 무염대사 입적 후 팔각원당형(八角圓堂型)의

사진 8. 대낭혜화상백월보광탑비
높이 2.5m 남짓한 대낭혜화상백월보광탑비는 오석으로 다듬었으며 비신 자체는 물론 각자된 비문 또한 흘러간 시간을 감안하면 놀라울 정도로 견고하고 뚜렷하다.

부도(浮圖)인 백월보광탑(白月葆光塔)을 건립한 뒤 대사의 행적을 별도로 기록한 비석이다(사진 8).**4)** 비명 중에 특히 주목되는 부분은 문성대왕이 사찰의 명칭을 성주(聖住)로 바꾸었다는 내용으로서 성주사의 전신이 되는 사찰의 존재를 암시한다. 이능화는 『조선불교통사』(1918)에서 관련 비명 '… 易寺牓爲聖住 …'에 대해 "寺舊名烏合寺"라고 주석하였다. 오합사를 성주사의 전신으로 비정한 것이다. 이능화가 그렇게 판단한 근거는 화엄사 주지를 역임한 정병헌(鄭秉憲) 노사(老師)의 필사본 사찰 사료 「숭암산성주사사적(崇巖山聖住寺事蹟)」일 가능성이 크다(황수영, 1968b; 1969; 1974; 諸岡存·家入一雄, 1940).**5)**

---

4) 부도 파편은 민가와 '부도골' 현장에서 일부가 수습된 바 있다(황수영, 1968b).
5) 「숭암산성주사사적」은 동국대학교 황수영 교수가 1968년 8월에 정명호 교수의 소개를 통해 노사로부터 인수한 자료이다. 동 자료를 직접 집록한 노승이 입적 직전이어서 정확한 출처와 수집

이 자료에 백제의 법왕(法王)이 전쟁에서 희생된 영혼을 달래고 불계로 초혼하기 위한 원찰(願刹)로서 건립한 오합사가 성주선원(聖住禪院)의 전신이라 기록되어 있기 때문이다.6) 「성주사비」의 비편에도 'ㅁㅁ國憲王太子'라는 글자가 확인되어 헌왕(憲王)의 태자, 즉 훗날의 법왕이 성주사의 전신인 오합사와 일정 관계를 맺고 있음을 추측해 보게 된다.

우리가 오합사에 주목해야 하는 이유는 성주사의 출발점이라는 단편적인 사실에 앞서 백제를 대표하는 호국사찰(護國寺刹)이었다는 데 있다. 오합사는 오합사(烏含寺) 또는 오회사(烏會寺)로서 백제의 멸망이 임박했음을 암시하는 기현상과 함께『삼국사기』와『삼국유사』에 등장하고 있는 것이다.7) '붉은 말이 울부짖으며 불사 주위를 며칠간 돌다가 죽었다.'라는 내용은 오합사와 붉은 말이 백제의 운명을 암묵적으로 예견하였다는 해석이 될 수 있어 당대인들에게 오합사는 다른 사찰과 구별되는 상징적 의미로 여겨졌음이 틀림없다.8) 결국 백제의 한적한 산골 마을은 법왕이 오합사를 개창하면서 '사'포현(寺'浦縣) 소속의 호국사찰 취락으로 변모하였을 것으로 추정된다.

경위를 확인할 수 없었다고 한다. 황 교수는 애초에 노승의 세속명을 정휘헌(鄭彙憲)으로 소개하였지만 1974년에는 정병헌(鄭秉憲)으로 수정하였다(황수영, 1968b; 1969; 1974). 조선의 차와 선에 대해 연구한 諸岡存과 家入一雄(1940) 또한 1939년에 촬영한 사진을 제시하면서 주인공을 곡성군 옥과 태생인 50세의 '前住持 鄭秉憲'으로 소개하고 있다. 노승은 1890년 무렵 출생하여 1968년경 향년 79세로 입적한 것으로 보인다.

6) 聖住禪院者 本隋陽(煬)帝大業十二年乙亥 百濟國二十八世惠王子法王所建烏合寺 戰勝爲寃魂願昇佛界之願刹也(崇巖山聖住寺事蹟). 양제 대업 12년은 간지로 을해년이 아닌 병자년으로서 백제 무왕 17년(616)에 해당한다. 법왕(法王) 재위기는 599년에서 600년 5월까지이므로 사찰의 건립 시기를 정확히 파악하는 데에는 어려움이 따른다.

7) 騂馬入北岳烏合寺 鳴匝佛宇 數日死[三國史記 卷第二十八 百濟本紀 第六(義慈) 十五年 夏五月條]; 現(顯)慶四年己未 百濟烏會寺(亦云烏合寺) 有大赤馬 晝夜六時遶寺 行道(三國遺事 卷一 太宗春秋公條]

8) 성주면 서쪽에 자리한 옥마산의 지명 '옥마(玉馬)'와 공교롭게도 산 정상부에 있었다는 신라 마지막 임금 김부대왕(金傅大王) 사당과의 연관성도 탐문해 볼 만하다[金傅大王祠(在玉馬山頂), 新增東國輿地勝覽; 玉馬山在縣東五里 橫開平展如屏幛 上有神祠俗稱金傅大王祠, 東國輿地志; 金傅大王祠(在玉馬山頂今無), 輿地圖書].

사진 9. 백운사

신라 중심으로 삼국이 통일된 뒤 오합사와 인근 지역은 무열왕의 차남으로서 삼국 통일에 공헌한 김인문(金仁問)에게 식읍(食邑)으로 하사되어 한동안 권력의 핵심에서 벗어난 일족의 정신적, 경제적 구심점이 되어 주었다. 그러던 중 후사가 없던 혜공왕에 이어 내물왕계인 선덕왕이 즉위하여 그간 특권을 독식해 온 무열왕계를 대신한다. 그러면서 신라는 하대로 접어들고 왕위 계승을 둘러싼 내분은 극으로 치닫게 되는데, 중앙 권력에서 소외된 왕족의 불만이 헌덕왕 14년(822)에 공주에서 발발한 김헌창의 난으로 표출된다. 반란이 실패로 끝나면서 동조했던 김인문계 낙향 호족이 거세되고 오합사도 폐사 직전에 몰릴 즈음, 김흔(金昕)과 김양(金陽)이 일족이자 당 유학승인 무염을 주지로 초청하고 문성왕이 '성승(聖僧)이 주석(住錫)하는 사찰(寺刹)'임을 뜻하는 성주사(聖住寺)로 사액하면서 중창으로 이어졌던 것이다(권태원, 1992; 김두진, 1973; 김수태 외, 2001; 신동하, 2009; 양승률, 1998; 홍사준, 1969; 황수영, 1968a; 1969).

중앙의 지배층 문화를 사상적으로 뒷받침한 교종과 대립각을 세우며 신라 하대 지방 문화의 중흥을 유도한 성주산문이 번창하여 사상과 이념의 랜드마크로 부상하자, 일대의 지형 및 취락의 명칭 또한 사찰의 이름에 상응하여

그림 11. 성주사 가람배치 추정도

조정된 것으로 추정된다. 예를 들어 「성주사비」 파편의 '崇嚴山聖住口口', 「대
낭혜화상백월보광탑비」의 '我有末尼上珍匭曜在崇嚴山' 등의 내용과 현재 성
주산복에 자리한 백운사(白雲寺)의 옛 이름이 숭암사(崇嚴寺)였다는 사실에 비
추어9) 성주산(聖住山)의 원지명은 숭암산(崇嚴山)이었음이 확실하다(사진 9). 비
록 옛 이름을 확인할 길은 없으나 사찰 인근의 취락도 오합사가 성주사로 사
액된 시점을 전후해 성주동(聖住洞)으로 개칭되었을 것으로 사료된다.

  발굴이 완전하게 마무리된 것은 아니지만 그간의 고고학적 연구 성과에 힘
입어 성주사는 금당을 중심으로 강당과 삼천불전 등 다양한 불전이 주위에
배치된 구조였음이 밝혀졌다(그림 11). 이미 오랜 시간이 지난 데에다 전화의
피해가 컸기 때문에 현재 사찰 경내에서 목조 건축물의 흔적은 찾아볼 수 없
고, 일부 석재 구조물만이 과거 영화의 일단을 겨우 간직하고 있을 뿐이다.
그러나 웅장했던 전성기의 성주사 규모는 「숭암산성주사사적」에서 그 대략

---

9) 崇嚴寺 在聖住山(新增東國輿地勝覽); 崇嚴寺 在聖住山 今稱白雲寺(輿地圖書)

사진 10. 성주사지

성주사지에는 국보 제8호로 지정된 낭혜화상백월보광탑비를 포함해 5층석탑, 중앙3층석탑, 동·서 3층석탑, 석등, 석계단, 금당지, 입석불, 삼천불전지, 강당지, 서남화랑지, 동문지, 동남화랑지 등의 유물과 유적이 남아 있다.

을 엿볼 수 있는데, 989칸 규모의 불전과 부대시설 면면은 다음과 같다.

改創選法堂五層重閣 三千佛殿九間 海莊殿九間 大雄寶殿五間 定光如來
殿五間 內僧堂九間 極樂殿三間 文殊殿三間 觀音殿三間 普賢殿五間 遮眼
堂三間 十王殿七間 栴檀林九間 香積殿十間 住室七間 井閣三間 鐘閣東行
廊十五間 西行廊十五間 東西南北門各三間 鐘閣二層 中行廊三百間破 外
行廊五百間破 基階猶存 水閣七間破 庫舍五十間破矣

위의 기록이 암시하는 것처럼 성주사 경내에는 법당, 삼천불전, 해장전,
대웅보전, 정광여래전, 내승당, 극락전, 문수전, 관음전, 보현전, 차안당, 십
왕전, 정단림, 향적전, 주실, 정각, 종각 동행랑·서행랑, 동·서·남·북문,
종각, 중행랑, 외행랑, 기계, 수각, 고사 등 한때 불국토를 상징하던 건물이
빼곡히 들어섰지만, 안타깝게도 지금은 거의 모든 것이 사라지고 사탑과 비
석만이 공허한 자태를 취하고 있다(사진 10). 그럼에도 한 가지 부정할 수 없
는 사실은 성주사의 입지가 가히 선경(仙境)에 가깝다는 것이다. 성주사지로

들어오기 위해서는 천변을 따라 난 구불구불한 도로를 거쳐야 하는데, 성주 6리 삼거리를 통과하여 내부를 감추고 있는 모퉁이를 돌아 동북쪽으로 달리다 보면 어느덧 확 트인 평원에 도달하게 된다. 분명 감추어진 계곡에 형성된 터전이지만 사지(寺址) 중앙에서 바라보는 산천의 모습은 도원경으로 착각할 만큼 아름답게 느껴진다. 좇아온 도로가 어디에서 와서 어디로 향하는지 알 수 없고, 바로 앞을 지나는 성주천의 유로 또한 숨겨져 있다. 고개를 들어 사방을 돌아보면 높고 낮은 봉우리가 서로 기대어 이룬 산자락이 울타리처럼 사방을 가로막고 있을 뿐이다. 저녁 무렵 호기심에 이끌려 지르는 소리는 메아리가 되어 돌아오며 공명이 수그러들 즈음에는 적막감이 압도한다. 낯선 이에게는 경외감을 안겨 주기에 충분하다.

2. 팔역명기(八域名基)

남원 실상사(實相寺)의 실상산문(實相山門), 장흥 보림사(寶林寺)의 가지산문(迦智山門), 강릉 굴산사(堀山寺)의 도굴산문(闍堀山門), 곡성 태안사(泰安寺)의 동리산문(桐裡山門), 영월 흥령사(興寧寺)의 사자산문(獅子山門), 문경 봉암사(鳳巖寺)의 희양산문(曦陽山門), 창원 봉림사(鳳林寺)의 봉림산문(鳳林山門), 해주 광조사(廣照寺)의 수미산문(須彌山門)과 함께 나말여초의 사상계를 풍미한 선파(禪派)의 구산문(九山門)으로서 창성했던 성주사는 고려왕조의 쇠망기인 신우 6년(1380) 남포현 전역에 걸친 왜구의 분탕을 피해갈 수 없었다.**10)** 이어 불교를 대신해 유교를 국가이념으로 내건 조선왕조의 개창을 계기로 급격히 쇠

---

10) 藍浦縣 … 辛禑六年因倭寇人物四散 至恭讓王二年 始置鎭城招集流亡(高麗史56, 志卷10, 地理1)

락하게 되고, 급기야 임진왜란의 병화에 흔적도 없이 사라진다. 그렇다고 신성한 장소의 정체성마저 일시에 사라진 것은 아닌데, 성주산문이 경외의 대상이었던 영산(靈山)을 숭배하던 토착 신앙에 불교적 신성성이 융합되어 파생된 것처럼(신동하, 2009), 불국토로서의 영험은 유교적 이상향으로 구현 형태를 달리해 계승된다. 참선을 통해 내재된 불성을 깨닫기 위한 선문의 도량으로서 성주사는 전통적 장소논리인 자생풍수에 부합되는 측면이 있으며(조성호·성동환, 2000), 굳이 풍수논리를 빌리지 않더라도 심산유곡 아늑한 지점에 자리하여 사대부가 추구하던 계거형(溪居型) 길지(吉地)에 가깝다는 사실은 어렵지 않게 직감할 수 있다.

조선 후기의 문신으로서 시문에 능하였고 전국을 두루 기행하였던 채팽윤(蔡彭胤, 1669~1731)은 아미산에서 성주산자락으로 이어지는 성주동 일대를 더없이 신령스러운 곳으로 평하면서, 숨겨진 모란(牧丹)형 이상향은 어디에 있는지 소재를 탐문하고 있다.[11] 현지 주민들은 그가 애타게 찾던 숨겨진 모란형 명당으로 화장(花藏)골을 거론하는데 실제로 물소리를 따라 걷는 길은 구곡계곡(九曲溪谷)의 아늑한 비경을 간직하고 있다. 사대부가 가려 살 만한 곳을 논한 『택리지』 복거총론(卜居總論)과 전국의 유명 취락을 소개한 『임원경제지』 상택지(相宅志)도 성주산

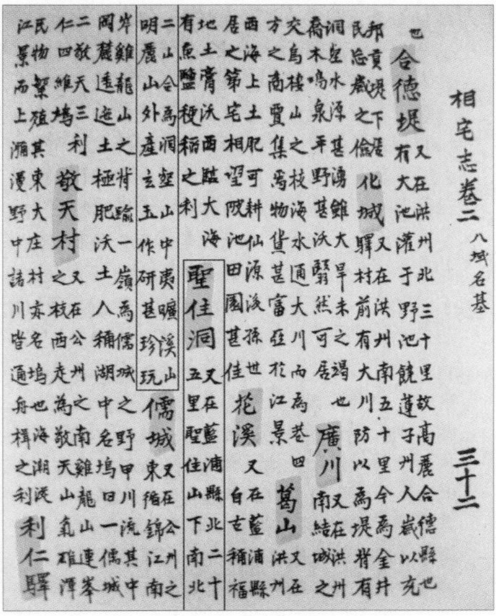

그림 12. 『임원경제지』 상택지 팔역명기조

---

11) 峨眉連聖住 此地最爲靈 滿空靑萬疊 何處牧丹形(希菴集 卷十一, 玉山雜詩題屛 其七)

아래의 성주동을 거론하면서 내부가 확 트인 것은 물론 산과 물이 밝고 맑아 골짜기 사이에 거처할 만한 곳이 많다고 서술하였다(그림 12).**12)** 청담 이중환이 지적한 것처럼 평온할 뿐 아니라 맑고 깨끗한 풍치와 개울을 이용한 영농의 편의를 도모할 수 있는 계거의 이상향을 그대로 구현한 성주동은 성주산 너머의 청라동(靑羅洞)과 함께 명실상부 팔역명기(八域名基)의 하나로 공인되었던 것이다.

고립된 한적한 터를 지향하지만 "가까운 곳에 고개를 두어야 평시와 난세 모두 오랫동안 거주할 수 있다."라는 이중환의 명촌 입지에 대한 지적에는 대천으로 향하는 '바락니직', 청라동으로 들어가는 '빕직', 부여로 이어지는 '상수리직' 등의 고개가 외부와의 통행을 위한 조건을 충족시켜 준다(『朝鮮地誌資料』남포군 북외면 참조). 「동여도」와 『대동지지』에 '백운치(白雲峙)'로 표기되어 있는 바락니직는 대천장(3·8일)을 이어 주던 고개로서 각종 수산물을 획득하는 통로였을 것으로 생각되며, 빕직는 청라동에서 생산된 주곡을 매수하거나 다른 물품과 교환하기 위해 빈번하게 넘나들었을 것으로 여겨진다. 밖으로부터의 시선을 피해 평온하게 거주하면서도 필요한 경우에는 언제든지 인접한 지역으로 나갈 수 있는 이상적인 취락 입지였던 셈이다.

성주리가 길지로 알려지면서 외부로부터 가족 단위의 이주가 끊임없이 이어졌을 것으로 보인다. 시기야 동네마다 차이는 있지만 계곡이 여러 갈래로 뻗어 있고 물이 깨끗하며 공기가 맑아 머물러 살기에 적합한 이곳을 찾는 이들이 실제로 많았다. 전통 마을의 하나인 벌뜸은 고려 개국공신 복지겸(卜智謙)을 시조로 하며 그로부터 28세에 해당하는 린(璘)을 파조(派祖)로 하는 면

---

12) 藍浦聖住山南北二山合爲大洞 山中夷坦溪山明淨水石蕭(瀟)洒 山外産玄玉作硯爲奇品 … 溪洞之間亦多可居(擇里志 卜居總論 山水); 聖住洞又在藍浦縣北二十五里聖住山下 南北二山合爲洞壑 山中夷曠溪山明麗 山外産玄玉作研甚珍玩(林園經濟誌 相宅志 卷二 八域名基)

그림 13. 면천복씨 동족촌 벌뜸의 지적도와 전경

그림 14. 면천복씨 향정파 세계
[자료: 복봉수(1941년생) 소장]

천복씨 향정파(香亭派) 일문이 정착해 일군 집성촌이다(그림 13; 14). 비조로부터 35세인 기승(箕承, 1860~1931)이 청양군 대치면 탄정리 토옥동을 떠나 성주리 남부 중앙의 칠성산(七星山) 자락이 내려앉은 벌뜸으로 이주하면서 입향조(入鄕祖)가 되었다. 이주를 단행하게 된 계기는 명확하지 않으나 혼인 후 새 가정을 꾸려야 하는 현실적 상황에 따른 것으로 추측된다. 이주 시기는 기승이 스무 살 되던 해로 가정하면 1880년 전후가 될 것으로 보는데, 공교롭게도 마을의 안녕을 기원하는 산제당의 건립 시점과 일치한다. 정착지를 선정

사진 11. 벌뜸 조현명 묘역과 신도비

하는 단계에서는 청양 탄정리(炭井里)의 토옥동(土沃洞), 유판동(油板洞), 계정(鷄井) 도동(都洞)·대천동(大泉洞)과 주정리(酒亭里) 일원에 일가친척이 밀집하여 오래 거주함으로써 더 이상 주변에서 경제적 원천을 찾기 어려워진 상황이 배출 요인으로 작용하였을 것이다. 한편 복을 누리며 무병장수할 수 있다는 성주동의 명성은 흡인 요인으로 어느 정도 역할을 하였을 것으로 생각된다. 입향조인 기승은 성주사지 뒷편 왕자봉(王子峯) 임좌(壬坐)에 조성한 묘역에 배우자와 합장되어 있다.

성주동에 양택(陽宅)을 두고 정착하는 대신 길지에 음택(陰宅)을 잡아 조상의 음덕을 누리려는 가문도 있었던 듯하다. 숙종 말엽인 1719년에 증광문과 병과로 급제하고 이인좌의 난을 진압하여 분무공신(奮武功臣) 3등에 녹훈, 풍원군(豊原君)에 책봉된 조현명(趙顯命, 1690~1752) 일가의 경우가 그러하다. 일곱 개의 봉우리가 굽이치는 칠성산에서 흘러내린 용맥 위에 자리한 그의 묏자리는 비록 도굴을 피해갈 수는 없었지만 그것이 후손들의 영달을 보장해주고 있는 것으로 주민들은 이해하고 있다. 영조대 탕평파의 중심인물이자 양역 행정의 체계화를 도모한 경세가 조현명은 대사헌, 도승지, 경상도관찰사, 전라도관찰사, 공조참판, 어영대장, 부제학, 이조판서, 병조판서, 호조판서 등의 요직을 거쳐 우의정, 좌의정, 영의정의 반열에 오른 명신이다(한국역대인물 종합정보시스템 참조). 그는 화창한 기운을 느낄 수 있는 양지바른 곳에 1712년에 타계한 전처 칠원윤씨, 1742년에 작고한 후처 안동김씨와 함께 안장되어 있다. 문인석이 묘역을 지키고 있으며, 장남 통훈대부행영천군수(通訓大夫行永川郡守) 재득(載得)과 차남 통훈대부행청도군수(通訓大夫行淸道郡守) 재한(載翰)이 영조 38년(1762)에 건립한 이끼 낀 묘비에는 그의 행적이 상세히 적혀 있다(사진 11). 묘지명(墓誌銘)에 따르면 조현명의 묘는 원래 양주군 해등촌(海等村)의 선고(先考) 조인수(趙仁壽) 묘역 오른쪽 언덕에 있었으며 무인년(1758)을 기해 왼쪽 신좌(申坐)의 정부인 묘역에 합장하였다. 그 뒤 조현명과 부인의 합장 묘역은 성주리로 이장되었던 것으로 보이는데, 고종대 영의정을 지낸 이유원(李裕元)이 찬수하고 1988년에 후손들이 선산 아래 벌뜸 평지에 건립한 신도비(神道碑)에는 신해년에 남포현 북면 성주산 묘좌(卯坐)로 천봉(遷奉)했다는 기록이 아래와 같이 적혀 있다.

… 竟於是年四月卒壽六十二 上震悼 撤朝賻如例 隱卒惻怛 褒以忠孝 親爲文祭之 卽命賜諡 太常以慮國忘家慈惠愛親 議曰忠孝 上可之 又以孝命旌其閭 哀榮備矣 初葬楊州海等村 辛亥遷奉于藍浦北面聖住山卯坐原初配贈貞敬夫人漆原尹氏 縣監志源女 壬申生壬辰卒 有昌容淑行 無育繼配貞敬夫人安東金氏 都正聖游女 壬申生壬戌卒 溫儉慈仁未甞見叱嗟婢御 祔公左右 有六男一女 男長曰載得蔭左尹豐城君 … 其二男曰載翰副提學丙申論典禮被罪甲子復官 三男曰載履出系 四男曰載田縣監 五男曰載天縣監 六男曰載陽早歿 女曰徐命誠 …

사진 12. 삼거리 안종수 묘와 양지뜸 인동장씨 묘역

신해년은 정조 15년으로서 묘역이 성주리로 이전된 것은 1791년의 일이었던 것이다. 조현명은 후사 없이 전처와 사별하였고 후처와의 사이에 6남 1녀를 두었다. 삼남 재리는 출계(出系)하였고 육남 재양은 요절하였으나 장남 재득은 영천군수와 한성부 좌윤(漢城府 左尹), 차남 재한은 청도군수와 부제학(副提學), 사남 재전과 오남 재천은 현감(縣監)을 역임할 정도로 가문은 융성하였다. 비록 사도세자의 처벌을 두고 강경한 입장을 취해, 온건한 입장이었던 시파(時派)의 홍봉한·홍인한과 대립한 까닭에 정조 즉위 직전인 영조 52년(1776)에 일어난 병신지화(丙申之禍)로 일문이 몰락하는 위기에 처하지만 1788년에 복권이 이루어질 수 있었다. 부부의 합장묘 전방에는 장남 조재득(趙載得, 1718~1777)의 묘가 자리한다.

벌뜸에서 성주6리의 삼거리로 향하는 도로변 북쪽 양지에는 규장각부제학(奎章閣副提學)으로 추증된 안종수(安宗洙)와 정처인 평산신씨의 합장묘가 조성되어 있다(사진 12). 묘비에 기록된 바에 따르면 헌종 15년(1849)에 대천 명천(鳴川)에서 출생한 그는 사마시에 합격한 뒤 통리교섭통상사무아문(統理交涉通商事務衙門)의 판임관과 황해도 시찰관을 역임하였다. 1886년에 갑신정변을 주동한 김옥균과 연루된다는 이유로 마도(馬島)에 정배(定配)되는 고초를 겪었고 나주관찰부 참서관으로 재임 중이던 고종 32년(1895)에 을미의병에 의해 살해되어 47년의 생을 마감한다. 1881년에 신사유람단의 일원으로 일본의 신문물을 시찰하면서 수집한 농서를 토대로 최초의 근대 농업기술서인 『농정신편(農政新編)』(1885)을 엮어 서양의 농법을 소개한 신지식인이기도 했다. 그의 안장처는 후손들의 판단에 따라 출생지인 대천보다는 길지인 성주리로 정해졌다.

그런가 하면 양지뜸 배후의 야산에는 인동장씨 묘역이 조성되어 있다. 상위에 호조참판을 지낸 장륵만(張勒萬)의 묘가 있고 오른쪽에 장기운(張埼雲)과 처 김해김씨의 합장묘가 자리한다. 그 아래에 통정대부 장태의(張泰義)와 숙부인 김해김씨의 묘가 나란히 배치되어 있으며 하위에는 장태례 부부의 합장묘가 자리하고 있다. 장태의와 장륵만의 묘는 각각 1959년과 1989년에 이장된 것으로 보인다. 묘지를 돌보는 후손은 이미 외지로 이주한 터라 묘역의 주인 신상에 대해서는 자세히 확인할 길이 없었으나 명당에 음택을 조성함으로써 가문의 번창을 기원하고자 한 의도는 읽을 수 있다.

조선 후기의 실학자 서유구(徐有榘)가 『임원경제지』에 거론한 호서 지방의 명촌은 52처를 헤아린다. 필자의 분석으로 이상촌(理想村)의 영예는 옥토(沃土), 수리(水利), 상리(商利), 문풍(文風), 수운(水運), 어염(魚鹽), 풍치(風致), 한적(閑寂), 부유(富裕), 지세(地勢), 명성(名聲), 물산(物産), 교통(交通) 등의 여건 가운데 특출한 하나 이상의 조건을 만족시킨 곳에 부여되었던 것 같다(홍금수, 2004). 성주동(聖住洞)은 풍치, 지세, 물산에서 진가를 인정받았으며 오랫동안 명성이 인구에 회자된 까닭에 한적하고 아늑한 터를 찾는 발길이 끊이지 않았던 것으로 보인다. 다만 양택보다 음택이 밀집하였던 것은 형국이 좁아 현실적으로 생활의 여유를 확보할 수 있는 여지가 크지 않았기 때문일 것으로 판단된다.

제3장..
근대화기 탄전의 개발과 산업화 담론

1. 개발 초기의 성주탄광

성주리의 탄전 개발은 공식적으로 1947년에 시작되지만 그 전조는 이미 조선시대의 여러 문헌 기록에서 찾아볼 수 있다. 비록 석탄은 아닐지라도 벼루 원석의 채굴 역사가 오래되었던 것이다. 『동국여지지』에는 성주의 특산물로 청석연(靑石硯)이 소개되고 있으며, 『대동지지』도 성주산 서쪽에서 출토되는 검은색 연석(硯石)과 비석(碑石)의 품질이 뛰어나다고 덧붙이고 있다.**1)** 성주산에서 채취된 이들 오석(烏石)과 청석(靑石), 즉 검푸른 빛깔의 돌은 전국적으로 명성이 높았던 남포산 벼루와 비석을 만드는 데 사용되었다. 신라 왕실의 관심과 배려로 건립되어 보존 상태가 양호한 「대낭혜화상백월보광탑비」가 오석으로 만들어진 점을 감안한다면 내구성을 갖춘 성주리 석재의 우수성은 이미 신라시대에도 정평이 나 있었음을 알 수 있다.

조선 후기 들어 『영조실록』에 성주산의 빗돌 채굴을 둘러싼 민폐가 조정에서 심각하게 논의되기도 했다. 이처럼 오석은 지역을 초월해 전국적인 현안이 될 정도로 관심이 뜨거웠다.**2)** 숙종과 영조대 인물로 시문에 뛰어났으며 승지, 대사간, 병조참판, 동지의금부사, 부제학 등의 관직을 역임한 채팽윤의 문집에는 '백운암동구(白雲庵洞口)'라는 제목의 시가 실려 있는데, 관련 암자는 다름 아닌 백운사이며 시의 내용을 통해 남포 오석 채취와 관련된 노역의 실체를 확인할 수 있는 귀한 자료라 하겠다. 아래 제시된 내용을 해석해 보면, 깊은 골짜기에 자리한 백운암 인근에서 연석이 생산되었고 암자에 기거하는 승려가 채굴을 담당하였으며 해마다 두세 차례 반복되는 채석이 실제로 매우 고된 부역이었음을 확인하게 된다.

---

1) 靑石硯 聖住山出(東國輿地志); 硯石 出聖住山之西 色烏品佳 碑石 色烏品上(大東地志)
2) 藍浦聖住山碑石伐取之弊 宜令道臣嚴禁 以除民弊(英祖實錄 卷7, 1年 7月 丙午條)

白雲庵洞口

衆壑分靑靄 層庵截白雲 獨立寒溪上 無人識使君 白雲庵左壑生硯石 爲
守者歲再三斲 居僧不堪其役 余之來 盡屛從人 只欲寓目溪山 若閑人之
行 而使僧人不之知 卒不得掩 庵中譁然恐曰使君來審硯窟 余微聞而笑之
去左壑百步而還

白雲硯石鳴天下 採斲年年僧不閑 傳語庵中莫浪怕 我行惟自愛名山(希菴
先生集 卷之十, 詩)

일제강점기에 편찬된『조선지지자료』에도 남포군 북외면에 자리한 성주산
에서 연석(硯石)과 지석(誌石)이 산출된다고 적혀 있어 그 전통이 지속되고 있
음을 알 수 있다(그림 15; 사진 13).**3)** 1920년 12월 당시 확인된 바로 백운사 배
후의 산복에서 채취권을 소유한 송병요(宋秉堯) 외 6명이 남포 벼루의 원석을

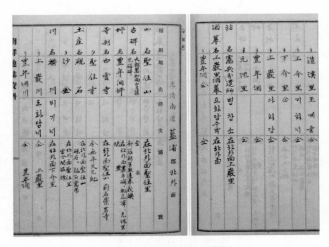

그림 15. 『조선지지자료』, 지명편

---

3) 硯石 在北外面聖住山 硯石 誌石需用 沙金 在北外面聖住里 當今間掘採(朝鮮地誌資料 藍浦
郡 北外面)

사진 13. 석가공업
성주산 묵방 일대에서 채굴된 남포 오석은 석탄 이전에 성주리를 외부에 알리는 핵심 자원이었다. 우수한 석재를 이용한 벼루 가공의 전통은 석가공업의 활성화를 유도하였다. 석탄광업을 축으로 한 산업화 시기를 넘기면서 성주리의 석재가공업 또한 쇠퇴하고 중심이 웅천 인근으로 옮겨간다.

생산하고 있었는데 채굴지는 묵방골(墨方谷), 상석골(上石谷), 두음골(斗音谷) 등 세 지역이었다(朝鮮總督府地質調査所, 1921, p.186). 이처럼 석재 산지로서의 명성이 자자한 성주리에서 석탄의 존재가 확인된 것이 언제였는지 정확히는 알 길이 없으며 남아 있는 문헌을 들추어 짐작해 볼 뿐이다. 1915년에 출간된 『광구일람』에는 일본인과 조선인을 광업권자로 하여 각각 1912년과 1914년에 등록을 마친 금·은·동광이 보령군 청소면과 오천면에 등재되어 있을 뿐 탄광은 보이지 않는다. 그때까지 충청남도 전역에서 석탄을 채굴하던 광산은 이마이(今井讓次郞)가 1909년 12월 6일에 등록한 서천군 화양면 소재의 것이 유일하였다(朝鮮總督府, 1915). 앞에서 소개한 대로 1916년 무렵 가와사키가 보령군 미산면 도흥리로부터 인접한 부여군 홍산면에 이르는 구간에서 무연탄을 발견한 일이 있다. 엄밀히 말해 성주리의 상황은 아니었지만 지근거리에 위치하여 같은 면에 속하고 지질 또한 유사한 도흥리의 성과는 성주리에도 무연탄이 매장되어 있을 개연성을 높였다.

아마 오석을 캐는 과정에서 주민들은 석탄의 존재를 인식하였을 것으로 추측되며, 늦어도 시마무라가 답사를 진행하면서 성주리와 인근 지역의 지층

사진 14. 비암리 주암

성주리와 접경한 부여군 외산면 비암리의 '배미실(舟巖)' 마을에서는 1930년경에 이미 무연탄층이 발견되었다. 당시 일본인의 지질 조사에 대해서는 마을 주민들도 주지하고 있다.

에 무연탄과 탄질 물질이 섞여 있다고 파악한 1926년 무렵에는 그 실체가 명확해졌다고 볼 수 있다. 그는 특히 상수리재를 사이에 두고 성주리와 맞닿은 부여군 외산면 비암리 주암마을의 무연탄층에 주목하면서 총독부연료선광연구소(總督府燃料選鑛硏究所)의 시라기가 분석한 성분을 자세히 인용하여(島村神兵衛, 1931, p.7; 사진 14), 성주리의 탄전 개발이 머지않았음을 암시한다. 삼척탄전 개발의 주인공이기도 한 시라기 다쿠지는 주암마을의 지질에 대한 조사를 통해 혈암(상반), 탄질혈암(0.6m), 탄(0.75m), 탄 및 탄질혈암(2.45m), 탄(0.8m), 탄질혈암(0.35m), 혈암(하반) 등의 층서를 확인하였다. 선광연구소는 특히 무연탄과 관련하여 수분 8.66%, 휘발분 2.95%, 고정탄소 69.59%, 유황 0.54%, 회분 18.8% 등의 성분 함유율을 파악하였고, 발열량은 5,972kcal, 회는 암갈색, 코크스(骸炭)는 부점결(不粘結), 비중은 1.9인 것으로 최종 보고하였다.

식민 당국도 조선의 무연탄은 일본 자국에서 볼 수 없을 정도로 질이 좋은 한편 갱이 아직 깊지 않고 지하수의 침출이 적어 채탄 조건도 양호하다고 인정하였다. 또한 충남 일대에 분포하는 중생대탄의 경우 분탄(粉炭)이 우수한 고생대탄과 비교해 품질은 떨어지더라도 괴탄(塊炭)으로서 채굴이 용이하기 때문에 개발의 잠재력이 크다고 평가하였다(朝鮮總督府殖産局, 1929, pp.2-3, 15, 79). 그러나 일제강점기가 끝날 때까지 성주리에 탄광은 등장하지 않았으며 주력 약탈 광물인 금·은의 채굴만이 있었을 뿐이다. 평남탄전과 삼척탄전 같이 매장량이 풍부한 고품위 지역 위주로 개발이 집중된 결과 충남탄전 자체가 상대적으로 큰 관심을 끌지 못한 듯하다.

『조선광구일람』(1935)에 등재된 미산면 소재 광산으로는 사금광과 금·은광이 각각 2곳 있었고, 인접한 청라면과의 사이에는 금·은광 1곳, 부여군 외산면과의 사이에는 금·은광 및 금·은·동·연광 각각 1곳만을 두고 있었다(朝鮮總督府, 1935). 광산의 소재지가 면 단위에 그쳐 개개 광산의 위치를 정확하게 파악하기는 어렵다. 그러나 서울에 거주하는 이민귀 외 1인이 1934년 3월 17일에 권리를 취득한 청라면과 미산면에 걸친 광산의 경우 미산면 북부, 즉 성주리에 해당하는 것이 확실하며 광산 이름도 '성주금광(聖住金鑛)'이었다. 귀금속 중심의 개발 상황은 태평양전쟁이 발발하여 일제가 패망을 앞둔 시점까지도 크게 달라지지 않았다. 1942년 7월 1일 당시 미산면에는 사금광 2곳과 금·은광 4곳, 청라면에 걸친 금·은광 1곳, 부여군 외산면에 걸친 금·은·아연광 1곳이 있었으나 충남 전체적으로 석탄광은 서천 화양면에 자리한 무명의 광산 1곳과 1928년에 광업권이 설정된 충남무연탄광(당진 석문면)을 포함해, 예산탄광(1933, 홍성 장곡면·예산 광시면), 홍성무연탄광(1934, 홍성 장곡면), 대전탄광(1939, 대덕 산내면) 등 5곳에 불과하였다(대한광업회, 1952; 朝鮮總督

府殖産局鑛山課, 1943).

　결국 성주리에서 탄광이 본격적으로 개발된 것은 해방 이후의 일이다. 국권을 회복한 직후에는 민간 자본의 관심과 개입이 부진하여, 광산에 대한 일체의 관리와 운영을 담당한 상공부 광무국(商工部 鑛務局)이 나서 일본인이 남기고 간 적산광산(敵産鑛山)을 적극적으로 불하하려 했지만 별다른 성과를 올리지 못할 정도였다.4) 바꾸어 생각하면 자본력을 갖춘 민간인의 광업권 취득은 적극적인 의사만 있으면 어렵지 않게 성사될 수 있었던 것이다. 그리고 관심의 전환은 무척 빠르게 나타났다. 『광구일람』(1952)을 참조해 충남에 분포한 탄광의 등록 일시를 분석한 결과, 일제강점 36년 동안 5곳에 불과했고

표 1. 보령군 미산면 소재 초창기 탄광

소재지	등록 번호	등록일	광산명	광종	면적 (평)	광업권자	거주지
보령 미산면 부여 외산면	23828	1947.12.27	聖住炭鑛	석탄흑연	998,000	張洵覺 李錫俊	서울 영등포동 청양 청양면
보령 미산· 청라·대천면	24162	1949.11.16	大川炭鑛	석탄흑연	876,000	李圭衝	서울 한남동
보령 미산면	24181	1950.01.27			914,000	張洵覺	서울 영등포동
	24191	1950.04.12			967,000		
	24192	1950.04.12		석탄	690,000		
	24212	1950.05.11			992,000		
	24213	1950.05.11			942,000		
보령 미산면 부여 외산면	24326	1952.01.24		석탄	700,000	全在亨 外	원주 원주읍
보령 미산면	24343	1952.02.17		석탄	421,000	金基皓	부산 신창동
	24390	1952.02.20		석탄흑연	935,000	白南珍	보령 청소면
보령 청라· 미산면	24560	1953.05.27		석탄	513,000	李弼龍	서울 영등포구 본동

자료: 「광업원부」(광업등록사무소); 대한광업회, 1952, 『광구일람』

---

4) 『조선중앙일보』, 1947년 9월 3일자, 2면 4–7단

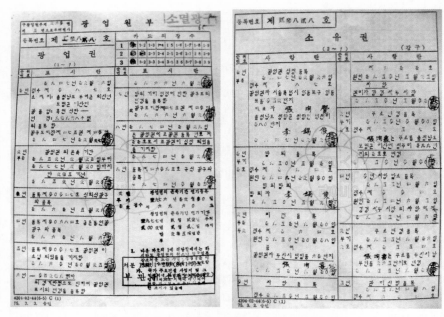

그림 16. 「광업원부」 등록번호 23828호의 광업권 및 소유권
흑연과 석탄을 채굴하는 99만 8,000평 규모의 광구로서 서울특별시 영등포구 영등포동 352번지에 주소지를 둔 장순각(張洵覺)이 대표자로 등록되어 있다.

해방 직후인 1947년에 2곳이 등록을 마친 이래로 1952년 6월 10일 조사 시점까지 그리 길지 않은 기간에 무려 50곳으로 석탄광의 수가 늘었다(대한광업회, 1952).**5)** 충남지방 석탄 산지의 분포도 당진군 석문면, 서산군 해미면, 예산군 예산읍, 광시·대흥면, 홍성군 장곡면, 서천군 화양·마서·종천·판교·동·비인면, 보령군 미산·청라·청소·웅천·단포·대천·주포·주산면, 청양군 사산·사양·대치·비봉·운곡면, 부여군 옥산·외산면, 대덕군 산내면 등 여러 지역으로 확산되었다.

「광업원부」와 『광구일람』(1952)에서 미산면에 속하거나 이에 인접한 탄광으

---

5) 연도별로 보면 1948년 6곳, 1949년 16곳, 1950년 6곳, 1951년 10곳, 1952년 10곳으로 나타났다.

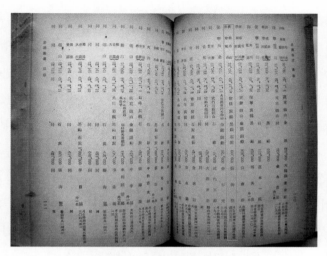

그림 17. 『광구일람』(1952)의 성주탄광 관련 기록
부여 외산과 보령 미산에 걸쳐 있는 성주탄광은 23828번으로서 1947년 12월 27일에 등록된 것으로 기록되어 있다.

로 10여 곳을 확인하였는데, 1947년 12월 27일에 가장 먼저 등록을 마친 곳은 흑연과 석탄을 채굴하던 성주탄광(聖住炭鑛)이다. 미산면과 부여 외산면 사이에 걸쳐 있지만 광업소 이름을 '성주'로 정한 점으로 미루어 광구 대부분이 성주리에 속했을 것으로 본다(표 1; 그림 16, 17). 광업권자는 영등포에 거주하던 장순각(張洵覺, 1908년경~?)과 청양군 청양면 벽천리에 주소지를 둔 이석준이었다. 광업권 설정 등록 대표자인 장순각은 부산 하단에서 출생하였다. 경기고등학교를 졸업한 뒤 1920년대 중반부터 1930년대 중반까지 경상남도 부민공립보통학교와 상서공립보통학교에서 훈도(訓導)와 위촉교원(委囑教員)으로 재직하였으며, 비록 학업을 다 마치지는 못했지만 동경제국대학 의대를 다녔을 정도로 수재였다고 한다.6) 해방 후에는 조선건국준비위원회 경

6) 제보: 장경주(1947년생, 부산시 영도구 동삼3동)

성지회 상임위원회가 선출한 경성시 인민위원으로 활동하였으며, 김규식 등 좌우익 양대 세력의 중도파 인사가 중심이 되어 구성한 민족자주연맹(民族自主聯盟)의 중앙집행위원으로서 좌우 합작과 남북 협상을 통한 통일 민족정부 수립에 노력하였다.**7)** 또한 '3,000만 동포에게 진정한 민주주의 노선을 지시하여 독립을 전취하는 데 도움을 줄' 목적으로 타블로이드판 일간신문 『독립신보(The Independence News)』의 사장 겸 발행인으로 활동했던 경력이 확인되었다. 김규식, 여운형, 백남운을 고문으로 영입하여 1946년 5월 1일 메이데이를 기해 서울 을지로 2가(黃金町 二丁目)에서 창간된 4면 분량의 『독립신보』는, 좌우의 이념이 극도의 대립상을 보이는 해방정국에서 '조국의 민주주의적 재건'과 '언론의 독립'이라는 저널리즘의 신성한 사명을 다하고자 하였다. 그러나 남한 단독정부 구성을 위한 5·10 총선거로 말미암아 통일조국을 향한 의지가 꺾이게 되자 선거 거부를 선언하는 특집호를 발행한 뒤 1948년 5월 9일을 기해 자진 휴간한다.**8)** 짧은 운영이었지만 『독립신보』는 발행 부수가 한때 4만 부에 달할 정도로 여론 형성에 큰 몫을 담당하였으며 특히 진보적인 지식인들에게 지대한 관심을 받았다(김민환, 2001, pp.33, 35; 최준, 1990, p.349).

그러면 장순각은 어떤 이유에서 탄광업에 진출하고자 결심했을까? 무엇보다 해방에 이은 남북 분단으로 송전이 중단된 것은 물론 북한과 중국으로부터 수입하던 석탄의 공급도 끊겨 남한 경제에 심각한 타격이 가해진 상황을 염두에 둘 수 있겠다(임채성, 2007, p.246). 당시의 사회적 실상을 1947년 12월 9일자 『독립신보』의 기사에서 확인하게 되는데, "石炭不足莫甚! 허덕이는 生産戰線"이라는 표현에서 사태의 심각성을 느낄 수 있다. 막대한 석탄 수요에

---

7) 『서울신문』, 1947년 12월 30일자, 2면 2-4단
8) 『독립신보』, 1946년 5월 1일자, 창간호

비해 공급량이 절반에도 미치지 못하고 저탄량 또한 계속 감소함으로써 생산 부문이 위축되고 인플레이션이 악화되어 경제 전반이 위기에 직면할 수 있다는 우려의 목소리가 터져 나온 것이다.9) 중앙경제위원회는 부족한 석탄 문제를 완화하기 위해 삼척, 화순, 은성 등 주요 탄광을 대상으로 수송 설비 개선, 광부 주택 신설, 무선 전신 가설을 포함한 복구공사에 힘을 쏟다.10) 하지만 그해 11월부터 절탄(節炭)을 위해 운수부(運輸部)가 단행한 미증유의 운휴 조치로 75%의 열차가 발이 묶이면서 '대동맥 마비(大動脈 痲痺)'가 초래되었고 그로 인해 일상생활의 불편은 물론이고 물가 앙등이라는 극심한 고통마저 찾아왔다.11) 연료 문제가 근본적으로 해결되지 않고는 경기 회복을 기대할 수조차 없는 상황에서 장순각은 탄광업 진출을 적극적으로 모색하였을 것으로 생각된다.

광업은 특성상 자원이 매장된 농산촌에 근거하며 대지주가 축적한 농업 자본이나 내재적인 자생 상업 자본에 의존해 초기 성장을 경험한다. 그러다 산업화를 거치면서 개발의 주체가 점차 전문 산업 자본으로 대체되는 것으로 이야기된다. 초기에 농산촌에서 채굴된 석탄은 해당 지역의 산업화와 도시화를 유도하지만 종국에는 개발에 소요되는 막대한 자본의 필요에 따라 메트로폴리스에 예속되는 단계를 거친다는 것이다(Langton, 1979). 그런데 성주리는 낙후된 농어촌 배후의 후미진 산지에 위치한 데다 근대 산업 체제의 조기 정착이 시급한 시점에 탄광 개발이 정책적으로 시도된 까닭에, 출발부

---

9) 『독립신보』, 1947년 12월 9일자, 2면 2-4단

10) 『독립신보』, 1947년 12월 25일자, 2면 7-8단, "三陟, 和順等炭坑에 復舊工事補助費支出 石炭 增産코저"

11) 『독립신보』, 1947년 12월 28일자, 2면 1-4단, "痲痺된 南朝鮮의 大動脈 運輸當局의 無計劃性을 暴露 人民生活에 밎이는 影響도 至大!", "서울驛前은 一大修羅場", "列車運休로 物價異狀 生必品等 나날이 狂騰"

사진 15. 장순희(1920~2005) 사장
왼쪽 위는 성주탄광을 개발하여 충남의 석탄광업 활성화에 토대를 마련한
장순희의 노년 사진이다. 왼쪽 아래 사진은 1980년에 전처인 이정희와 함
께 촬영한 것이며, 오른쪽 사진은 경기도 광주시 오포읍 매산리 소재 공원
묘역에 안장된 장순희와 후처 엄태영의 합장묘이다[자료: 장경주(1947년
생) 제공; 현지 촬영].

터 장순각 같은 외지 자본가의 진출을 허락할 수밖에 없었다.

한편, 공동 등록자인 이석준은 1949년 말에 임의 탈퇴를 신청하여 1950
년 5월 2일에 탈퇴 등록을 마친다. 아마도 그는 광업권 등록에 필요한 서류
를 작성하기 위해 명의만을 협조하였을 뿐 사업을 계획하고 운영하는 데에
는 실질적으로 관여를 하지 않았을 것으로 판단된다. 성주탄광은 이석준의
탈퇴에 이어 예상치 못한 또 다른 충격적인 사건을 겪는데, 한국전쟁의 와중
에 광업권자인 장순각이 월북하는 돌발 상황이 발생한 것이다(윤성하, 1984,
p.190). 납북 가능성도 거론되고 있지만 사태를 둘러싼 민감한 정치적 해석
과는 별도로 사안을 성주탄광에 국한하여 보자면, 장순각이 취득한 광업권
은 1951년 9월 10일을 기해 부산 범일동에 피난 중이던 동생 장순희(張洵熹,
1920.3.16~2005.2.22)에게 '증여'된다(사진 15). 당시 장순희는 성주리 최초의
광구인 등록번호 23828번과 함께 다른 4개 광구(등록번호 24191, 24192, 24212,

24213)도 인수하였으며 9월 27일에는 24181번에 대한 소유권을 추가로 증여받아 석탄광업에 본격적으로 뛰어든다.

장순희의 광구는 대체로 성주리와 개화리 일대에 속하였고 성주탄광 사무실의 위치는 옛 주소로 충남 보령군 미산면 성주리 199번지, 즉 성주6리 삼거리의 대한석탄공사 성주광업소를 마주보던 지점으로서 지금의 농협 자리에 해당한다(송태희, 1959, p.39). 통계로 남아 있지는 않으나 서천군녹화회(舒川郡綠化會)가 연료난과 산림녹화의 두 가지 현안을 해결할 수 있는 방안을 모색한 끝에 '아침에 한 번 점화하면 종일 불이 붙어 있어 편리한' 연탄을 염두에 두고 1948년 11월 초순부터 이듬해 3월까지 4,000톤의 무연탄을 조달하기로 성주탄광과 계약을 체결한 사실이 보도되고 있다.**12)** 이 점으로 미루어, '성주탄'은 한국전쟁 전에 이미 생산에 활기를 띠고 있었던 것으로 보인다. 탄질 또한 다른 지역에 비해 좋았던 것으로 평가되었다. 실제로 1950년 5월에 발행된 『상공일보』의 한 기사에 따르면, 선탄(選炭) 설비가 미비하고 석탄 부족이 극심한 상황에서 탄소성분이 극미하거나 유황 함유량이 많아 인체에 유해하며 철분이 다량 포함된 저품위 탄은 물론, 다소라도 연소성을 보이면 심지어 흑연까지 시장에 방출되는 문제가 있었다. 그러나 성주탄광은 가동된 지 어느 정도 시간이 흘렀고, 따라서 깊은 광맥에서 채탄되기 때문에 좋은 탄이 나온다고 평가하였던 것이다.**13)** 그 때문인지 전쟁 와중인 1951년 5월에 대한석탄공사는 성주탄 3,600톤의 저탄 매입을 결의하기도 하였다(대한석탄공사 사사편찬실, 2001, p.54).

부산 피난 시절 민영 탄광업자들이 1949년에 조직한 대한탄광협회(大韓炭

---

12) 『경향신문』, 1948년 10월 30일자, 4면
13) 『상공일보』, 1950년 5월 6일자, "석탄 부족을 틈타 저질탄이 범람"(국사편찬위원회 한국사데이터베이스 참조)

사진 16. 성주탄광
국제협력처(ICA)의 지원을 받아 수입한 발전기를 갖춘 장순희의 성주탄광은 1958년 무렵 3만 8,000톤 분량의 석탄을 생산하였다. 사진 속의 지역은 성주리와 개화리 접경 지점에 자리한 대동갱의 개발 현장이다(자료: 송태희 편, 1959, 「건국 10년에 걸친 한국산업부흥사진연감」, 정경민보사, p.39).

鑛(協會)가 광복동에 임시 사무소를 개설하였고 장순희는 1951년 9월 17일자로 이사진에 합류하는데, 피난민의 생활 연료로서 연탄의 수요가 급증하던 시점이었다. 연료 확보가 시급한 전시의 특수 상황에서 성주탄광은 협회의 촉구에 따라 상공부로부터 탐탄·갱도굴진 보조금(探炭坑道掘進補助金)을 지원받아 추가적인 개발에 돌입한다. 1952년에 갱도 260m를 굴착하는 데 2,900만 원의 보조금이 장순희 앞으로 지급된 데 이어 1953년에 400m를 굴착하는 과정에서 137만 원, 그리고 1954년에는 다시 700m의 갱도를 굴착하는 데 280만 원의 보조금이 추가로 지원되었다(대한광업회, 1960, pp.247-249; 대한석탄협회, 1988, pp.104-106). 1952년 당시 성주탄광은 옥계탄광, 예산탄광, 강원탄광과 함께 월 생산 2,000톤의 전국적 규모를 갖춘 '중요 광산'으로 소개될 만큼 민영 탄광으로서는 널리 알려져 있었다(윤성순, 1952, p.452).

전후 재건기에도 성주탄광은 농업, 천연자원, 광공업, 교통 분야의 부흥을 위해 설립된 미국의 원조 기구인 국제협력처(ICA: International Cooperation Administration)와 국제연합재건단(UNKRA: United Nations Korean Reconstruction Agency)의 지원에 힘입어 발전기(50kW · 120kW · 200kW)와 석탄 수송용 5톤 트럭을 비롯한 각종 시설, 기계, 장비 등을 확충함으로써 생산량을 늘릴 수 있었다. 그리고 그렇게 된 데에는 민영 탄광의 개발을 촉진하기 위해 구성된, 군파견단장(軍派遣團長) 김일환을 위원장으로 하는 한미합동탄광개발촉진협의회 산하 민영탄광특별분과위원회의 역할이 컸을 것으로 사료된다. 외부의 재정적 지원을 받아 설비 투자에 노력한 결과 1958년에 채굴된 성주탄광의 무연탄량은 3만 8,000톤, 이듬해에는 4만 3,000톤 수준으로 향상된다. 실질적으로 개발이 활발했던 광구는 최초로 등록된 23828번이 아니라 성주리 남단의 대동갱과 개화리의 대동사갱을 가진 등록번호 24212번이었다(대한광업회, 1960, pp.227-229; 대한석탄협회, 1988, pp.51-53, 152-153; 송태희, 1959, p.39; 임채성, 2007, pp.252-253; 전국경제인연합회, 1975, pp.153-155, 366-367, 713; 사진 16). '인품이 좋고 사심이 없으며 금전욕이 많지 않아 따르는 사람이 많았다.'라고 기억되는 장순희는 이처럼 적극적으로 사업 확장에 뛰어들었으며, 수익이 발생할 때마다 새로운 광구에 대한 투자를 계속하였던 것으로 보인다.[14]

1950년대 후반 장순희의 성주탄광에는 앞문에 'UNKRA'의 다섯 글자가 새겨진 5톤 트럭이 비치되어 석탄을 쉴 새 없이 수송하였다. UN이 지원한 미국산 차량으로서 소위 '운크라 트럭'은 모두 11대가 가동되었는데, 갱도에서 곡갱이와 삽으로 캐낸 원탄을 광차를 통해 구사택과 보령석탄박물관 사이의 선탄장에 수합하고 여기서 잡석을 골라낸 다음 트럭에 실어 바래기재 너머의 대천역이나 개화리 남쪽의 웅천역으로 운반하였다(사진 17). 거의 연

---

[14] 제보: 박종무(1932년생, 보령시 대천1동 태영아파트), 김재한(1920년생, 보령시 대천동 618-58)

사진 17. 성주탄 집산역(대천역·웅천역·남포역)

성주탄전 개발 초기에 성주탄은 주로 대천역(상단 왼쪽)에 집산되었으며, 웅천역(상단 중앙)과 남포역(상단 오른쪽)이 기능 일부를 분담하였다. 옥마역과 남포역을 잇는 남포선은 대천역의 석탄 하역 기능을 잠식하였다. 하단에는 구 무연탄 수송역의 현재 모습이 보인다. 대천역은 장항선 개량 사업의 일환으로 철도 노선이 직선화되면서 2007년 12월 무렵 신역사로 이전되었다. 철거된 역사 부지에는 문화관광지구 조성사업(2010.6.10~2012.10.30)이 한창이다(자료: 철도청, 1986, 『한국철도요람집』, pp.523–525).

중무휴로 진행되는 운송에 안전을 기할 목적으로 험난한 '성주고개' 일대에는 감시원을 상시 배치하여 도로를 관리하였다고 한다.**15)** 작업량이 많을 경우 선탄장을 빠져나올 때 담당 직원이 끊어 주는 전표(錢票)가 트럭당 하루 12장을 헤아릴 정도로 여러 차례 석탄 수송이 이루어지기도 하였다. 대천역에 도착한 무연탄은 대한통운의 전신으로서 당시 운수 창고업계를 장악한 조선운송주식회사(朝鮮運送株式會社) 대천출장소의 저탄장에 하역·보관되었으며, 이곳 저탄장은 장순희의 성주탄광뿐만 아니라 청라·청소·주포면에 걸친 이필용의 오봉탄광(鳥峰炭鑛)도 함께 사용하였다.**16)** 그러나 1950년대 말까지는

---

15) 제보: 정규학[1929년생, 보령시 명천동(수청거리) 491-12]. 무연탄 전용의 남포선이 개통된 뒤로 성주탄의 주요 하역장이었던 대천역의 기능은 점차 약화되며 웅천역의 경우 규모는 축소되었지만 미산면 남부와 부여 일대의 석탄을 실어내는 역할을 한동안 수행하였다.

16) 『경향신문』, 1955년 12월 21일자, 3면

사진 18. 당인리발전소

경성전기주식회사의 당인리발전소는 1930년에 스위스 Brown Boveri사가 제작한 10,000kW 용량의 터빈 발전기 제1호를 설치하여 발전을 개시한 이래 서울 주변 지역의 전력을 공급하는 중요한 역할을 담당하였다. 1950년대에는 성주탄을 비롯한 충남탄전의 무연탄이 일부 공급되기도 하였다. 현재는 한국중부발전 서울화력발전소로 불린다.

공급 부족과 민간의 아궁이 개조가 부진했던 까닭에 성주탄을 비롯하여 충남탄전에서 생산된 무연탄은 대부분 연탄으로 가공되는 대신 한국전력공사의 전신인 조선전업주식회사(朝鮮電業株式會社)의 당인리발전소로 보내져 서울 일대의 전력 공급에 이바지하였다(사진 18).**17)**

그림 18은 한국전쟁 이래 석탄산업합리화 사업이 일단락되는 1990년대 중반까지 우리나라 1차 에너지의 소비 추이를 보여 준다. 관심 대상인 석탄은 국내산 무연탄과 수입산 유연탄이 상호 보완 또는 대립하는 관계가 유지되는 가운데 신탄, 유류, 가스, 수력, 원자력 등 여타 에너지원과 경합하면서 성쇠를 경험하였던 것으로 나타난다. 특히 원유 소비가 늘어나고 줄어드는 문제는 석탄 소비에도 직접적으로 영향을 미쳤던 만큼 양자는 정부의 정책에서 가장 중요하게 고려된 에너지원이었다. 그래프에서 확인할 수 있는 것처럼 땔나무의 비중은 1960년대 초까지도 50% 이상에 달해 전통사회의 면

---

17) 제보: 김재한(1920년생, 보령시 대천동 618-58). 당시 대한석탄공사는 파고다공원 인근에서 아궁이 모형을 만들어 연탄 사용법을 민간에 홍보하였다고 한다.

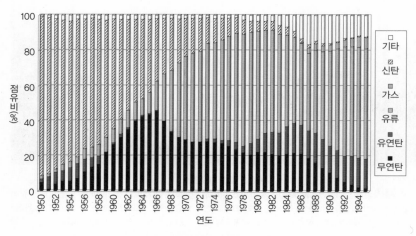

그림 18. 1차 에너지 소비 추이(1950~1995)
(자료: 대한석탄공사, 2001a, 『대한석탄공사 50년사』, pp.688-689 통계 수치를 토대로 작성)

모를 벗어나지 못하고 있었다. 대체 연료인 석탄의 경우 한국전쟁의 혼란기를 거쳐 전후 복구가 이루어지는 1950년대 후반까지 외국산 유연탄의 원조와 국내 채굴량의 증산을 토대로 생산 기반을 다지는 시기를 거쳤다. 고대하던 국내 석탄광업의 성장기는 '민족중흥'의 기치 아래 산업화가 본격적으로 추진되는 1960년대 전반기에 궤도에 진입하며 산림녹화에도 지대한 공을 세우는데, 실제로 1966년은 1차 에너지 가운데 유·무연탄이 차지하는 비중이 45.7%로서 역대 최고치를 기록하였다(대한석탄공사, 2001a, pp.688-689).

그러나 그해 가을 가정용 연탄의 품귀에서 초래된 파동으로 1970년대 초까지 주유종탄(主油從炭) 정책이 시행되면서 석탄은 유류와 힘들게 경합을 벌일 수밖에 없었고 그동안 성장세는 주춤한다. 이후 중동전쟁으로 1차 원유파동이 발생한 1973년부터 이란혁명에 따른 1979년의 2차 파동을 거쳐 1980년대 중반에 이르는 기간은 조정 국면으로서 에너지원의 경합이 계속되는 가운데 유연탄 수입이 재개되는 전환기라고 볼 수 있다. 석탄산업합리화 사업단의 설립 근거를 마련한 「석탄산업법」이 갖추어지고 국가적 행사인 아시안게임이 개최된 1986년 이후는, '합리화'라는 이름을 빌린 석탄광업의 정리기로서 무연탄의 비중이 1950년대 수준으로 감소하게 되는, 사양화 내지 실질적인 쇠퇴기에 해당한다. 또한 1980년대 말은 환경친화적인 대체에너지로서 가스가 통계에 잡히기 시작하고, 수력과 원자력 등 기타 에너지원의 비중이 두 자릿수인 13.1%를 기록하며, 하계올림픽이 개최된 1988년의 경우 무연탄과 유연탄의 비중이 각각 16.5%와 16.9%를 기록해 수입탄이 국내탄을 앞서는 변화를 경험한다.

요컨대, 성주탄광 개발 초기에 해당하는 1950년대는 국가적으로 산업화를 준비하던 단계로서 에너지자원인 무연탄의 본격적인 증산을 앞두고 기반을 다져 나가던 시기로 평가할 수 있다.

2. 산업화의 견인

생산 기반을 정비하는 과정에 들어선 1960년대는 산업화의 출발 시점으로서 석탄광업은 이때부터 비약적인 성장을 구가한다. 1950년대 중반부터 신탄 중심의 에너지원을 대체하고 산림녹화를 동시에 달성하겠다는 의도에서 수립된 '석탄 개발 5개년 계획'이 '탄전 종합 개발 10개년 계획'과 '석탄 증산 8개년 계획'으로 확대 시행되었다. 이로써 무연탄 증산의 목표를 향한 순항이 계속되었고, 종합적인 석탄 개발과 체계적인 증산을 법적으로 뒷받침하기 위해 「석탄개발임시조치법」(1961.12.31)이 제정된다. 성주리 일원의 탄광도 임시조치법에 따라 1963년에 대단위 탄좌(炭座)로 지정되는데, 탄좌의 지정은 이 지역 석탄산업사에서 중요한 의미를 갖는다. 당시는 영세한 탄광이 난립함으로써 생산성이 떨어지는 것은 물론 시설에 대한 투자가 제대로 이루어지지 않아 낙후성을 면치 못하던 상황이었다. 이를 개선하기 위해 탄광을 대단위로 재조직함으로써 규모의 경제를 꾀하고, 수송 및 송전 시설의 조성, 개발 자금의 장기 융자, 5년간 법인세·영업세·소득세의 면제 같은 혜택을 통해 생산성을 제고할 수 있는 전기가 마련되었기 때문이다(조동성 외, 2003, p.144; 국가법령정보센터「석탄개발임시조치법」).

"석탄의 합리적인 개발을 위하여 지형·지질·매장량과 채광·운반·송전

표 2. 성주광업소 석탄 생산량의 변화

연도	성주탄광	대한석탄공사 성주광업소		연도	대한석탄공사 성주광업소	
		직영(直營)	조광(租鑛)(신성산업)		직영(直營)	조광(租鑛)(신성산업)
1958	38.1			1975		
1959	43.8			1976		
1960	18.1			1977		194
1961	51.6			1978		260
1962	?			1979		286
1963	189.5			1980		318
1964	91			1981		341
1965	114.7			1982	121.7	168
1966	176.5			1983	63.6	253
1967	121	80		1984	37.91	360
1968		82.5		1985		390
1969		52.2		1986		447
1970		126.2		1987		473
1971		200.4		1988		420
1972		131.2		1989		370
1973		29		1990		190
1974			132			

주: 단위는 천 톤
자료: 대한광업회, 1960, 『광업연감』, pp.229-230; 1962, 『광업연감』, pp.109-110; 대한석탄공사, 2001a, 『대한석탄공사 50년사』, pp.663-665; 대한석탄공사 사사편찬실, 2001, 『대한석탄공사 50년사』, 제작을 위한 기초 연표 자료, p.117; 한국광해관리공단, 2009, 『2008년 광해통계연보』, pp.172-182.

조건을 고려해 연간 30만 톤 이상의 석탄을 생산할 수 있다고 인정되는 지역 내 광구의 집합체"를 탄좌로 설정하도록 규정한 법안의 후속 조치로 성주탄 좌개발주식회사가 설립되어 탄광의 운영을 맡게 되면서 성주리는 일대 도약 을 준비한다. 연간 84만 톤의 생산 목표를 내건 성주탄좌개발은 11개 광구, 자본금 1,000만 원 규모의 주식회사로서(대한석탄공사 사사편찬실, 2001, pp.117, 126), 출범 직후 경제 개발 5개년 계획을 뒷받침하기 위해 석탄의 증산이 다 급해진 정부가 조성한 '대단위탄좌개발자금' 가운데 4,506만 원의 융자금을 지급받았다.**18)** 이처럼 우호적인 상황과 의욕적인 출발에도 회사의 경영은 뒤에 설명하듯 안정을 찾지 못하고 소유권의 잦은 변동을 겪지만, 대한석탄 공사 성주광업소로 계승될 때까지 그런대로 명맥은 꾸준히 이어진다.

그 구체적인 경영 실적이야 어찌되었건 성주리 일대의 탄광이 탄좌로 지정 된 시점을 전후해 1980년대까지는 산업화 및 근대화 담론이 확산된 개발주 의 체제와 조응한다. 국가는 반공 이데올로기에 기대 배타적으로 독점한 정 치권력을 바탕으로 경제 성장과 민족 번영을 달성하고자 하였다. 고성장 체 제를 유지하기 위해 산업화라는 이름으로 사회 전 분야를 권위적으로 통제 하였으며, 이 과정에서 광산 노동자는 '산업 전사'와 '산업 역군'으로 칭송되 고 그들의 희생은 '순국'으로 추앙되었다(신병현, 2003; 이선향, 2002). 산업화 시 기 성주리 역시 부과된 시대적 과업을 충실히 이행하였다. 개별 광산이라 해 도 시기별로 개광, 휴광, 폐광을 반복한 데다 광구의 범위 또한 인접한 행정 구역을 넘나들기 때문에 성주리에 국한된 정확한 통계는 얻을 수 없지만, 지 역 최초의 광산인 성주탄광을 모태로 한 대한석탄공사 성주광업소의 채탄량

---

18) 상공부 지원하에 지급된 융자금은 2억 1,243만 4,000원으로서 성주탄좌는 원동탄좌의 6,880 만 원 다음으로 많은 액수를 획득하였다. 참고로 삼척탄좌는 3,989만 2,000원, 구절탄좌는 2,552만 원, 송동탄좌는 1,895만 3,000원, 나전탄좌는 1,426만 9,000원의 융자금이 배정되었다 (『경향신문』, 1963년 4월 5일자, 4면).

을 지표로 하여 지역 내 탄광 경기가 앞서 설명한 국가적 상황과 부합하는지의 정도는 확인해 볼 수 있다. 즉, 1950년대 말과 1960년대 후반의 민영(民營) 체제에서 연평균 9만 3,800여 톤의 석탄이 생산되었으며, 1967년에 성주광업소를 개소한 이래 1973년까지 대한석탄공사 직영(直營)19)을 통해 연평균 10만여 톤으로 약간 늘고, 1974년부터 1990년까지는 합자회사인 신성산업개발(新盛産業開發)에 탄광 운영을 위임하는 조광(租鑛)20) 방식으로 연간 31만 여 톤을 생산하였던 것이다(대한광업회, 1960, pp.229-230; 1962, pp.109-110; 대한석탄공사, 2001a, pp.663-665; 한국광해관리공단, 2009, pp.172-182).

근대화와 산업화를 표방한 정부 시책에 따라 석탄은 연료 시장에서 교환되는 일반적인 상품이라기보다는 국민생활의 안정이라는 기치 아래 일종의 국가적 자원으로 평가되고 취급되었다. 산업화를 위한 원동력이자 국민 에너지였기 때문에 국가의 통제에 따라 생산과 유통이 이루어지고 대한석탄공사의 생산원가에 준하여 가격이 책정됨으로써 전반적으로 저탄가 기조가 유지되었다. 또한 손실이 발생했을 때에는 정부의 재정 보조를 기대할 수 있었다. 그러나 이 같은 정부의 가격 통제는 합리적이고 자생적인 민영 탄광업체의 육성을 저해하였다(김용환·김재동, 1996, p.194; 정헌주, 2004, pp.86-88). 게다가 근대화를 표방하지만 생산 현장에서는 단기적 이윤 추구에 급급한 전근

---

19) 명목상 직영이지만 실제로는 민간 도급업자인 덕대에 의한 간접적 생산 방식을 취하였다.

20) 조광은 과거의 덕대제(德大制)를 양성화한 광산 운영 방식이다. 「광업법」(1981.1.29) 제1장 제5조 2항을 보면, 등록을 한 일정한 토지의 구역, 즉 광구에서 등록 광물과 동일 광상 중에 부존하는 다른 광물을 채굴 및 취득하는 권리를 '광업권'으로 일컫고, '조광권'은 "설정 행위에 의하여 타인의 광구에서 광업권의 목적으로 되어 있는 광물을 채굴 및 취득하는 권리"를 말한다고 설명되어 있다. 조광은 물주(物主), 혈주(穴主), 덕대(德大)의 관계에서 성립되는 18세기 말에서 19세기 전반기의 자본제적 민영 광업에 뿌리를 두고 있다. 설점(設店)의 허가를 얻어낼 수 있는 능력과 광산 운영 자금을 조달할 수 있는 능력을 가진 재력가를 물색하여 물주로 삼고, 광산에 대한 지식과 기술을 겸비한 혈주 또는 덕대가 광군(鑛軍)을 통솔하여 광맥을 발굴하는 등 실제적인 경영을 담당하는 체제였다(류승주, 1993).

대적 덕대제가 공공연하게 채택되고 있던 상황이다. 모광과 조광의 이중구조에서 한 단계 더 나아가 하청까지 더해지는 삼중구조의 분절된 경영 방식인 일명 '덕대제'가 성주리를 포함해 전국 유수의 탄광 지역에서 보편적인 관행으로 굳어져 왔다.

농업의 소작제에 비유할 수 있는 덕대제는 조광(租鑛), 분광(分鑛), 하청(下請) 등의 유형을 포함하며, 사업 주체인 조광권자, 분광권자, 하청업자 등을 일괄해 덕대(德大)로 명명한다. 먼저, 조광은 「광업법」에 공식적으로 용인된 조광권으로부터 정당성을 확보하고 있으며 국영 및 민영 광업권자의 광구, 속칭 '모광'의 일부 또는 전부를 위임받아 채광하는 개발 방식으로서, 생산량의 일정 비율을 조광료로 납부하고 나머지를 직접 판매해서 수익을 확보하는 체제이다. 성주리에서는 1981년의 「광업법」 개정으로 1광구 1조광 원칙을 수정하여 다조광을 인정하게 되면서 민영 탄광의 덕대 양성화를 위한 기초가 마련되었으며 1982년부터 조광권 설정이 본격적으로 이루어진 바 있다. 그전까지 일선 탄광에서 부르던 덕대는 협의의 의미로서 비합법적인 조광권자를 지칭한 것이었다.

분광은 조광권자와 사계약을 맺고 일정액의 보증금을 지불한 다음 조광구의 일부 또는 전부를 위임받아 채굴하는 형태로서, 조광권자가 광업권자에게 납부하는 조광료에 해당하는 분철료를 현물로 납부한 후 잔여분을 판매해 이윤을 취한다. 분광권자인 '분덕대' 역시 협의의 덕대를 구성하는 주체의 하나였다. 대한석탄공사의 조광권자인 신성산업도 넓은 광구를 개발하기 위해 분덕대를 효과적으로 활용하였다. 그리고 하청(사외도급)은 광업권자의 위탁으로 석탄을 채굴하고 생산량 일부를 취하는 형태로서 채광 경비와 판매는 광업권자의 소관이며 대개 일차로 채굴을 마친 광구를 대상으로 작업이 이루어진다(남춘호, 2005, pp.7-8; 정헌주, 2004, p.207).

표 3. 성주탄전 주요 민영 탄광의 무연탄 생산량(1965~1990)

연도 \ 탄광	덕수 (경원)	삼풍	성림	심원	영보	원풍	한보 (우성)
1965	24	5		10		22	
1966	84	42	25	22.8		54	
1967	83	42	24	21		53	
1968	63.8	26.4	16.4	23.8		40.5	
1969	73.6	37	20	46.7		32.5	
1970	69.2	60.4	8.7	1.7		4.6	1
1971	76.9	64.7	41.3	1.8		9	1.2
1972	104.9	72.4	59.1			3	5.2
1973	77.5	67.8	54			29.6	6.6
1974	54.7	75.3	102.2		411.3	26.8	16.2
1975	72.6	27	74.4	3.6	430.4	20.7	2.1
1976	61.9	23.7	55.7		334.9	20.4	0.8
1977	83.3	14	53.4		431.3	14.7	0.9
1978	85.1	23.3	70.2		459.6	48.5	2.6
1979	84	36.7	70		429.5	62.7	13.4
1980	84.2	44.9	73.3	1.9	436.1	52.3	12.3
1981	84.5	45.9	85.5		404.2	55.6	23
1982	68.1	47.1	82.9		273.3	50.7	32
1983	49.5	35.1	66.2		230.1	43.4	15.9
1984	47.1	23.5	63.8		255.9	58.8	6.4
1985	28.4	19.4	51.1		270.1	77.6	
1986	33.2	21.6	6.2		268.4	72.6	
1987	42	23.9	10.7	3.5	264.6	74.4	
1988	57.4	31.8	19.2	13.3	239.9	67.8	
1989	75.8	26.4	25	27.9	71.7	30	26.1
1990	86.3	25.6	24.7	39.7			39.3

주: 단위는 천 톤. 탄광 이름에서 괄호 안의 명칭은 개칭된 이름
자료: 보령군 통계연보 각 연도; 대한광업진흥공사, 1992, 『한국의 석탄광(하)』, pp.16-17

　　석탄광업은 탄맥이 고갈되면 조업이 중단되는 소모성 산업으로서 광구 개
발을 위해 가설한 기간설비를 지속적으로 가동할 수 있도록 꾸준히 새로운
광맥을 확보해야만 초기의 투자비용을 만회할 수 있다. 더욱이 무연탄 가격

또한 정부 정책과 국제적인 에너지 상황에 따라 크게 요동치는 불안정성을 지닌다. 따라서 국영과 민영 탄광은 장기적인 계획을 수립하여 기계화와 기술 개발에 투자하기보다는 단기적으로 실익을 거두는 전략으로 일관했으며 덕대제는 바로 이를 위한 방편의 하나였다.

성주리에는 국가의 산업화를 견인할 중책을 담당한 대한석탄공사가 광업권자로 등록된 성주탄광을 필두로 덕수, 성림, 심원, 원풍, 영보, 한보 등 군소 민영 탄광이 공존하였고 이들 국영 및 민영 광산은 상황에 따라 직영과 덕대의 방안을 적절히 활용하면서 광구를 개발하였다(표 3). 이 가운데에는 운영 기간이 짧았던 탄광, 생산량의 기복이 커서 통계에서 사라지는 탄광, 삼풍·세풍·청곡처럼 광구가 인접 군이나 면에 걸친 탄광 등이 혼재하여 성주리에 국한된 탄광의 실체와 성격을 규정하기란 좀처럼 쉽지 않다. 그럼에도 사무소를 삼거리에 두고 있던 대한석탄공사 성주광업소를 비롯해 덕수탄광, 성림탄광, 원풍탄광, 영보탄광 등 1965년에서 1990년까지의 생산 실적이 우수하고 운영도 지속적으로 이루어진 민영 탄광들은 당연히 성주리와 일체로 설명이 되어야 할 것이다.

비교적 건실한 이들 탄광은 성주리의 산업화를 견인하는 역할을 충실히 수행하였다. 성림탄광은 다음에 설명하겠지만 충남의 재벌로 알려진 신흥식이 매입하여 대표로 등록된 탄광이었으며, 원풍탄광은 남일성, 손경식, 김영생, 김상봉, 이현, 이춘우 등 대표자가 여러 차례 바뀔 정도로 운영에 우여곡절을 겪었지만 1990년 폐광을 맞기까지 명맥이 오랫동안 유지되었다. 보령의 민영 탄광 가운데 규모가 가장 큰 이필용의 영보탄광은 광구의 주요부를 청라면에 두고 있었고 일부만이 성주리에 분포하였다. 반면, 덕수탄광은 광구의 규모나 역사에서 여타 탄광과 구별되는 성주리의 유서 깊은 민영 탄광으로 주목할 만하다.

사진 19. 이낙규(1924~1988) 사장
왼쪽 사진은 1970년대 초 대천 덕수탄광 사무소이다. 검은색 양복 차림으로 직원들과 서 있는 인물이 사장인 이낙규이다. 오른쪽 사진은 세상을 떠나기 한 해 전인 1987년에 미산농협이 건립한 송덕비 옆에 서 있는 노년의 모습이다. 전주이공낙규송덕비(全州李公樂圭頌德碑)에는 '豫置巨額育成農協 庶民爲主每事進涉 隨時施惠窮民救恤 德滿鄕里勒碑頌德'이라 적혀 있다[자료: 이종주(1953년생) 제공].

덕수탄광(德受炭鑛)은 이낙규가 오랫동안 운영한 탄광이었다(사진 19). 이낙규는 앞으로 자주 언급될 신홍식과 함께 보령을 대표하는 재력가의 한 사람으로서 주산면 야룡리 송산말에서 출생하여 조부를 따라 성주리 양지뜸에 정착하였다. 위로 인규, 상규, 광규 세 형을 둔 4형제 중 막내로서 학문적인 바탕이 없는 무학자였으나 사업 수완이 뛰어나고 배포가 컸던 것으로 전한다.[21] 양지뜸에 거주하며 미군부대에서 불하받은 트럭을 이용해 억새로 엮은 용기에 참나무 숯을 담아 매매하는 일을 시작으로, 이후에는 산판을 운영해 탄광에 갱목을 제공하는 방법으로 재산을 축적하였다. 나아가 1960년대 보령의 재력가였던 박민환과 그의 동생 박성숙이 운영하던 동광제재소를 매입하여 제재업으로 사업을 확장하였다. 또한 1962년 2월 2일 박민환의 주도하에 대천면 동대리 815번지에 840만 원의 자본으로 설립한 동일화물자동차주식회사(東一貨物自動車株式會社)에 이사로 참여하다가 1966년 무렵 그로부

---

21) 제보: 이종주(1953년생, 대전시 서구 용문동 255-4), 복봉수(1941년생, 성주면 성주5리 183-4)

사진 20. 구 덕수연탄 공장

덕수연탄 제조장과 원료인 무연탄 저장고가 보인다. 무연탄 저장고 벽에는 덕수연탄이었음을 알리는 '덕(德)'자와 '수'자가 붉은색 페인트로 새겨져 있으며, 제조장 천장에는 안전모 착용, 금연, 안전제일, 방진마스크 착용, 귀마개 착용 등의 경고문이 새겨진 표지판이 걸려 있다.

터 대표이사직을 승계한 후 1983년 3월까지 회사의 운영을 총괄하였다.**22)** 수행한 사업은 일반화물을 비롯해 주로 갱목과 석탄 등을 수송하는 일이었으며 전성기에는 트럭 56대를 소유할 정도로 사업이 번성하였다고 한다. 또

---

22) 화물자동차 운송 및 자동차 수리를 목적으로 출범한 동일화물자동차주식회사는 1주당 500원의 주식 1,680주를 발행하여 운영 재원을 확보하였다. 주로 대천리와 동대리 일대에 거주하던 재력가들이 이사로 참여하였는데, 박민환(대천면 동대리), 이낙규(동대리), 전해정(동대리), 윤선희(웅천면 대천리), 이완수(동대리), 문인학(대천리), 김태순(동대리), 김창렬(미산면 성주리) 등으로 구성되었다. 감사는 이영재(청라면 나원리)와 이낙영(주포면 보령리)이 위촉되었다. 이낙규는 1966년에 박민환의 뒤를 이어 대표이사로 취임하였고 1983년 3월 30일에 대표이사직을 송인택(동대리)에게 인계한 뒤 1984년 3월 25일에 퇴임하였다. 회사는 2000년에 대전광역시 대덕구 오정동 292-8번지로 이전하였고 현재는 대덕구 중리동에서 사업을 이어오고 있다(서울북부지방법원 동대문등기소 발행 '동일화물자동차' 폐쇄등기부등본 참조).

사진 21. 덕수탄광 신사갱 터
버섯 재배동이 들어선 신사갱 자리에는 현장사무소와 각종 기계실이 있었다. 인근에는 20여 명의 광원들이 식사할 수 있는 식당과 부엌을 갖춘 '한바'가 자리하였는데, 도시락을 지참하거나 갱 밖으로 나와 식사하는 광원을 제외한 갱내 인부들에게는 도시락을 만들어 권양기로 내려 주었다.

한 대천역 앞에 자리한 직원 120여 명 규모의 덕수연탄(德受煉炭) 공장을 신현무로부터 인수하여 신홍식의 동보연탄(東寶煉炭), 이봉주의 영보연탄(映甫煉炭)과 함께 청양, 부여, 공주, 서천, 홍성, 서산, 태안, 당진 등 충남 지역에 공급되는 민수용 연탄을 생산하였다(사진 20). 건설업 방면으로도 눈을 돌려 국토건설합자회사(國土建設合資會社)23)를 매입해 경부고속도로 보수 공사와 이리-함열 복선화 사업에 참여하고, 1969년도 후반기에는 탄광 지역 수송난 완화를 위해 건설부가 지원한 4,500만 원을 재원으로 바래기재를 지나는 '성

---

23) 국토건설(國土建設)은 1961년 9월 4일에 김순제가 설립한 우조토건사(友助土建社)를 모태로 한 합자회사로서 1963년에 박민환이 매입·운영하다가 1966년에 동생인 박성숙에게 인도한다. 토목건축 청부업, 토목건축 자재의 구입, 판매 및 제조를 목적으로 한 회사로서 이낙규는 1969년에 박성숙으로부터 인수한 다음 송요경, 이상규, 이광규, 이종승, 이종기, 이종주, 김재민, 송정석, 김기학 등 친인척과 가까운 지인들을 무한 및 유한책임사원으로 두고 자신은 대표사원으로 근무하면서 사업을 확장하였다(서울지방법원 중부등기소 발행 '국토건설' 폐쇄등기부등본 참조).

주산업도로'를 2차선으로 확장하였으며, 사찰을 비롯한 문화재 복원 사업에 까지 관여하였다.[24]

　이낙규는 일찍부터 탄광업에 관심을 보여 1960년에 옥마탄광의 개발에 나선 데 이어 1965년에는 바래기재의 '오카브(O-curve)' 계곡에서 덕수탄광의 모갱인 신사갱을 개발하였다. 이는 지하로 12편(片)까지 깊게 내려갈 정도의 우량 광맥을 가진 갱도로서, 성주초등학교 뒤편의 왕자신갱과 함께 직영하였다. 신사갱 일대에는 소장, 총무, 갱장, 감독, 경리 등을 포함한 15명 남짓의 직원이 근무하던 현장사무소를 비롯해 권양기(捲揚機)와 송풍기 같은 기계·기구를 조작하는 기계실과 목욕탕 등이 한데 모여 있었다고 한다(사진 21). 덕수탄광은 인근 지역으로 탐탄을 연장하여 광구를 확대하였으며 직영을 제외한 나머지 구역은 덕대에게 불하하여 분철료를 수납하는 간접경영 방식을 취하였다.[25] 이낙규는 1973년과 1974년 한때 장순희, 신홍식 등과 함께 성림탄광 유보사갱의 공동 개발에 참여할 정도로 광구의 확장에 골몰하였으나, 중풍이 들자 경영 일선에서 물러나기로 결심하고 1980년 8월 26일을 기해 자신이 보유한 덕수탄광의 광업권을 아들인 이종덕(1958년생)에게 이전한다. 청라·대천·미산에 걸친 보성탄광과 청곡탄광을 운영하면서 덕수탄광까지 인수한 이종덕은 탄광 경영의 막바지 호시기를 보낸 후, 1987년 5월 28일에 선친의 덕수탄광을 동생인 이종두(1961년생)에게 매도하였고, 1989년에 이를 덕수탄광 노조위원장을 역임한 최재영이 인수, 정리에 나섬으로써 이

24) 제보: 이종주(1953년생, 대전시 서구 용문동 255-4), 이종승(1944년생, 보령시 대천동 150), 박한순(1941년생, 성주면 성주6리 203-3); 『매일경제신문』, 1969년 8월 11일자, 2면
25) 제보: 이종주(1953년생, 대전시 서구 용문동 255-4), 김종식(1937년생, 성주면 성주6리 37-3). 직영하던 왕자신갱은 가스가 많이 차 있어 화약으로 발파할 경우 불꽃이 튀어 폭발 사고로 이어지며 실제로 사망 사고도 발생하였다. 전기배선으로 발파한 데에는 그만한 이유가 있었다. 광원들이 담배와 라이터를 지참하지 못하도록 철저하게 통제된 갱의 하나였다.

사진 22. 서해화력발전소 조감도와 현 서천화력발전소

1980년에 착공된 서천군 서면 마량리의 서해화력은 1983년에 400MW 용량의 발전기 2기를 갖춘 발전소로 준공된다. 민수용 연탄을 제조하기에 열량이 떨어지는 충남탄전의 저질탄은 서천화력선을 통해 발전소로 운송되었다. 폐광 이후에는 수입 유연탄이 연료의 일부로 사용되고 있다[자료: 김재한(1920년생) 제공].

낙규 일가의 경영은 막을 내린다.**26)**

성주리는 이처럼 국영 탄광과 민영 탄광이 모광(母鑛)과 조광(租鑛)의 두 유형으로 양립하면서 산업화의 시기를 거쳐 왔다. 굳이 이 지역 석탄산업의 역사에서 발견되는 특이점 하나를 들자면 석탄 경기의 국가적 거시 흐름에서 이탈한 적이 있었다는 사실이다. 구체적으로, 에너지원으로서 석탄의 비중이 반감되는 1980년대 후반에도 성주탄의 생산량은 다른 지역과 달리 오히려 늘고 있었던 것이다. 예를 들어 신성산업의 경우 1987년 한때 조광을 시작한 이래 최고치인 47만 톤의 생산 실적을 올렸다. 이러한 이례적 결과는 지역 내 특수한 상황, 즉 열량이 부족해 민수용 연탄 제조에 부적합한 '저질탄'과 중유를 섞어 전력을 생산할 목적으로 동아엔지니어링(주)이 설계하고 동아건설산업(주)이 시공한(서천화력발전소준공탑 동판 참조) 서천화력발전소(舒川火力發電所)가 원인이었다. 1980년 4월 12일에 착공하여**27)** 1983년 3월 31

---

26) 등록번호 제30097호 「광업원부」 참조

27) 서해화력(西海火力)은 1978년 10월에 착공 예정이었지만 10월 7일에 발생한 진도 5의 홍성

일에 1호기, 이어 11월 30일에 2호기의 준공을 보게 된 서천화력발전소가 충남탄전, 특히 보령과 부여 일대에서 채굴되는 석탄의 60% 이상을 소비해 주었던 것이다(사진 22).

화력발전소가 건립됨으로써 민수용으로 사용할 수 없는 저질탄에 대한 새로운 수요가 창출되었고[28] 그만큼 성주리 탄광촌의 수명 또한 연장될 수 있었다. 발전소의 무연탄혼소율(無煙炭混燒率)[29]은 60%로서 연간 소비량은 97만 9,000톤이라는 적지 않은 양으로 계획하였다. 철도와 화물차를 이용해 40만 톤 규모의 저탄장으로 수송·적치해 두고 연료로 활용한 무연탄의 설계 열량은 1, 2호기 모두 3,500kcal/kg이었으나 실제 규제치는 3,125kcal로 조금 낮추어 적용하였다(이한풍, 1985, p.192). 최종 목적지인 동백정역에 도착한 석탄은 현재 계량대에서 적재탄의 무게를 계측한 다음 시료를 채취해 자체적인 열량 분석을 거쳐 하탄장으로 유도된다. 이후 컨베이어 벨트에 실려 분쇄장으로 이동한 괴탄은 밀가루처럼 고운 분탄으로 가공되고 결국 중유를 이용해 착화함으로써 전력을 생산하는 체제이다(사진 23).[30]

대지진으로 충남이 더 이상 지진 안전지대가 아니라는 사실이 확인됨에 따라 고정화력(高亭火力, 뒤에 보령화력발전소)과 함께 정밀 지질 조사를 재차 거쳤다. 15일에 공식적인 기공식과 함께 터 다지기가 시작되었다(『매일경제신문』, 1978년 10월 12일자, 1면; 1978년 10월 16일자, 7면). 본격적인 발전소 건립은 1980년 4월에 이루어졌다.

28) 무연탄을 발전용 연료로 공급한 대표적인 예는 1935년에 영월군 북면 마차리에 개광한 영월광업소이다. 조선전력주식회사가 1934년에 건립한 영월군 정양리의 영월화력발전소가 소비처였다(정의목·김일기, 2000, p.80).

29) 무연탄과 중유(B-C유)를 혼합·연소하여 발전하는 혼소발전에서 무연탄혼소율은 무연탄이 차지하는 열량비를 말한다. 혼소율(%)=[(무연탄 사용량×무연탄 발열량)/{(중유 사용량×중유 발열량)+(무연탄 사용량×무연탄 발열량)}]×100

30) 제보: 지문호(1955년생, 한전산업개발주식회사 서천사업소 철도운영과장). 현재 동백정역의 관리를 담당하고 있는 제보자에 따르면 연료탄의 열량 상승과 설비의 개선으로 중유와 무연탄의 배합 비율은 5:95까지 상향 조정되었다. 현재 사용되는 석탄은 정선과 화순에서 유입된 무연탄과 광양, 포항, 묵호, 인천 등지로 유입된 호주와 중국산 유연탄인데, 국내탄의 열량은 3,500kcal, 수입탄은 6,000kcal로 큰 대비를 보인다고 한다. 국내탄과 수입탄이 섞인 분탄의 평

사진 23. 동백정역 내 경관
서천화력선은 서천화력발전소의 전용선이
다. 간치역에서 종점인 동백정역까지의 본선은
16.95km, 역내 측선은 4.78km로서 총 주행연장
이 21.73km에 달한다. 동백정역에는 장비유치선,
안전측선, 계량대 및 차고선, 하탄선, 석고배출선
등 8개 선 161량의 유효차량이 갖추어져 있다. 차
량 1량의 하역 무게는 50톤에 달한다.

각각 20만 kW의 발전 용량을 가
진 2기의 발전기를 보유한 서천화력
발전소로 무연탄을 운반하기 위해
1983년 12월 10일에 연장 16.95km
의 서천화력선(구 서해화력선)을 개통
하였다. 이 전용 노선은 간치역에서
장항선으로부터 분기한 다음 원두역
과 춘장대역을 경유하여 발전소 내
동백정역에 도착하는 경로를 취한
다. 그간 충남탄전으로부터 서천화
력발전소에 판매된 민영탄의 규모를
보면, 1981년 13만 4,000톤, 1982년
36만 5,000톤, 1983년 35만 9,000
톤, 1984년 61만 5,000톤, 1985년

40만 5,000톤, 1986년 83만 톤, 1987년 104만 9,000톤, 1988년 99만 3,000
톤으로 해마다 늘어, 설계 단계에서 예상했던 연간 소비량에 다가서고 있음

균 열량은 5,000kcal 정도에 이른다. 석탄에 함유된 유황성분을 탈취하는 데에는 단양 일대에
서 채굴된 석회석을 사용한다고 한다.

을 엿볼 수 있다(석탄산업합리화사업단, 1990, p.324).**31)** 발전소가 준공되기 전인 1982년에는 예비 적치가 필요했던 서천화력발전소뿐만 아니라 군산화력발전소에도 미량이지만 3만 톤의 충남탄이 공급되어 총 39만 5,000톤이 화력발전소로 수송된 일이 있으나, 발전소 납탄(納炭)은 그 뒤로 줄곧 서천화력발전소에 국한되었다.

당연히 개별 탄광의 납탄 규모에는 편차가 있었다. 예를 들어 1982년의 경우 73개의 탄광이 서천화력발전소로 무연탄을 판매하였는데, 우량탄광이 3만 톤 분량을 수송한 데 비해 서부탄광은 204톤에 그쳤다. 1983년에는 64개 탄광을 대상으로 납탄량이 할당되었으며 영보탄광이 2만 7,378톤으로 최대를 기록한 반면, 보평탄광은 최소인 137톤에 불과하여 상위 20위 탄광과도 현저하게 차이를 보였다. 1984년에는 59개 탄광이 납탄에 참여하였으며 영보탄광이 6만 3,578톤으로 최대량, 신원탄광이 300톤으로 최소량을 배당받았다. 표 4를 보면 영보, 신성, 원풍, 태광, 덕수, 성림, 한보 등 성주리에 광구가 걸쳐 있는 여러 탄광들이 충남탄전에서 중요한 위치를 차지하고 있음을 알 수 있다.

서천화력발전소 준공탑을 보면 '우리 자원 서해의 등불'이라는 명문이 새겨져 있고 그 아래 동판에는 "여기서 흘리는 그대들의 피땀 엉기고 엉기어 빛이 되리라. 이 나라 구석구석 남김이 없이 어둠을 몰아내는 빛이 되리라. 그 빛이 다시 엉기고 엉겨 겨레의 앞날을 비추어 주는 꺼지지 않는 빛이 되리라. 꺼지지 않는 빛이 되리라."라는 문구가 적혀 있다. 지금도 빛을 밝히기 위해 서천화력선을 따라 무연탄을 실은 화물 열차가 분주하게 움직이고 있

---

31) 1981년과 1982년 두 해분의 발전용탄 공급 통계는 1983년 말의 화력발전소 준공을 대비한 조기구매 방침에 따라 이루어진 것이다. 1983년의 통계는 공급량 22만 9,000톤과 옥마저탄장 비축분 13만 톤을 합한 양이다.

표 4. 화력발전소 납탄량으로 본 충남탄전 상위 20개 탄광(1982~1984)

순위	1982년			1983년			1984년		
	탄광	대표자	납탄(톤)	탄광	대표자	납탄(톤)	탄광	대표자	납탄(톤)
1	우량	채규성	*38,384.1	영보	이봉주	27,377.9	영보	이봉주	63,578.6
2	성동	한준희	*36,910.2	성동	한준희	*26,043.7	태화	박윤배	44,373.1
3	태화	박윤배	*34,783.5	태화	박윤배	23,894.7	신성	신원식	38,035.0
4	원풍	김영생	*31,156.0	덕수	이종덕	19,182.4	원풍	이현	36,137.6
5	덕수	이종덕	*23,140.5	신성	신원식	18,556.6	태광	조성옥	28,531.9
6	성림	유근홍	*13,982.3	태광	조성옥	17,038.8	우량	채규성	27,936.0
7	대보	이홍복	13,200.8	원풍	김상봉	16,440.0	동보	정성훈	25,027.9
8	동명	장순희	12,017.8	성림	유근홍	13,031.0	덕수	이종덕	24,924.6
9	신성	신원식	*10,187.3	대보	이홍복	12,669.7	오성	신동식	24,293.0
10	오성	신동식	9,264.5	동보	정성훈	12,324.3	부성	양주열	*20,160.3
11	태광	조성옥	*9,169.3	오성	신동식	11,472.9	만수	신오철	17,989.1
12	풍림	임종운	6,879.1	동명	양주열	10,207.8	대보	이홍복	17,033.6
13	대일	봉승근	6,421.0	우량	채규성	10,085.6	성림	유근홍	16,550.9
14	월산	신원식	*6,085.5	성덕	박종무	8,859.0	삼성	채경석	13,317.7
15	삼원	신동식	5,840.9	삼풍	신원식	8,241.4	원진	박종무	13,276.7
16	대웅	채경석	*5,749.0	대원	박대원	7,773.3	대원	박대원	11,656.7
17	한보	이동렬	5,707.3	만수	신오철	6,661.7	부국	장해룡	11,514.7
18	남보	이석우	*5,545.2	삼성	채경석	6,500.5	대월	신흥섭	11,324.0
19	보령	신규식	5,497.1	대명	이건영	6,174.2	덕흥	강태석	11,198.9
20	영보	이봉주	*5,205.2	보령	신규식	5,380.8	덕원	김찬원	10,523.9

주: *군산화력발전소 납탄량 포함

자료: 이한풍 편, 1985, 『탄광조합이십년사』, 대한탄광협동조합, pp.272-298

다. 그러나 그 빈도는 예전만 같지 않다. 한산한 철로 변에는 기능을 상실한 채 자리만 지키고 있는 폐역의 모습도 보인다(사진 24). 서천화력발전소가 충남탄전의 무연탄을 연료로 사용하던 시대는 지났지만, 산업화의 기치 아래 동원된 광원들이 역사적 사명의식을 다지면서 증산보국에 매진하고 '국가산업 부흥의 주도적 역군이며 선진조국 창조의 주역'임을 자임하던(대한석탄공사, 2001a, pp.542-543) 시절이 있었다는 사실은 지워지지 않을 것이다.

석탄가루를 흩뿌리던 착암기, 비산한 먼지를 연신 거두어들인 집진기, 생

명의 바람을 불어넣고 갱내의 열기
를 식혀 주던 송풍기, 광원들과 원탄
을 분주하게 실어 나르던 광차와 권
양기, 원석에서 잡석을 골라내는 작
업이 이루어진 선탄장, 석탄을 가득
실은 트럭과 철도가 위태롭게 고갯
길을 치닫던 일상, 심지어 성주리를
밤낮으로 뒤덮던 폭음까지도 한때
는 성주탄전을 생업의 터전으로 삼
은 노동자의 자부심이자 희망이었
다. 적어도 합리화의 바람이 몰아치
기 전까지는 그러했다.

사진 24. 서천화력선과 원두폐역 경관
보령화력발전소에 이어 석탄 사용량이 많은 서천화력발전
소로 인도하는 서천화력선은 여전히 중요한 설비로 남아 있
다. 열차의 교행(交行)을 조정하기 위해 설립한 원두역은 화
물차량의 이용 빈도가 높지 않아 폐역되었다.

제4장..
탄광의 성장과 탄광촌의 변화

1. 대한석탄공사 성주광업소의 성립

산업화 단계로 접어든 성주리는 광산 경기의 부침에 따라 촌락의 성쇠가 결정되는 운명을 맞는다. 성주6리의 '삼거리'에 대한석탄공사 성주광업소가 자리하였다는 사실을 특히 유념할 필요가 있는데, 이는 석탄과 관련된 정부의 여러 정책에 따라 성주리와 그곳의 주민들이 직·간접적인 영향을 받게 되었음을 의미하기 때문이다. 따라서 삼거리에 사무소를 두고 이 지역 최초로 출범한 장순희의 성주탄광이 대한석탄공사 성주광업소로 재편되는 일체의 과정을 규명하는 것은 중앙의 권력이 지방으로 잠입하는 정치경제적 역학을 분석하고, 성주리의 지역 구조를 설명하며, 낮은 단계에서 광산촌의 일상생활을 이해하는 데 관건이 아닐 수 없다. 이를 염두에 두고 필자는 시기별로 편찬된 『광구일람』을 수집·분석하였다. 광업권자의 변동 사항을 한눈에 살펴볼 수 있기 때문이다.

먼저 1958년의 『광구일람』에서 확인한 탄광 가운데 전체 또는 일부가 성주리에 자리한 것은 장순희 소유로서 등록번호 23828, 24182, 24191, 24192, 24212, 24213의 6개 광구로 구성된 성주탄광(聖住炭鑛)을 비롯해,[1] 대천탄광(大川炭鑛), 심원탄광(深源炭鑛), 경남탄광(京南炭鑛) 등이 있었다. 그 밖에도 광산명은 기술되어 있지 않으나 광업권이 박영권 외(24326), 노종숙(24559), 김선효(24560), 장순희(24755, 27500) 등에게 귀속된 광구 또한 확인된다(상공부광무국, 1958). 등록번호를 토대로 본다면 모두 15개 광구에 이른다. 시기상으로

---

[1] 당시 서울시 중구 명동2가 75번지에 본사를 두고 있던 장순희는 성주탄광 외에도 홍성군 장산면 산성리의 장곡탄광(長谷炭鑛)과 평창군 미탄면 회동리의 미탄탄광(美灘炭鑛)을 소유하였다. 8개 광구로 이루어진 2,184ha 규모의 미탄탄광은 1966년 7월에 대한석탄공사가 2,000만 원에 매수하였다(대한상공회의소, 1958; 대한석탄공사 사사편찬실, 2001, p.140).

표 5. 광구일람(1958년 5월 31일)

소재지	등록번호	등록일	광산명	광종	면적(평)	광업권자	주소
부여 외산면 보령 미산면	23828	1947.12.27	聖住炭鑛	흑연 석탄	998,000	張洵熹	부산 남부민동 265
보령 미산· 청라·대천면	24162	1949.11.16	大川炭鑛	흑연 석탄	876,000	李圭衝	서울 용산구 한남동 13
보령 미산면	24182	1950.01.27	聖住炭鑛	석탄	914,000	張洵熹	부산 남부민동 265
보령 미산면*	24191	1950.04.12	聖住炭鑛	석탄	967,000	張洵熹	부산 남부민동 265
보령 미산면	24192	1950.04.12	聖住炭鑛	석탄 흑연	690,000	張洵熹	부산 남부민동 265
보령 미산면*	24212	1950.05.11	聖住炭鑛	석탄	992,000	張洵熹	부산 남부민동 265
보령 미산면*	24213	1950.05.11	聖住炭鑛	석탄	942,000	張洵熹	부산 남부민동 265
부여 외산면 보령 미산면	24326	1952.01.24		석탄	700,000	朴永權 외 2	서울 중구 무교동 74-2
보령 미산· 청라·대천면	24559	1953.05.27		석탄	681,000	盧鍾淑	서울 서대문구 홍제동 196
보령 미산· 청라면	24560	1953.05.27		석탄	513,000	金善孝	서울 성북구 돈암동 250-2
보령 미산면	24755	1954.03.30		석탄	342,000	張洵熹	부산 남부민동 265
보령 미산면	25309	1955.06.04	深源炭鑛	석탄	225,000	李英九 외 1	서울 성동구 상왕십리동 183
보령 미산· 청라면	25450	1955.08.19	京南炭鑛	석탄	564,000	李弼龍	서울 영등포구 본동 88-2
보령 미산· 청라면	25451	1955.08.19	京南炭鑛	석탄	537,000	李弼龍	서울 영등포구 본동 88-2
보령 미산· 대천면	27500	1958.02.27		석탄	354,000	張洵熹	보령 미산면 성주리 199

주: * 광구 일부가 성주리에 속함
자료: 상공부광무국, 1958, 『광구일람』

한국전쟁 전에 일부가 광업권을 취득하였고 나머지는 전쟁 중 또는 이후에 등록을 마쳤다. 특히 표 5의 마지막 27500번은 1958년에 등록된 35만 4,000 평 규모의 광구로서 광업권자가 장순희로 기록되어 있다. 그러나 이들 광산이 적극 개발되기에는 아직 현실적으로 기술 수준이 낮았고 기간설비 또한 턱없이 부족했다. 다시 말해 취락 단위로서 탄광촌의 형태가 갖추어지려면 아직 시간이 더 필요했던 것이다.

표 6. 광구일람(1966년 9월 30일)

소재지	등록번호	등록일	광산명	광종	면적(평)	광업권자	주소
부여 외산면 보령 미산면	23828	1947.12.27	聖住炭鑛	흑연석탄	998,000	聖住炭座開發(주)	서울 중구 소공동 50-5
보령 미산 · 청라 · 대천면	24162	1949.11.16	大川炭鑛	흑연석탄	876,000	梁鏞遠	서울 중구 다동 87
보령 미산면	24181	1950.01.27	聖住炭鑛	석탄	914,000	聖住炭座開發(주)	서울 중구 소공동 50-5
보령 미산면*	24191	1950.04.12	聖住炭鑛	석탄	967,000	聖住炭座開發(주)	서울 중구 소공동 50-5
보령 미산면	24192	1950.04.12	聖住炭鑛	석탄흑연	744,000	聖住炭座開發(주)	서울 중구 소공동 50-5
보령 미산면*	24212	1950.05.11	聖住炭鑛	석탄	992,000	聖住炭座開發(주)	서울 중구 소공동 50-5
보령 미산면*	24213	1950.05.11	聖住炭鑛	석탄	942,000	聖住炭座開發(주)	서울 중구 소공동 50-5
부여 외산면 보령 미산면	24326	1952.01.24		석탄	700,000	南一誠 외 1	서울 성북 돈암동 586
보령 미산 · 청라면	24560	1953.05.27		석탄	513,000	姜在熙 외 1	서울 성북구 동선동 2-8
보령 미산면	24755	1954.03.30		석탄	342,000	聖住炭座開發(주)	서울 중구 소공동 50-5
보령 미산면	25309	1955.06.04	深源炭鑛	석탄	225,000	方承玉	서울 용산구 청파동1가 42-2
보령 미산 · 청라면	25450	1955.08.19	京南炭鑛	석탄	156,000	大京煉炭(주)	서울 용산구 한강로2가 2
보령 미산 · 청라면	25451	1955.08.19	京南炭鑛	석탄	558,000	大京煉炭(주)	서울 용산구 한강로2가 2

소재지	등록번호	등록일	광산명	광종	면적(평)	광업권자	주소
보령 미산·대천면	27500	1958.02.27		석탄	354,000	聖住炭座開發(주)	서울 중구 소공동 50-5
보령 미산면*	27648	1958.06.19		석탄	123,000	聖住炭座開發(주)	서울 중구 소공동 50-5
보령 미산면	29200	1960.04.11	玉馬炭鑛	석탄흑연	78,000	李樂圭	보령 미산면 성주리 68
보령 미산·청라·대천면	30097	1961.02.08	德受炭鑛	석탄	579,000	李樂圭	보령 대천읍 동대리 823
보령 청라·미산면	30411	1961.06.21	三豊炭鑛	석탄	810,000	方承玉	서울 용산 청파동1가 42-2
부여 외산면 보령 미산면*	31195	1962.03.21		석탄	219,000	宋根錫	전북 군산시 금동 1
보령 미산·대천면*	31224	1962.04.07		석탄	285,000	聖住炭座開發(주)	서울 중구 소공동 50-5
보령 청라·미산면*	31514	1962.07.11		석탄	207,000	李弼龍 외 1	서울 영등포구 본동 172
부여 외산면 보령 미산면*	32127	1963.03.04		석탄흑연	714,000	金壽根	서울 성북구 동소문동4가 103
부여 외산면 보령 미산면	33040	1964.04.06		석탄흑연	195,000	黃祐舜	경기 시흥 과천면 하리 238

주: * 광구 일부가 성주리에 속함
자료: 대한광업협동조합, 1967, 『광구일람』

　　10년 가까운 시간이 지난 1967년에는 광구가 22개로 늘어난다. 성주탄광, 대천탄광, 심원탄광, 경남탄광, 옥마탄광, 보성탄광(保聖炭鑛), 삼풍탄광(三豊炭鑛) 등의 이름이 보이며, 성주탄좌개발(주)(23828, 24755, 27500, 27648, 31224), 남일성 외(24326), 송근석(31195), 이필용 외(31514), 김수근(32127), 황우순(33040) 등의 광업권자가 소유한 광구 또한 여럿 찾아볼 수 있다(대한광업협동조합, 1967; 표 6). 한 가지 중요한 변화는 광업권자가 개인 단독으로 혹은 공동으로 등록되던 기존의 관행에서 벗어나, 회사(會社)의 이름이 나타난다는 것이다. 탄광 개발이 이제 규모화를 지향하고 있다는 사실을 직감하게 된

사진 25. 성주탄좌개발(주) 최인환(1914~1989) 사장 부부와 최세환(1915~1993) 이사
[자료: 최기철(1934년생)·최기돈(1937년생) 제공]

다. 이 가운데 장순희를 대신해 유력 광업권자로 부상한 성주탄좌개발주식
회사(聖住炭座開發株式會社)가 특히 주목되는데, 1958년의 『광구일람』을 참조
해 등록번호, 등록일, 광산명 등을 비교하면 성주탄광의 개발 주체가 장순희
로부터 성주탄좌개발로 계승된 사실을 확인할 수 있다.

  그즈음의 사정을 들여다보면 1950년대 말경 직원 190명, 연 생산 3만
7,000톤 규모의 11개 광구로 구성된 장순희의 성주탄광은 극심한 재정난에
시달린 것으로 전한다. 1959년 4월 7일에는 대전지방법원 홍성지원의 강제
관리 개시 결정이 내려질 정도였으며, 이 같은 어려운 상황에서 장순희는 광
업원부에 권리자로 등록된 서울시 동대문구 답십리동 48번지 159호의 황순
기에게 탄광 운영자금을 차용하였던 것으로 추측된다.**2)** 그것도 여의치 않았
는지 그는 1959년 6월 1일을 기해 부채 탕감을 조건으로 자신이 보유하고 있
던 광업권 대부분을 최인환에게 양여하였고,**3)** 최인환은 1961년 8월에 회사

---

2) 「광업원부」(광업등록사무소) 참조
3) 장순희는 성주탄광을 인도한 뒤 1960년대 초에서 중반까지 심원탄광을 운영하다가 최인환의

를 설립하여 성주탄광의 정상화를 도모하였다. 개인이 관리하기에는 규모가 너무 방대해졌기 때문에, 운영재원 확보나 조직 관리 및 인력 조달 등의 문제를 체계적이고 합리적으로 처리해야 할 필요가 생긴 것이다. 그 때문에 회사로의 전환이 불가피했을 것으로 생각된다.

장순희로부터 성주탄광을 인수한 최인환은 충남 홍성읍 옥암리 태생으로서 공주중학교를 졸업하고 홍성의 호서양조장을 거쳐 일본산금진흥주식회사(日本産金振興株式會社) 천안지점에 취업하면서 광업에 발을 들여놓게 된다. 이후 가족을 남겨두고 홀로 동경 본사로 건너가 3년 남짓 근무한 다음 귀국하여, 천안을 떠나 영등포로 상경한다. 서울로 이주를 단행한 이유는 장순각·장순희 형제가 경영하는 주물 공장에 근무하고 있던 6촌 형제 최세환의 권유가 있었기 때문인데, 그는 장씨 형제가 경영하던 군복 제조 공장에 근무하면서 사주로부터 두터운 신뢰를 얻는다(사진 25). 그리고 그것이 인연이 되어 성주탄광의 개발과 운영에도 함께 참여하게 된다. 최인환은 현재의 전무에 해당하는 지배인 역할을 한동안 수행하다가, 누적된 부채로 경영난에 빠져 계속되는 채권자의 시위에 몸살을 앓고 있던 장순희의 광산 일체를 인수한다. 탄광을 회생시키기 위해 최인환은 서울 서대문구 만리동에 성주광업주식회사(聖住鑛業株式會社)를 설립하고 이사로 황문찬,4) 김일정, 최세환, 모

처가 형제인 방승옥에게 운영권을 넘겼다. 성림탄광과 덕수탄광에도 일시 관여하였으며, 1970년대 말에는 부여군 외산면 소재 동명탄광(東明炭鑛)의 대표로 등록된 점으로 미루어 늦게까지 보령 일대에 머문 듯하다(대한상공회의소, 1965, p.9; 1968, p.10; 1979, p.10; 대한석탄협회, 1988, pp.602~603).

4) 황문찬은 1959년 말까지 청양군 적곡면 화산리 소재 청양금산(靑陽金山)에서 금을 채굴하였다. 광부들에게 지급해야 할 380명분의 노임이 체불되면서 그해 11월 28일자로 김창섭에게 인계하고 자신은 부사장으로 자리를 옮겼으나(『동아일보』, 1960년 2월 25일자, 3면), 광권 이전등기를 마친 사장이 밀린 임금을 지불하지 않아 광부들이 상경해 시위하는 등의 분규가 발생할 무렵 성주리로 이주하였던 것으로 추측된다. 그는 성주리로 이주해 성주탄좌개발주식회사 설립에 중추적 역할을 수행하였다.

신복,5) 유창오 등을 위촉하는 한편, 자신은 김기한과 공동대표직을 수행하였다. 각고의 노력 끝에 1959년 당시 190명에 불과했던 성주탄광의 직원은 1962년에 431명으로 늘었다.

표 7. 성주탄좌개발주식회사 연혁

연월	주요 변동 사항	내용
1961.08.16	聖住鑛業株式會社 설립	• 서울시 서대문구 만리동 2가 11 • 자본총액: 1억 원 • 대표이사: 金起漢(서대문구 만리동) · 崔仁煥(영등포구) • 이사: 黃文燦(충남 청양군 적곡면), 金一貞(충남 청양군 적곡면), 崔世煥(충남 보령군 대천면), 牟辛福(성북구 성북동), 劉昌五(영등포구 신길동). 감사 朴寬哲(서대문구 만리동)
1962.03.09	본점 이전	• 서울시 종로구 이화동 27-6
1962.06.18	본점 이전	• 충남 보령군 대천면 명천리 482-3 • 자본총액: 1,000만 원 • 대표이사: 최인환 • 이사: 김일정, 최세환, 모신복, 유창오, 孫洪益. 감사 황문찬
1962.11.10	임원 변동	• 대표이사: 최인환 • 이사: 김일정, 최세환, 유창오, 손홍익, 황문찬. 감사 모신복
1963.01.24	聖住炭座開發株式會社	• 사명 변경 • 자본총액: 1,000만 원 • 대표이사: 최인환 · 손홍익 • 이사: 김일정, 최세환, 황문찬, 모신복, 양종성. 감사 유창오
1964.01.10	임원 변동	• 대표이사: 최인환 · 황문찬 • 이사: 김일정, 최세환, 모신복, 양종성, 유창오. 감사 손홍익
1964.06.30	본점 이전 임원 변동	• 서울시 중구 태평로 1가 16-12 • 대표이사: 吳漢英(중구 장충동) • 이사: 白光鉉(성북구 성북동), 朴壽德(중구 삼각동). 감사 林炳昊(종로구 삼청동)
1965.01.07	임원 변동	• 대표이사: 裵濟人 • 이사: 金一煥(용산구 후암동), 蔡洙甲, 오한영, 백광현. 감사 李泰鏞
1965.01.19	임원 변동	• 대표이사: 배제인 • 이사: 김일환, 채수갑, 오한영, 백광현, 최인환, 황문찬. 감사 이태용

5) 모신복은 1949년에 등록된 미산면 소재 도화광산(桃花鑛山)에서 금, 은, 동, 연을 채굴하던 광업자였다(대한광업회, 1952, p.111).

연월	주요 변동 사항	내용
1965.04	임원 변동	• 대표이사: 배제인 · 김일환 · 柳鍾 • 이사: 채수갑, 백광현, 황문찬, 이회삼, 朴敬烈, 김재훈. 감사 이태용
1965.04.19	본점 이전	• 서울시 중구 소공동 50-5
1965.06	임원 변동	• 대표이사: 배제인 · 김일환 · 유종 • 이사: 채수갑, 백광현, 황문찬, 이회삼, 박경렬, 김재훈. 감사 이태용
1965.08	임원 변동	• 대표이사: 배제인 · 유종 · 이회림 • 이사: 채수갑, 백광현, 황문찬, 이회삼, 박경렬, 김재훈, 김일환, 尹昌俊. 감사 이태용
1966.04.30	임원 변동	• 대표이사: 배제인 · 유종 · 이회림 • 이사: 채수갑, 백광현, 황문찬, 이회삼, 김재훈, 김일환, 윤창준. 감사 이태용
1966.05.12	자본금 증액	• 자본총액 6,000만 원
1967.06.19	임원 변동	• 대표이사: 배제인 · 유종 · 이회림 • 이사: 백광현, 이회삼, 김재훈. 감사 윤창준 · 이태용
1967.11.14	매매	• 대한석탄공사
1968.05.31	해산	• 주주총회 결의에 의해 해산 • 청산인대표: 배제인 • 청산인: 유종, 이회림, 백광현, 이회삼, 김재훈
1969.04.30	청산 종결	

자료: 서울중앙지방법원 중부등기소 발행 '성주광업소' 폐쇄법인 등기부등본; 서울북부지방법원 동대문등기소 발행 '성주탄좌개발주식회사' 폐쇄법인 등기부등본

한편, 성주탄좌개발주식회사는 지역 내 석탄광구를 개발하려면 탄좌를 설정하고 그와 함께 탄좌개발주식회사를 설립해야 한다는 「석탄개발임시조치법」 조항에 따라 최인환이 1963년 1월 24일에 성주광업주식회사의 이름을 바꾸어 설립한 광업체이다(대한상공회의소, 1961, p.8; 「석탄개발임시조치법」 참조). 1,000만 원의 자본금으로 출발하였으며 설립 주체인 최인환이 회장, 손홍익이 대표이사직을 수행하였고, 최세환, 황문찬, 모신복, 양종성, 김일정 등이 이사, 유창오가 감사로 위촉되었다(대한상공회의소, 1962, p.10; 1964, p.265; 합동통신사, 1964, p.875).**6)**

그러나 의욕적인 출범을 알린 회사는 3,858만 원에 달하는 거액의 차관 자금을 불합리하게 운용하여 개발의 효과가 기대에 미치지 못하고 때마침 임금 인상을 요구하는 탄광 노동자의 파업이 이어지자[7] 1964년 들어 심각한 경영난에 봉착한다. 전면적인 쇄신이 불가피하던 차에, 앞서 경영위기에 빠진 대한석탄공사를 지원하여 석탄 증산을 달성하고자 1954년 12월 27일에 이승만 정권이 결성한 군파견단(軍派遣團)의 기술파견관 소임을 수행했던 오한영이 최인환을 대신해 대표이사로 선임되고 곧이어 이사진의 개편이 이어졌다(대한석탄공사, 2001a, p.136; 표 7).[8] 두 명의 이사 가운데 백광현은 경성고등공업학교를 나와 대한석탄공사 도계광업소장, 함백광업소장, 시설부장을 역임하고 제10대 유흥수 대한석탄공사 총재와 제11대 하상용 총재 아래서 감사직을 수행한 전문가였으며, 박수덕은 수원고등농림학교를 나와 대한석탄공사 수석검사역과 영업부장을 역임하고 제9대 김상복 총재와 제10대 유흥수 총재 아래서 이사로 활동한 경력자였다(대한석탄공사, 2001a, pp.616, 619).

　　온갖 노력에도 상황은 좀처럼 호전될 기미를 보이지 않았으며 급기야 1964년 12월 17일에 개최된 제103차 경제장관회의에서 대한석탄공사가 2

---

6) 제보: 최기철(1934년생, 김포시 장기동 현대아파트 204동), 최기돈(1937년생, 보령시 명천동 흥덕굴안길 16–4). 최인환은 서울 본사에 주재하여 경영에 임했으며 현장의 실질적인 업무는 주로 최세환과 황문찬이 수행하였다고 한다.

7) 전국광산노조 산하 성주탄광 노무자 350명은 1964년 1월 21일 오전 8시를 기해 24시간 전면 파업에 들어가는데, 목적은 '아사(餓死)'임금을 70～80% 수준으로 인상하려는 데 있었다(『동아일보』, 1964년 1월 21일자, 7면).

8) 성주탄좌개발이 대한탄광에 매각된 뒤 최인환은 3년 남짓 동보탄광의 덕대로 근무하였다. 서울에 머물며 사무를 보던 관행을 바꾸어 대천으로 내려와 현장의 업무를 돌보았다. 그리고 1968년부터 1971년까지 부천 범박동의 소인광산(素仁鑛山)에서 연과 아연을 채굴하였다. 광산의 실질적 업무는 장남인 최기철이 담당하였다. 서울대학을 졸업한 최기철은 1964년 4월부터 1969년 8월까지 대한석탄공사에 근무하였고 퇴사한 다음 대천으로 내려와 동보탄광 북갱에서 덕대로 근 3년간 근무한 다음 부천으로 이주하였다고 한다[제보: 최기철(1934년생, 김포시 장기동 현대아파트 204동)].

사진 26. 대한탄광 이회림(1917~2007) 회장
경기도 개성 만월동에서 출생한 이회림은 '마지막 송상(松商)'의 별칭을 가진 사업가로서 동양제철화학의 창업자이다. 경영난에 빠진 대한탄광을 인수하여 정상화시켰고 성주탄좌를 매입하여 활성화시키는 데 조력하였다. 성주리 신사택의 광원사택을 건립한 것으로 전한다(자료: 원재훈, 2008, 『참 따뜻한 사람』, p.19).

년간 성주탄좌개발을 공동 관리하기로 의결하였다. 1965년 1월 6일을 기해 정식으로 공동 관리 협정이 체결되면서 또 한차례 경영진 개편이 단행되는데, 이번에는 개성에서 출생하여 보성전문학교 상과를 졸업하고 한국은행 부총재와 한미화학공업주식회사 부사장을 지낸 배제인이 대표이사로 부임하였다(대한석탄공사, 2001a, pp.160-161; 2001b, pp.20-21; 합동통신사, 1967, pp.44, 88). 이사진도 화려한 경력의 소유자로 구성되었다. 대한석탄공사군파견단장(石公軍派遣團長)으로서 2년 8개월간 대한석탄공사의 정상화 임무를 수행한 뒤 국방부 차관, 상공부 장관, 내무부 장관, 교통부 장관 등 요직을 역임한 김일환(1914~2001)을 비롯해, 경영 정상화를 위해 정부 지시에 따라 대한석탄공사가 관리이사로 파견한 채수갑,9) 그리고 앞서 소개한 백광현 등 실무에 대한 이해력이 뛰어난 인물들이었다.

성주탄좌개발의 운영권은 1965년 4월 시점에 과반수의 주식과 함께 대한탄광주식회사(大韓炭鑛株式會社)10)로 이전되며 그와 함께 임원진에도 변동이

---

9) 채수갑(1920년생)은 광업계의 유력 인사로서 해방 후 삼척탄광의 사장을 역임한 이종만이 평양에 설립한, 광업 인력 배출의 명문인 대동공업전문학교(大同工業專門學校)를 졸업하였다. 대한석탄공사 도계광업소장과 함백광업소장을 역임하였고 1961년 1월 31일부터 1963년 6월 30일까지 대한석탄공사 감사, 1963년 7월 1일부터 1969년 6월 30일까지 이사로 재직하였다(대한석탄공사, 2001a, pp.616, 619; 박인식, 1938, pp.39-49).

10) 대한탄광주식회사는 1952년 12월 6일에 마포구 신공덕동에 본점을 두고 출범하며 이듬해인 1953년에 손홍준이 대표이사에 취임한다. 손홍준은 1955년에 이정림에게 회사를 매각한다. 1958년에 본점이 중구 을지로1가로 이전되고 1959년에는 이정림·이회림 공동 대표이사 체제로

생겨 김일환과 대한탄광 옥동광업소를 운영하던 유종**11)**이 대표이사로 가세한다. 대한탄광은 삼업(蔘業)으로 치부(致富)한 개성의 거상 손봉상(孫鳳祥)의 장남인 손홍준이 운영하였으나 만성적인 적자로 위기에 직면하자 1955년에 개성 출신 사업가 이정림(1913~1990)이 인수하여 강원도 영월 소재 옥동광업소를 4년 만에 정상화시킨다. 광산의 규모가 커지고 업무가 복잡해짐에 따라 이정림은 한동안 그의 동향인으로서 친형제처럼 지낸 동업자 이회림(1917~2007)과 공동으로 회사를 운영하다가, 1962년에는 자신을 대신해 대한석탄공사에서 다년간 근무한 경력을 갖춘 유종에게 공동대표의 직위를 위임하였다(대한상공회의소, 1961, p.7; 1962, p.8; 원재훈, 2008, pp.181-186; 조동성 외, 2003, pp.581, 598-599; 합동통신사, 1960, p.810; 1961, p.766; 사진 26). 이회림의 동생인 이회삼(1920~2006)도 성주탄좌개발의 경영에 깊이 관여한 바 있다. 공동 대표이사로서 경영 일선에 나선 유종은 난관에 빠진 성주탄전의 내실화에 성공한 공적을 인정받아 1967년에 대통령 표창을 수상하였다.**12)** 대한탄광주식회사와 성주탄좌개발주식회사의 본사가 '서울시 중구 소공동 50-5번지'로 동일했던 사실에 비추어 성주탄좌개발은 대한탄광의 자회사로 존립하였음을 알 수 있다(합동통신사, 1969, p.245).

　성주리 역사에서 대한탄광은 등장 자체가 갑작스러웠고 그 존속 기간도 비록 길지 않았지만 촌락 경관에는 극명한 변화를 초래했기 때문에 주목할 만

전환된다. 1962년에는 유종이 이정림을 대신해 이사 겸 대표이사로 가세하며 본점은 1963년 9월에 중구 소공동으로 이전된다. 유종이 사임하는 1968년부터 회사는 이회림·이회삼 형제가 공동대표로서 운영에 나서다가 1972년을 기해 이회삼 단일 대표이사 체제로 전환된다. 회사의 본점은 1976년 8월에 부천시 원미동 1번지로 이전된다(서울북부지방법원 동대문등기소 발행 '대한탄광' 폐쇄등기부등본).

11) 유종(1916년생)은 경성고등보통학교를 졸업하였으며 대한석탄공사 생산부장, 함백광업소장, 감사(1956.12.12~1958.12.12) 등을 역임하였다(대한석탄공사, 2001a, p.616).

12) 『매일경제신문』, 1967년 2월 21일자, 3면

사진 27. 구 옥마역사와 종축장 안내표지

성주탄은 옥마역에서 화차에 실려 남포선과 장항선을 따라 서울로 수송되었다. 1964년 12월 30일에 건립된 역사
는 1992년 9월 18일에 사진 속 양식으로 신축되었으나 지금은 철거되어 사라졌다. 저탄장은 충남 종축장 부지에
조성되었다[옥마역 자료: 김명섭(대천리조트 과장) 제공].

하다. 후술하게 될 신사택의 건립이 특히 그러한데, 계획된 필지구획에 대단
위 광원주택이 건립됨으로써 산간 오지의 이미지를 불식한 것은 물론 그 일
대를 일약 중심지로 재편해 지역지리의 면모를 일신했다는 평가를 내릴 수
있다. 신사택에 거주하는 주민들도 이곳의 역사를 이야기 할 때에는 잊지 않
고 이회림 회장의 이름을 거론할 정도이다. 아울러, 트럭을 이용해 바래기재
를 넘어 대천역에 이르는 기존의 석탄 수송 방식을 대신해 1966년 무렵 성
주리와 대천을 남북으로 가르는 산지를 관통하는 길이 2.7km, 폭과 높이 각
각 2.1m 규모의 터널과 축전차를 이용해 옥마역 앞 저탄장까지 수송하는 체
제를 완비한 것도 다름 아닌 대한탄광이다. 성주리 남단의 전차갱은 원래 성
주탄좌개발의 구상으로서 100여m 정도 굴착하다 미완에 그친 사업을 대한
탄광이 인수하여 완결하였다. 터널은 굴진 담당 '항장' 김재홍이 주도하여 전
구간을 굴착하였으며 탄전이 대한석탄공사로 매각된 이후에도 1974년까지
줄곧 활용되었다.**13)**

---

13) 제보: 김재한(1920년생, 대천동 618-58)

축전차 터널을 빠져나와 옥마저탄장에 수합된 석탄은 옥마역으로부터 장항선 남포역까지 이어지는 연장 4.3km의 석탄수송 전용 산업철도인 남포선(옥마선)을 거쳐 소비지까지 공급되었다. 남포선은 1964년 5월 8일에 착공, 12월 30일에 준공되었으며, 같은 날 완공된 옥마역은 이듬해 5월 22일부터 무연탄 적치 및 하역 전용 역으로 본격적인 운영에 들어갔다(대한석탄공사 사사편찬실, 2001, pp.117, 126).14) 저탄장은 대한탄광이 대천읍 명천리 산33-14번지의 도유림에 조성된 도 종축장(축산시험장)을 임차해 사용하였으며, 좀처럼 눈에 들지 않는 도로 한쪽 귀퉁이에 철거되지 않은 채 홀로 남아 있는 '충청남도 종축장' 표지판은 그 자체가 역사경관으로서 지나간 시기의 토지 이용에 대한 단서를 제공해 주고 있다(대한석탄공사 사사편찬실, 2001, p.171; 사진 27).15)

그러는 사이 대한석탄공사는 1967년 7월 24일을 기해 한국산업은행으로부터 4억 7,000만 원을 차입하여 대한탄광주식회사의 성주탄좌 13개 광구 및 광산 시설 일체를 수의 계약으로 매입하여 국영으로 전환시킨다(표 8). 당시 광구는 면적 2,565ha, 매장량 6만 5,734톤, 가채량 1만 6,373톤, 연 생산량 48만 톤 규모로서 예상 수명 20년에 탄질은 5,100~5,199kcal로 평가되었다. 성주탄좌를 인수한 대한석탄공사는 성주광업소를 설립하고 초대 소장으로 황민성(1967.7.21~1969.3.24)을 임명하였다(대한석탄공사, 2001a, p.415; 사진 28).16) 출발 당시 광업소는 직영 체제를 취하고 57명의 직원을 배치하였

---

14) 옥마역은 석탄산업의 사양화로 2000년 12월 1일에 역원 무배치 간이역으로 관리되다가 2009년 12월 28일 폐쇄되었다.
15) 옥마저탄장은 대한석탄공사가 1971년 1월 8일에 인수한다. 저탄장에 비축된 석탄량을 주요 연도별로 보면 다음과 같다. 단위는 만 톤. 1982년 15, 1983년 35.4, 1984년 28.2, 1985년 32.2, 1986년 20.1, 1987년 20, 1988년 19.7, 1989년 17.6, 1990년 4.6, 1991년 4.3, 1992년 13.6, 1993년 28.2, 1994년 28.2, 1995년 45.3, 2000년 45.3(대한석탄공사, 2001a, p.693).
16) 성주광업소 역대 소장과 재임기간은 다음과 같다. 황민성(1967.7.21~1969.3.24), 박선

표 8. 대한석탄공사 성주광업소 광구 매입 조서

등록번호	소재지	면적(ha)	등록	취득	비고
27501	미산면, 대천읍	162	1958.02.27	1967.07.13	대한탄광 성주탄좌개발(주)로부터 매입
27500	미산면, 대천읍	118	1958.02.27	1967.07.13	상동
23828	보령군 미산면 부여군 외산면	329	1952.02.21	1967.07.13	상동
24755	미산면	114	1954.03.31	1967.07.13	상동
24192	미산면	248	1952.02.21	1967.07.13	상동
24213	미산면	314	1952.02.21	1967.07.13	상동
24191	미산면	322.3	1952.02.21	1967.07.13	상동
24212	미산면	330.7	1952.02.21	1967.07.13	상동
24181	미산면	319	1952.02.21	1967.07.13	상동
27648	미산면	41	1958.06.20	1967.07.13	상동
27647	미산면	54	1958.06.20	1967.07.13	상동
31224	미산면, 대천읍	95	1962.04.08	1967.07.13	상동
31225	미산면, 남포면	95	1962.04.08	1967.07.13	상동
29200	미산면	23	1960.04.11	1969.12.29	이낙규 공동출원, 舊 옥마탄광

자료: 성주매입관계서류(대한석탄공사 사사편찬실, 2001, 『대한석탄공사 50년사』 제작을 위한 기초 연표 자료, p.309 재인용)

다고 하지만 그것은 명목상의 일일뿐 실제로는 덕대와 계약을 맺어 광산을 운영하였는데, 종업원이 1968년에 270명, 1969년에 232명, 1970년에 676명, 1971년에 969명, 1972년에 705명으로 급격하게 증가한 것은 바로 그 때문이다(대한석탄공사, 2001a, pp.696-697). 사무직원이 늘어난 것은 결코 아니었다. 공식적으로 조광으로 전환된 직후인 1974년의 전담 사무원은 20명이었

규(1969.3.25~1970.2.28), 장규동(1970.3.1~1972.1.20), 이기성(1972.1.21~1973.4.8), 이희오(1973.4.9~1973.9.2), 박용수(1973.9.3~1974.3.5), 김영(1974.12.20~1976.4.25), 박용수(1976.4.26~1977.5.22), 허식(1977.5.23~1980.2.5), 임종찬(1980.2.6~1982.6.9), 한갑용(1982.6.10~1984.11.21), 양기정(1984.11.22~1986.10.28), 오치황(1986.10.29~1989.12.9), ○○○(1989.12.10~1990.6.4), 이찬화(1990.6.5~1990.10.28) (대한석탄공사, 2001a, p.415).

사진 28. 대한석탄공사 성주광업소
대한석탄공사 성주광업소가 성주리 삼거리에 입지하면서 이 일대는 지역 중심지로 부상한다. 사무소 건물은 합리화가 마무리되면서 민간에 매각되어 사용되다가 2010년 여름에 철거되었다(자료: 대한석탄공사, 2001b, 『대한석탄공사 50년 화보』, p.159).

고 나머지 인력은 조광권자에 기탁하여 채탄 및 관련 업무를 수행한 것으로 보인다. 성주광업소의 임직원은 시기별로 변동은 있으나, 그 뒤로 조금 늘어 대체로 30명 선 안팎으로 유지되었다. 성주탄좌를 매입할 당시 대한석탄공사는 이낙규와 공동으로 출원한 등록번호 29200번의 구 옥마탄광까지 실질적으로 인수하였다.

2. 신성산업과 민영 탄광

1983년의 『광구일람』에는 27개 광구의 등록번호가 등재되어 있다. 성주탄광, 세풍탄광, 원풍탄광, 청곡탄광, 심원탄광, 영보탄광, 경남탄광, 삼대탄광, 옥마탄광, 덕수탄광, 삼풍탄광, 동보탄광, 대보탄광 대보광업소, 한보탄

광, 세풍탄광 홍명광업소 등의 탄광 및 광업소 이름을 확인할 수 있다. 광업
권자로는 대한석탄공사(24755, 27500, 27648, 31224), 유근흥 외(24560), 신흥식
(31195) 등 다양한 이름이 올라 있다(표 9). 광업권 등록은 동보탄광의 1967년
에서 그치고 있어 이후로 추가적인 허가는 없었던 점을 확인하게 되는데, 이
는 성주리의 광산 개발이 형식적으로 1970년대로 접어들기도 전에 이미 포
화상태에 달했음을 말해 준다. 새로운 개발 주체로서 공사(公社)의 진출을 확
인할 수 있고, 민영 탄광에서는 개인과 법인이 운영 주체로 관여하고 있었던
사실이 드러난다. 개인으로서는 한춘만, 이종덕, 박대원, 이낙규, 신원식, 신
흥식 등이 등록되어 있고, 법인으로는 성주광업주식회사(聖住鑛業株式會社)와
태영광업주식회사(泰映鑛業株式會社)가 눈에 띈다. 여기서 성주광업은 앞서 설
명한 최인환과 무관한 회사로서 이 지역의 유력 탄광업자인 이필용 일가가
설립한 별개의 단체이다.

한 가지 흥미로운 사실은 강원도 삼척군 황지(현 태백시)에 소재한 태영광
업이 부여군 외산면과 보령군 미산면에 걸쳐 있는 원풍탄광을 운영하였다는
점인데, 삼척에서의 선경험이 성주리로의 진출을 유도했을 것으로 본다. 태
영광업은 경북 의성에서 출생하여 국회의원을 지낸 김영생이 1972년에 설
립한 회사였다. 그는 민영 탄광의 이익을 대변하기 위해 백윤홍이 주도하여
1964년 7월 2일에 창립한 대한탄광협동조합 이사장으로 재직한 1978년부터
1982년까지 덕대 양성화, 저질탄 전용 발전소의 건설 등을 역설하는 등 영세
한 중소 탄광의 권익 보호에 노력했던 것으로 전한다. **17)** 원풍탄광은 원래 대

---

17) 김영생은 1981년과 1985년에 치러진 선거에서 국민당 소속으로 출마해 지역구인 안동시·안
동군·의성군에서 제11대·12대 국회의원으로 당선된다. 동생인 김상봉은 태영광업소장, 태영광
업주식회사 대표이사, 대한탄광협동조합 제15대 이사장 등을 역임한 광업 가족이었다[대한석탄
협회, 1988, p.506; 광업원부(등록번호 제24326호); 『동아일보』, 1964년 7월 3일자, 2면; 『매일경
제신문』, 1972년 12월 20일자, 4면; 1982년 9월 14일자, 8면; 1988년 10월 13일자, 6면]. 태영광

표 9. 광구일람(1982년 말)

소재지	등록번호	등록일	광산명	광종	면적(평)	광업권자	주소
부여 외산면 보령 미산면	23828	1947.12.27	聖住炭鑛	흑연 석탄	987,000	大韓石炭公社	서울 영등포구 여의도동 1-888
보령 미산· 청라·대천면	24162	1949.11.16	世豊炭鑛	흑연 석탄	876,000	(대)韓春萬	보령 대천읍 대천리 186-2
보령 미산면	24181	1950.01.27	聖住炭鑛	석탄	957,000	大韓石炭公社	서울 영등포구 여의도동 1-888
보령 미산면*	24191	1950.04.12	聖住炭鑛	석탄	967,000	大韓石炭公社	서울 영등포구 여의도동 1-888
보령 미산면	24192	1950.04.12	聖住炭鑛	석탄 흑연	744,000	大韓石炭公社	서울 영등포구 여의도동 1-888
보령 미산면*	24212	1950.05.11	聖住炭鑛	석탄	992,000	大韓石炭公社	서울 영등포구 여의도동 1-888
보령 미산면*	24213	1950.05.11	聖住炭鑛	석탄	942,000	大韓石炭公社	서울 영등포구 여의도동 1-888
부여 외산면 보령 미산면	24326	1952.01.24	源豊炭鑛	석탄	747,000	泰映鑛業(주)	삼척 황지읍 화전리 산47
보령 미산· 청라·대천면	24559	1953.05.27	青谷炭鑛	석탄	726,000	李鍾德	보령 대천읍 대천리 164-1
보령 미산· 청라면	24560	1953.05.27		석탄	501,000	(대)柳根洪	보령 대천읍 대천리 143-45
보령 미산면	24755	1954.03.30		석탄	342,000	大韓石炭公社	서울 영등포구 여의도동 1-888
보령 미산면	25309	1955.06.04	深源炭鑛	석탄	225,000	(대)朴大遠	보령 대천읍 대천리 298
보령 미산· 청라면	25450	1955.08.19	映甫炭鑛	석탄	156,000	聖住鑛業(주)	보령 대천읍 대천리 298
보령 미산· 청라면	25451	1955.08.19	京南炭鑛	석탄	558,000	聖住鑛業(주)	보령 대천읍 대천리 298
보령 미산· 대천면	27500	1958.02.27		석탄	354,000	大韓石炭公社	서울 영등포구 여의도동 1-888
보령 미산면*	27648	1958.06.19		석탄	123,000	大韓石炭公社	서울 영등포구 여의도동 1-888
부여 외산면 보령 미산면*	28644	1950.10.26	三臺炭鑛	석탄 흑연	813,000	聖住鑛業(주)	보령 대천읍 대천리 111-2

소재지	등록 번호	등록일	광산명	광종	면적 (평)	광업권자	주소
보령 미산면	29200	1960.04.11	玉馬炭鑛	석탄 흑연	78,000	(대)李樂圭	보령 대천읍 대 천리 150
보령 미산· 청라·대천면	30097	1961.02.08	德受炭鑛	석탄	579,000	李鍾德	보령 대천읍 대 천리 164-1
보령 청라· 미산면	30411	1961.06.21	三豊炭鑛	석탄	810,000	(대)申元湜	보령 대천읍 대 천리 275-2
부여 외산면 보령 미산면*	31195	1962.03.21		석탄	219,000	申弘湜	보령 대천읍 대 천리 208-9
보령 미산· 대천면*	31224	1962.04.07		석탄	285,000	大韓石炭公社	서울 영등포구 여의도동 1-888
보령 청라· 미산면*	31514	1962.07.11	東寶炭鑛	석탄	207,000	聖住鑛業(주)	보령 대천읍 대 천리 111-2
부여 외산면 보령 미산면*	32127	1963.03.04	大寶炭鑛 대보 광업소	석탄 흑연	714,000	(대)李弘馥 申弘湜	보령 대천읍 449-2
부여 외산면 보령 미산면	33040	1964.04.06	韓寶炭鑛	석탄 흑연	204,000	李東烈	보령 대천읍 남 곡리 42
보령 미산· 대천면*	38171	1967.06.27	世豊炭鑛 홍명 광업소	석탄 흑연	195,000	(대)韓春萬	보령 대천읍 대 천리 186-2
부여 외산면 보령 미산· 청라면*	38787	1967.08.31	東寶炭鑛	석탄	108,000	聖住鑛業(주)	보령 대천읍 대 천리 111-2

주: * 광구 일부가 성주리에 속함

자료: 대한광업협동조합, 1983, 『광구일람』

한광업진흥공사가 실시한 광업권 공매에서 손경식이 2,300만 원을 투찰하여
경락을 확정 지은 1972년 12월 18일부터 운영해 온 광산으로서, 김영생이

업주식회사는 1990년에 석탄산업합리화 방침에 따라 태영탄광이 폐광되면서 1994년을 기해 법
인청산을 마쳤다. 현재는 1982년에 설립한 영월군 남면 토교리의 태영석회주식회사 산하 청수
광업소(평창군 미탄면 수청리), 삼도광업소(삼척시 도계읍 산기리), 용연광업소(삼척시 하장면
용연리) 등의 석회석 광산에서 확보한 원료를 이용해 다양한 가공품을 제조하고 있다. 2005년
에 (주)태영EMC로 사명을 개칭하였다(김상봉, 2010).

1977년에 해당 탄광을 매입한 다음 1983년 9월 26일에 자신과 동생인 김상봉이 공동 대표이사로 등록된 태웅공업주식회사(泰雄工業株式會社)18)에 매도하였다. 태웅공업은 광산 개발업, 광산 기계 제조 및 판매업, 광산물 가공 및 판매업 등을 목적으로 1972년 9월 30일에 설립된 자본총액 1억 원 규모의 회사로서, 1977년에 원풍탄광 본갱 사갱을 굴착하고 이듬해인 1978년에는 백운사갱을 개설하였으며, 1983년에는 본갱 제1사갱 제5편까지 개발하였다 (대한석탄협회, 1988, p.506).

지리적으로 멀리 떨어진 사업체가 내륙을 가로질러 성주리의 탄광에 관심을 가지고 적극적으로 개발에 임했던 사실도 주목되지만, 1983년의 『광구일람』에서 가장 중요한 변화는 대한탄광의 자회사인 성주탄좌개발 소유의 13개 광구를 매입하여 지역 최대의 광업권자로 부상한 대한석탄공사의 등장이 아닐 수 없다. 그러나 대한석탄공사가 해당 탄전을 매입한 것은 오래전인 1967년 7월 13일의 일로서 새삼 주목할 만한 사건은 아닐 것이다. 1970년대에 『광구일람』이 간행되지 않아 우리가 확인할 기회를 가지지 못했을 뿐이다. 정작 중요한 것은 표 9에 반영되지 않은 사실로서 대한석탄공사 성주광업소의 조광권자로 합자회사 신성산업개발이 선정된 일이다. 앞에서 설명한 것처럼 다수의 광구를 인수한 대한석탄공사는 명목상으로 직영을 내걸었지만 실질적으로는 민간 도급업자에게 생산을 위탁하는 방식으로 성주탄광을 운영하였는데, 민영탄에 비해 생산원가가 비싸고 저질탄의 비중 또한 높아 인수 초기부터 만성적인 적자에 허덕이고 있었다. 탄질 향상과 채탄 능력의

---

18) 공동 대표이사인 김영생과 김상봉은 1984년 6월 27일에 사임하고 대표이사직을 이현(경북 문경군 점촌읍 점촌리 202-19)에게 이전하며, 1986년 6월 26일에는 백상목이 공동 대표이사로 취임한다. 이현을 대신해 1987년 2월 14일에 대표이사로 합류한 이춘우(서울 마포구 용강동 210-9)는 백상목과 함께 본갱 제2사갱 5~9편을 개발한 뒤 백상목이 사임하는 1990년 6월 28일이후로 단일 체제를 구축한다(서울중앙지방법원 중부등기소 발행 '태웅공업' 폐쇄등기부등본).

사진 29. 신성산업개발(합) 설립자
정마수(1930~2000)
[자료: 이미지(1940년생) 제공]

제고를 독려해 보아도 개선될 기미가 보이지 않자 경영합리화 대책으로서 생산 제한 조치에 이어 폐광까지 검토하다가 종국에는 조광권을 설정하는 방향으로 선회하여 1973년 7월 31일에 공개 입찰을 추진한 것이다.19)

첫 입찰에서는 신성산업개발의 명목상 대표사원인 임재풍만이 등록함으로써 경쟁 요건을 충족시키지 못하였고, 유찰된 성주탄좌의 조광권을 1973년 12월 22일에 동일 조건으로 재입찰에 회부한 결과, 육군정보부 참모로 복무하다 대위로 제대한 뒤 재향군인회 충남지회 보령연합분회장을 역임한20) 신성산업개발의 정마수 대표와 월산탄광주식회사의 신홍식이 경쟁에 나섰으며, 최종적으로 정정옥·정마수·정강월 형제가 1973년 8월 3일에 등기를 마친 신성산업개발과 3년 (1974.1.29~1977.1.29)의 조광 계약을 체결한다(대한상공회의소, 1986, p.5; 사진 29).21) 그러나 신성산업은 출범 초기부터 회사의 경영을 둘러싼 내분에 휩싸여22) 회사의 대표이사 직무는 대행 체제로 집행하지 않을 수 없는 상황으로

19) 『매일경제신문』, 1971년 11월 19일자, 2면; 1972년 5월 11일자, 7면; 1972년 7월 20일자, 5면; 1973년 8월 1일자, 5면

20) 『경향신문』, 1967년 2월 11일자, 1면

21) 입찰 당시 정씨 형제는 부여군 부여읍 태생으로서 7·8·9대 국회의원 김종익 진영의 정당인 임재풍의 후원을 입고 있었으며, 마침 폭설로 신홍식이 입찰 시간을 넘김으로써 신성산업 앞으로 조광권을 획득할 수 있었다. 합자회사인 신성산업개발의 회사명은 을지로4가 310번지의 국도극장 옆 '신성여관'에서 창립을 위한 논의가 이루어진 것에 착안해 결정하였으며 대표사원 임재풍, 무한책임사원 정마수, 정정옥, 유한책임사원 장재일, 임형묵 체제로 출범하였다[『매일경제신문』, 1973년 8월 1일자, 5면; 제보: 정강월(1932년생, 성주면 성주7리 212-7), 이미지(1940년생, 천안시 신방동 초원아파트)].

22) 합자회사 설립 당시 대표사원으로 등록된 임재풍이 경영에서 배제된 데 불만을 품고 '대표사원 직무집행정지 가처분신청'을 제기하였으며, 사건을 처리하는 과정에서 실질적인 소유주인 정

치닫는다.

1973년의 신성산업개발 설립에 즈음하여 발생한 세계적인 유류파동으로 대체 연료인 석탄의 중요성이 커지자 전국 각지의 연탄회사는 일선의 개별 탄광과 접촉하여 선급금을 지불하고 원료인 무연탄을 선점하려 하였다. 신생 광산업체인 신성산업도 예외는 아니어서 서울에 공장을 둔 여러 회사로부터 개발 자금 명목으로 막대한 금액을 미리 지급받은 상태였는데, 본격적인 개발에 나서기도 전에 대표이사가 구속되는 사태가 발발하였고 따라서 회사는 정상 경영에 어려움을 겪게 된다. 직무 대행 체제에서 정씨 형제가 출자액을 회수해 가고 일부 빚까지 떠안게 된 덕대들은, 1975년 초에 대천에서 기자로 활동한 바 있으며 전차갱 내부에서 탄맥을 발견해 개발한 경험이 있는 도급업자 이한무를 대표이사로 선발하여 회사의 운영을 이어가기로 결정하였다.23) 대표사원의 출자액 400만 원을 포함해 양광진, 이상흥, 이순능, 오광연, 김찬원, 김부필 등 무한책임사원과 장재일, 박찬정 등 유한책임사원이 각자 일정액을 출자하면서 신성산업개발은 다행스럽게 무연탄 생산개발, 무연탄 제조업, 지하자원 개발 등의 사업 목적을 정립하고 재출발에 나선다 (표 10).

보령군 남포면 봉덕리에서 2남 3녀의 장남으로 출생한 이한무는 농협의 전신인 금융조합을 비롯해 웅천면사무소와 대천읍사무소에서 근무한 경력

마수가 대전지법 홍성지원장 서철모 판사에게 사건의 선처를 부탁하며 100만 원을 주려다 거절당하자 '서 판사가 지인인 임재풍에 유리하게 편파적으로 재판을 진행한다.'는 내용의 진정서를 대법원장에게 제출한 것이 빌미가 되어 '뇌물공여의사표시 및 무고' 혐의로 구속되는 사태가 발생한 것이다[『매일경제신문』, 1974년 12월 18일자, 7면; 제보: 정강월(1932년생, 성주면 성주7리 212-7)]. 정마수는 1980년대 중반에 서천군 비인면 관리에 있는 문형주의 광구(등록번호 31128)에 대한 조광권(조광번호 738)을 출원해 1982년 4월부터 동아탄광(東亞炭鑛)을 운영하다가 합리화를 맞은 것으로 보인다(이한풍, 1985, p.333).

23) 제보: 정강월(1932년생, 성주면 성주7리 212-7)

표 10. 신성산업개발합자회사

연월	주요 변동사항	내용
1973.08.03	등기	• 신성산업개발합자회사(보령 대천읍 대천리) • 목적: 무연탄 생산개발, 무연탄 제조업, 지하자원 개발, 수산업 • 대표사원: 林栽灃(부여 부여읍 관북리, 900만 원) • 무한책임사원: 鄭麻守(대천읍 대천리, 900만 원), 鄭正玉(부여읍 구교리, 600만 원) • 유한책임사원: 張載日(성북구 안암동, 300만 원), 林亨黙(부여읍 관북리, 300만 원)
1973.11.28	사원 및 출자액	• 대표사원: 정마수(900만 원) • 무한사원: 정정옥(600만 원), 鄭江越(보령 웅천면 대창리, 900만 원) • 유한사원: 장재일(300만 원), 李美子(대천리, 300만 원)
1973.12.29	대표사원 직무	• 대표사원 정마수 직무정지. 직무집행 대행자 임재풍
1974.01.14		• 직무집행 대행자 임재풍의 직무정지. 대표사원 직무집행 대행자 宋堯景(대천리)
1974.03.09		• 가처분결정 판결 선고 시까지 대표사원 정마수 직무정지. 직무집행 대행자 李宗馥(대천리) • 1974.00 직무집행 대행자 이종복을 장승순으로 대치
1975.02.04	사원 및 출자액	• 대표사원: 李漢武(대천리, 400만 원) • 무한사원: 梁光鎭(대천리, 380만 원), 李相興(대천리, 380만 원), 李順能(대천리, 380만 원), 吳廣淵(대천읍 동대리, 380만 원), 金贊元(대천리, 380만 원), 金富弼(대천리, 380만 원) • 유한사원: 장재일(300만 원), 朴贊廷(대천리, 300만 원)
1975.02.14		• 대표사원: 이한무(520만 원) • 무한사원: 양광진(580만 원), 이상흥(880만 원), 이순능(880만 원), 오광연(580만 원), 김찬원(580만 원), 김부필(580만 원) • 유한사원: 장재일(300만 원), 박찬정(300만 원), 明榮植(미산면 성주리, 100만 원)
1975.06.11		• 대표사원: 이한무(850만 원) • 무한사원: 양광진(580만 원), 이상흥(880만 원), 이순능(880만 원), 오광연(580만 원), 김찬원(580만 원) • 유한사원: 장재일(300만 원), 박찬정(300만 원), 명영식(100만 원), 柳大善(성주리, 50만 원)
1975.06.17		• 대표사원: 이한무(1430만 원) • 무한사원: 양광진(580만 원), 이상흥(880만 원), 이순능(880만 원), 오광연(580만 원), 김찬원(580만 원) • 유한사원: 장재일(300만 원), 박찬정(300만 원), 명영식(100만 원), 유대선(50만 원), 김부필(200만 원)

연월	주요 변동사항	내용
1976.06	사원 및 출자액	• 대표사원: 이한무(1430만 원) • 무한사원: 양광진(580만 원), 이상흥(880만 원), 이순능(880만 원), 오광연(580만 원) • 유한사원: 장재일(300만 원), 박찬정(300만 원), 명영식(100만 원), 유대선(50만 원), 김부필(200만 원)
1977.03.15		• 대표사원: 이한무(6000만 원) • 무한사원: 양광진(2600만 원), 이상흥(1600만 원), 이순능(2800만 원), 오광연(1000만 원), 李章雨(대천리, 5000만 원), 尹基錫(대천 리, 1000만 원) • 유한사원: 명영식(100만 원), 유대선(50만 원), 김부필(200만 원), 김찬원(300만 원)
1978.09.15		• 대표사원: 이한무(8450만 원) • 무한사원: 윤기석(1000만 원), 朴大遠(마포구 합정동, 8450만 원), 朴商佑(합정동, 1000만 원) • 유한사원: 명영식(100만 원), 유대선(50만 원), 김찬원(300만 원), 양광진(1000만 원), 이순능(50만 원), 오광연(50만 원)
1978.09.22		• 대표사원: 박대원(8450만 원) • 무한사원: 윤기석(1000만 원), 박상우(1000만 원), 이한무(8450만 원) • 유한사원: 명영식(100만 원), 유대선(50만 원), 김찬원(300만 원), 양광진(1000만 원), 이순능(50만 원), 오광연(50만 원)
1978.12.22		• 대표사원: 박대원(6280만 원) • 무한사원: 이한무(6280만 원), 安鳳基(대전 중구 선화동, 6280만 원) • 유한사원: 명영식(100만 원), 유대선(50만 원), 김찬원(300만 원), 양광진(1000만 원), 이순능(50만 원), 오광연(50만 원), 윤기석(60 만 원)
1980.12.17		• 대표사원: 吳元杓(강남구 서초동, 6280만 원) • 무한사원: 申弘湜(대천리, 6280만 원), 申元湜(대천리, 6280만 원) • 유한사원: 명영식(100만 원), 김찬원(300만 원), 양광진(1000만 원), 이순능(50만 원), 오광연(50만 원), 윤기석(60만 원), 安鎬(대 전 중구 선화동, 50만 원)
1983.05.09		• 대표사원: 신원식(6280만 원) • 무한사원: 신홍식(6480만 원), 柳根任(성북구 동선동, 6280만 원) • 유한사원: 김찬원(300만 원), 양광진(1000만 원), 오광연(50만 원), 윤기석(60만 원), 柳根厚(대천리, 50만 원), 申奎湜(강남구 서초동, 50만 원), 朴海昞(대천읍 명천리, 100만 원)

연월	주요 변동사항	내용
1985.07.08		• 대표사원: 신원식(6280만 원) • 무한사원: 신홍식(6530만 원), 유근임(6280만 원) • 유한사원: 김찬원(300만 원), 양광진(1000만 원), 윤기석(60만 원), 유근후(50만 원), 신규식(50만 원), 박해병(100만 원)
1985.08.06		• 대표사원: 신원식(6280만 원) • 무한사원: 신홍식(6530만 원), 유근임(6280만 원) • 유한사원: 김찬원(300만 원), 양광진(1000만 원), 윤기석(60만 원), 유근후(50만 원), 신규식(50만 원), 박해병(100만 원), 李鍾昇(대천 리, 50만 원)
1986.10.20		• 대표사원: 신원식(6280만 원) • 무한사원: 신홍식(6530만 원), 유근후(6280만 원) • 유한사원: 김찬원(300만 원), 양광진(1000만 원), 윤기석(60만 원), 신규식(50만 원), 박해병(100만 원), 이종승(50만 원), 申柄澈(대천 동, 50만 원)
1987.01.08	사원 및 출자액	• 대표사원: 신원식(6280만 원) • 무한사원: 신홍식(8억 8830만 원), 유근후(6280만 원) • 유한사원: 김찬원(300만 원), 양광진(1000만 원), 윤기석(60만 원), 신규식(50만 원), 박해병(100만 원), 이종승(50만 원), 신병철(대천 동, 50만 원)
1989.01.16		• 대표사원: 신원식(3억 2110만 원) • 무한사원: 유근후(1억 6280만 원), 신규식(1억) • 유한사원: 김찬원(300만 원), 양광진(1000만 원), 윤기석(60만 원), 박해병(100만 원), 이종승(50만 원), 신병철(50만 원), 李啓遠(보령 주포면 송학리, 50만 원)
1989.04.03		• 대표사원: 신원식(3억 2110만 원) • 무한사원: 申鉉珠(보령 주산면 금암리, 5000만 원) • 유한사원: 김찬원(300만 원), 양광진(1000만 원), 윤기석(60만 원), 박해병(100만 원), 이종승(50만 원), 신병철(50만 원)
1989.04.18		• 대표사원: 신현주(5000만 원) • 무한사원: 申富澈(보령 청라면 장현리, 5000만 원) • 유한사원: 김찬원(300만 원), 양광진(1000만 원), 윤기석(60만 원), 박해병(100만 원), 이종승(50만 원), 신병철(50만 원)
1991.09.09	해산	• 총 사원의 동의(09.18 등기) • 청산인 대표: 신현주·신부철
1993.12.31	청산종결	

자료: 서울북부지방법원 동대문등기소 발행 '신성산업개발' 폐쇄등기부등본

을 가지고 있으며, 동아일보지국 기자단장, 번영회장, 관광협회장 등을 역임할 정도로 활동 폭이 넓었다. 지역 내 몇 안 되는 지식인 계층의 일원이었던 것이다. 그가 탄광에 관심을 가지게 된 직접적인 이유는 알 수 없지만 모두가 일확천금을 꿈꾸던 시대적 상황을 감안하면 일면 수긍이 가는 측면도 없지 않다. 어찌 되었건 이한무는 청라·미산·외산 3개 면에 걸쳐 있던 이필용의 동보탄광(후에 영보탄광)에 덕대로 참여한

사진 30. 신성산업 이한무(1923~2006) 대표
[자료: 이상요(1963년생) 제공]

것을 계기로 본격적으로 탄광업에 진출하게 된다. 정마수로부터 축전차 운행이 중지된 전차갱을 하청 받아 운영하던 중 비상사태에 당면한 신성산업이 분덕대로부터 수령한 덕대 보증금과 외부 부채를 상환할 수 없게 되자 앞에서 거명한 6명의 덕대와 함께 무한책임사원 자격으로 회사를 인수하고 경영 정상화에 나선 것이다(사진 30).**24)**

하지만 1977년 1월 29일까지로 설정된 조광 계약은 1975년 5월 17일을 기해 '광업법 46조 11'에서 정한 바에 따라 해지 통보를 받게 되는데, 법령의 내용을 참조할 때 조광료를 체납한 것이 이유인 듯하다.**25)** 조광권 해지로 차질을 빚게 된 광산 운영을 정상화시키기 위해 대한석탄공사는 기존의 하도급자와 개별적으로 사외 도급 계약을 체결하여 개설 갱도에 대해 '계속작업권'을 인정하고 조건부로 대한석탄공사의 운영 계획에 부합할 경우 신규 갱도

---

24) 제보: 이한두(1937년생, 대전시 중구 선화동 362-60)
25) 제46조 11은 소멸신청에 관한 조항으로서 "광업권자는 조광권자가 조광료 … 지급을 연기하였거나 기타 계약상의 의무를 이행하지 아니하였을 때에는 3월 이상의 기간을 정하여 그 이행을 최고하고 그 기간 내에 이행을 하지 아니한 때에는 … 상공부 장관에게 조광권의 소멸을 신청할 수 있다."고 명시하고 있다.

개설을 승인하는 한편, 계약기간 만료 후 우수업자에게는 계속작업의 우선권을 부여한다는 해결책을 마련한다. 한때 자체적인 논의를 거쳐 성주탄전을 직영하는 쪽으로 선회하지만 광업법 시행령이 제정되지 않아 상공부 장관의 직권 소멸이나 조광권자와의 합의 소멸이 불가하다고 판단, 1975년 12월 31일에 이르러 계약을 성실히 이행하겠다는 공증 각서를 제출하게 하여 조광 운영을 지속한다는 방침을 정한다. 신성산업으로서는 다행스런 결정이 아닐 수 없었다.

대한석탄공사가 1977년 1월 29일에 만료된 조광 계약을 1982년 1월 29일까지 5년 더 연장하기로 결정한 것은 신성산업의 경영이 어느 정도 정상화되었음을 말해 주는 듯하다. 그러나 대표사원의 지위는 1978년 9월에 이한무로부터 박대원에게 이전되는데, 그 무렵 신성산업이 종업원 443명, 월 생산능력 2만 톤의 영세한 규모로 운영되었던 점에 비추어(대한상공회의소, 1979, p.12) 볼 때 등기부에 무한책임사원으로 등록된 덕대들의 재정 상태로는 부채를 상환하기에 아직 여력이 닿지 않아 회사가 전체적으로 부실한 상황이었던 것 같다. 이때 회사의 경영 일선에 뛰어든 인물이 바로 '충남·대전의 재벌'로 알려진 신홍식(申弘湜)이다. 그는 1980년 12월 17일에 친동생인 신원식과 함께 각각 6,280만 원을 신성산업개발(합)에 출자하면서 무한책임사원으로 이름을 올린 이후 대표사원과 무한책임사원을 친가와 처가의 인물로 포진시키고 출자지분을 계속 늘려나감으로써 경영권을 장악하였다. 신홍식 일가와 성주리, 신성산업개발합자회사의 인연은 이렇게 시작되었다. 성주리는 명목적으로나 실질적으로나 신성산업의 탄광촌과 다름없을 정도로 지역사회에 대한 신홍식과 그 일가의 영향력은 절대적이었다.

성주리 탄광사의 중심인물인 신홍식은 1930년에 보령군 청라면 장현리에서 출생하였다. 고려 개국공신 신숭겸(申崇謙)을 시조로 하는 평산신씨 가

사진 31. 신성산업개발 신홍식(1930~1999년경)

정·재계를 넘나들면서 폭넓게 활동한 신홍식은 신성산업개발합자회사의 실소유주로서 대한석탄공사 성주광업소의 조광 구역을 개발·운영하였다. 청라면 장현리 삼거리에는 그의 납골묘역이 있다(자료: 대전공업대학동문회, 1992, 「동문회원명부」; 현지 촬영).

사진 32. 신성산업개발(합) 본사

신홍식은 대천1동 210-14번지의 원동빌딩 사무실에서 계열사를 관리하였다. 회장 집무실은 2층에 있었으며 복도에 남아 있는 상량문에는 '西紀一九七六年五月一八日午時立柱上樑'이라 적혀 있다.

문으로서 18세기 후반에 경주이씨와의 통혼을 계기로 이주해 온 28세 신광태(1756~1788)가 입향조인데, 시조로부터 35세, 입향조로부터 7대에 해당하는 신홍식(1930~1999년경)**26)**은 1958년에 고려대학교를 졸업한 뒤 광산업에

사진 33. 동보연탄 초기 공장 터와 동보빌딩
신성산업 본사 앞에는 한때 성주탄을 이용해 가정용 연탄을 제조·판매하던 동보연탄 공장이 가동되었다. 공장이 외곽의 새 부지로 이전된 뒤로는 차고로 활용되었다(상단 왼쪽). 1986년 7월 14일에 건립된 대천로 사거리의 동보빌딩은 동보상호신용금고가 자리했던 곳이다.

뛰어든다. 성림탄광(聖林炭鑛) 대표로서 1976년부터 1980년까지 대한탄광협회 감사, 1980년부터 1984년까지 대한석탄협회 이사로 봉직했으며, 1976년에는 합동연탄(合同煉炭)의 대표로서 한국연탄공업협회의 이사직을 수행하였다. 당대 일간지에 소개된 바로 통일주체국민회의 대의원, 신성산업 회장, 민주자유당 대천시·보령군 지구당위원장, 새마을운동중앙본부 충남지부장, 럭비풋볼연맹 회장, 자유총연맹 도지부장, 충남도시가스 사장, 대천 동보상호신용금고 대주주, 서오개발 회장 등 굴지의 사업체 대표를 역임한 지역 유지이자 부호였다. 주력 기업인 (주)서오개발**27)**과 (주)충남도시가스**28)**의 계열

---

26) 제보: 신영섭(1935년생, 보령시 청라면 장현리 496)
27) 신홍식은 1994년에 대주주로 관여하던 동보금고로부터 자신이 회장으로, 차남 신영찬이 사장

사만 하더라도 ㈜호서관광개발, ㈜호서레미콘, ㈜의전, 동보교역㈜, ㈜
산호당연료, 한영가스공업㈜, 보성프라자, 동보연탄 등 다방면에 걸쳐 있
었다. 성주리와 인근 지역에 산재한 신성산업의 조광구에 대해서는 대천1동
210-14번지의 본사가 사무 일체를 맡아보았고 지금의 보령석탄박물관 뒤
에는 별도로 현장사무소를 두었다(대전공업대학동문회, 1992; 대한석탄협회, 1988,
pp.131, 603-604; 전종한, 2004; 『매일경제신문』, 1974년, 1978년, 1984년, 1985년, 1987
년, 1991년, 1993년, 1994년, 1996년판 기사; 1987년 12월 4일자, 11면; 1994년 11월 27
일자, 4, 7면; 1996년 12월 13일자, 6면; 서오개발 광고; 사진 31; 32; 33).

신홍식은 1965년 6월 1일에 보령군 청라면 나원리 다리치(月峙)에 광업소

으로 있는 건설업체 서오개발에 대출한도인 2억 5,000만 원을 준수하지 않고 203개의 차명계
좌를 통해 모두 388억 원을 담보 없이 대출했다가 발각되자 개인 소유의 회사와 부동산을 처분
해 불법대출액을 상환하면서 쇠락의 길로 접어든다.
28) ㈜충남가스는 무연탄 매장량의 한계, 가스로의 연료 전환 추세, 석유값 하락 등에 따라 석탄
과 연탄산업이 사양화의 조짐을 보이는 시점에 석탄업체들이 유망 산업으로 부각된 도시연료로
눈을 돌리던 것과 때를 같이해 신홍식이 1985년에 설립한 회사로서 대전에 도시가스를 공급하
였다. 동보연탄에 이어 합동연탄의 대표로 재직했던 신홍식은 정부의 가스 보급 확대 시책과 국
민 소득수준 향상에 따른 청정연료의 수요 증가에 적극적으로 대처하기 위해 업종을 전환하였
던 것으로 보인다. 충남가스는 하루 제조 능력 5만㎥ 규모의 LPG 기화장치 2기를 설치한 데 이
어 2년간 대전 중심지역에 대한 배관시설을 완비한 1987년 11월 말부터 도시가스 공급 업무를
본격적으로 개시하였다. 그러나 대전시 중구 중촌동 210번지의 회사 부지 선정이 정치적으로
결정되었다는 주장이 제기되어 이에 시달렸고, 동보금고 사태의 여파인지 1998년 6월 시점에는
회사의 부도를 알리는 '당좌거래중지' 기사를 내보내지 않을 수 없었다. 1998년 12월 1일에는 마
침내 주식회사 충남도시가스(대표이사 신영찬)를 채무자로 하는 화의(和議) 인가가 공고되기에
이른다(『매일경제신문』, 1986년 3월 28일자, 9면; 1987년 4월 18일자, 5면; 1987년 12월 4일자,
11면; 1998년 6월 20일자, 7면; 1998년 12월 3일자, 22면). 화의는 도산의 위험에 직면한 기업이
법원의 중재를 받아 채권자들과 채무 변제 조건에 관한 계약을 체결하여 파산을 예방하는 절차
로서 법정 관리와 달리 기존의 경영주가 법원의 관리를 덜 받고 채권자와 자율적으로 절차를 운
용하면서 회생을 도모하는 방식이다. 채무자가 제시한 채무 변제 방법에 대해 다수의 채권자가
양보·수락하는 것으로 화의는 가결되는데, 절차야 어떻든 그간 지역사회에서 일구어 온 신홍식
의 기반이 무너짐을 의미하는 사건이었다. 그가 스스로 명을 달리한 것도 이와 무관하지 않다.
충남도시가스는 2000년 2월에 SK㈜와 Enron Corp의 공동출자로 설립한 SK-Enron㈜에 인
수된다.

를, 대천읍 대천리에 본사를 둔 월산탄광주식회사(月山炭鑛株式會社)를 설립하여 자본 축적에 성공함으로써 전문적인 광산 경영인의 길을 걷게 된다(매일경제신문사, 1978, p.724). 월산탄광은 1973년 당시 연간 2만 4,000톤의 무연탄 생산 능력을 갖추었고, 총자산 2억 60만 원, 매출액 1억 2,000만 원, 순이익 100만 원의 경영 실적을 올리고 있었다(경제통신사, 1975, p.87). 그가 성주리로 진출한 것은 장순희·이낙규와 함께 성림탄광의 개발에 참여한 것이 계기가 되었는데, 1974년에는 4억 원을 투자해 개발에 성공한 성림탄광을 자신이 매입했던 것이다.**29)** 1980년에는 야심차게 신성산업까지 인수하고 회사는 친동생인 신원식을 대표로 임명하여 간접 경영하였다.**30)** 재력가가 회사를 매수하면서 신성산업은 점차 안정을 되찾아 1982년과 1985년 두 차례에 걸쳐 13년간 조광 기간을 연장할 수 있었다(대한석탄공사, 2001a, pp.410-412; 대한석탄공사 사사편찬실, 2001; 대한석탄협회, 1988; 『매일경제신문』, 1988년 10월 7일자, 5면).

표 11은 신홍식의 신성산업이 조광권을 취득해 전담 운영했던 대한석탄공사 성주광업소의 광업권과 조광권의 실제 변동 사항을 정리한 것이다. 1947년에 장순각과 이석준이 지역 내 최초로 출원한 23828번을 비롯해 모두 14개 광구가 대한석탄공사에 귀속된 이후 1993년 9월 17일을 기해 대부분의 광업권이 취소 처분되는 전 과정을 추적해 볼 수 있다. 전반적으로 성주리의 광산은 1950년대에 장순희의 주도로 운영되다가 1960년대 들어 성주광업주

---

29) 『경향신문』, 1974년 7월 25일자, 2면
30) 탄광 경기의 활성화로 유입인구가 증가하면서 미산면 성주출장소가 성주면으로 승격된 1986년 당시 신원식 사장 체제의 신성산업은 종업원 1,160명 규모로 성장하였다(대한상공회의소, 1986, p.5). 1988년에 신성산업과 동사 노동조합이 단체협약서에 서명할 때까지 신성산업의 대표사원은 신원식이었으나, 실질적인 소유주인 신홍식은 1989년부터 숙부인 신현주의 명의를 차용해 폐광 관리에 나섰던 것으로 보인다. 1990년 6월 8일에 작성된 임금 인상 협정서에는 신현주가 대표로 기재되어 있다.

표 11. 대한석탄공사 성주광업소의 광업권 및 조광권 변동

등록번호	23828	24181·24191 24192·24212 24213	24755	27500·27501 27647·27648	31224·31225	29200 (구 옥마탄광)
1947	張洶覺·李錫俊					
1948	張洶覺·李錫俊					
1949	張洶覺·李錫俊					
1950	張洶覺 →張洶熹	張洶覺 →張洶熹				
1951	張洶熹	張洶熹				
1952	張洶熹	張洶熹				
1953	張洶熹	張洶熹				
1954	張洶熹	張洶熹	張洶熹			
1955	張洶熹	張洶熹	張洶熹			
1956	張洶熹	張洶熹	張洶熹			
1957	張洶熹	張洶熹	張洶熹			
1958	張洶熹	張洶熹	張洶熹	張洶熹		
1959	張洶熹 →崔仁煥	張洶熹 →崔仁煥	張洶熹 →崔仁煥	張洶熹 →崔仁煥		
1960	崔仁煥	崔仁煥	崔仁煥	崔仁煥		金鎬燦·李樂圭·鄭德重
1961	崔仁煥 →聖住鑛業㈜	崔仁煥 →聖住鑛業㈜	崔仁煥 →聖住鑛業㈜	崔仁煥 →聖住鑛業㈜		金鎬燦·李樂圭·鄭德重
1962	聖住鑛業㈜	聖住鑛業㈜	聖住鑛業㈜	聖住鑛業㈜	崔仁煥	金鎬燦·李樂圭·鄭德重
1963	聖住鑛業㈜ =聖住炭座開發 ㈜	聖住鑛業㈜ =聖住炭座開發 ㈜	聖住鑛業㈜ =聖住炭座開發 ㈜	聖住鑛業㈜ =聖住炭座開發 ㈜	崔仁煥 →聖住炭座開發㈜	金鎬燦·李樂圭·鄭德重
1964	聖住炭座開發 ㈜	聖住炭座開發 ㈜	聖住炭座開發 ㈜	聖住炭座開發 ㈜	聖住炭座開發 ㈜	金鎬燦·李樂圭·鄭德重
1965	聖住炭座開發 ㈜	聖住炭座開發 ㈜	聖住炭座開發 ㈜	聖住炭座開發 ㈜	聖住炭座開發 ㈜	金鎬燦·李樂圭·鄭德重 →李樂圭
1966	聖住炭座開發 ㈜	聖住炭座開發 ㈜	聖住炭座開發 ㈜	聖住炭座開發 ㈜	聖住炭座開發 ㈜	李樂圭
1967	聖住炭座開發 ㈜→大韓石炭 公社	聖住炭座開發 ㈜→大韓石炭 公社	聖住炭座開發 ㈜→大韓石炭 公社	聖住炭座開發 ㈜→大韓石炭 公社	聖住炭座開發 ㈜→大韓石炭 公社	李樂圭→李樂 圭·李會森→ 李樂圭·石公

등록 번호	23828	24181·24191 24192·24212 24213	24755	27500·27501 27647·27648	31224·31225	29200 (구 옥마탄광)
1968	石公	石公	石公	石公	石公	李樂圭·石公
1969	石公	石公	石公	石公	石公	李樂圭·石公
1970	石公	石公	石公	石公	石公	李樂圭·石公
1971	石公	石公	石公	石公	石公	李樂圭·石公
1972	石公	石公	石公	石公	石公	李樂圭·石公
1973	石公	石公	石公	石公	石公	李樂圭·石公
1974	石公→(租鑛) 新盛産業開發	石公→(租鑛) 新盛産業開發	石公→(租鑛) 新盛産業開發	石公→(租鑛) 新盛産業開發	石公→(租鑛) 新盛産業開發	李樂圭·石公
1975	新盛	新盛	新盛	新盛	新盛	李樂圭·石公
1976	新盛	新盛	新盛	新盛	新盛	李樂圭·石公
1977	新盛	新盛	新盛	新盛	新盛	李樂圭·石公
1978	新盛	新盛	新盛	新盛	新盛	李樂圭·石公
1979	新盛	新盛	新盛	新盛	新盛	李樂圭·石公
1980	新盛	新盛	新盛	新盛	新盛	李樂圭·石公
1981	新盛	新盛	新盛	新盛	新盛	李樂圭·石公
1982	新盛	新盛	新盛	新盛	新盛	李樂圭·石公
1983	新盛	新盛	新盛	新盛	新盛	李樂圭·石公
1984	新盛	新盛	新盛	新盛	新盛	李樂圭·石公
1985	新盛	新盛	新盛	新盛	新盛	李樂圭·石公
1986	新盛	新盛	新盛	新盛	新盛	李樂圭·石公
1987	新盛	新盛	新盛	新盛	新盛	李樂圭·石公
1988	新盛	新盛	新盛	新盛	新盛	(李樂圭)·石公
1989	新盛	新盛	新盛	新盛	新盛	(李樂圭)·石公
1990	新盛	新盛	新盛	新盛	新盛	(李樂圭)·石公
1991	石公	石公	石公	石公	石公	(李樂圭)·石公
1992	石公	石公	石公	石公	石公	(李樂圭)·石公
1993	石公	石公	石公	石公	石公	(李樂圭)·石公

주: 공동 광업권자의 경우 첫 번째 기록된 인물이 대표자; 화살표는 광업권의 변동을 의미함; 등호(=)는 회사
  의 명칭 변경을 의미함; 등록번호 29200의 공동대표자인 이낙규는 1988년에 사망하였다.
자료: 『광업원부』, 『조광권원부』(광업등록사무소)

식회사와 그 후신인 성주탄좌개발주식회사 체제를 거쳐, 후반인 1967년 7월 13일에 13개 광구 일체를 대한석탄공사가 매입하게 된다. 대한석탄공사는 추가적으로 1969년 12월 29일에 등록번호 29200번 광구를 이낙규와 공동으로 출원함으로써 14개 광구에 대한 운영을 전담하기에 이른다.

매입한 광구를 두고 대한석탄공사는 다각적인 운영 방식을 강구했던 것으로 보이는데, 1974년 이후로 합자회사인 신성산업개발과 조광 계약을 수립하는 방향으로 정리되었다. 조광권자인 신성산업과는 일차로 1974년 1월 30일부터 1977년 1월 29일까지 3년간 계약을 체결하였으며, 만료일에 맞추어 1977년 1월 30일부터 1982년 1월 29일까지 5년 그리고 1982년 5월 28일부터 1985년 5월 27일까지 3년간 재계약을 승낙하였다. 이후 1985년 5월 28일부터 1995년 5월 27일까지 10년의 장기 계약을 체결하였으나 조광권자인 신성산업이 1990년에 소멸 등록을 마침으로써 「석탄산업법」 '석탄광업의 폐광정리' 규정에 따라 잔여 기간 5년여를 남기고 소멸된다. 조광권과 달리 광업권은 그 뒤로도 2년 넘게 존속되다가 1993년을 기해 최종 소멸되었다.

광업권은 「광업법」상으로 상속, 양도, 조광권 설정, 저당권 설정, 체납 처분, 강제집행 등의 형태로 처리가 가능한 배타적인 권리이다. 그러나 구조적으로 재정 상황이 취약하게 마련인 민영 탄광은 사업을 개시하지 않거나, 1년 이상 사업을 휴지하거나, 채광 계획을 인가 받은 날로부터 3년이 경과했음에도 생산 실적이 여전히 부진할 때 권리의 취소 처분을 받기도 한다. 무연탄 시장의 수요와 공급 상황에 직접적인 영향을 받는 광업권자는 외부 환경이 불리해질 때 광업권을 타인에게 양도하지 않을 수 없다. 원풍탄광, 성림탄광, 심원탄광, 덕수탄광(후에 경원탄광), 한보탄광(후에 우성탄광) 등도 예외는 아니었다(표 12). 초기 출자자의 취약한 재정 상황을 고려할 때 광업권의 출원이 공동으로 이루어지는 것은 어떻게 보면 당연한 현상이었다. 그리고

표 12. 성주리 민영 탄광 광업권의 변동

등록 번호	24326 원풍탄광	24560 성림탄광	25309(58971) 심원탄광	30097 덕수(경원)탄광	33040 한보(우성)탄광
1952	全在亨·閔在永 ·權宗海→朴永權· 全在亨·權宗海				
1953	朴永權·全在亨 ·權宗海	李弼龍→朱極南			
1954	朴永權·全在亨 ·權宗海	朱極南			
1955	朴永權·全在亨 ·權宗海	朱極南→吳荊玉	吳炳彦		
1956	朴永權·全在亨 ·權宗海	吳荊玉	吳炳彦		
1957	朴永權·全在亨 ·權宗海	吳荊玉	吳炳彦 →李英九·李鎭九		
1958	朴永權·全在亨 ·權宗海	吳荊玉→盧鍾淑 →金善孝	李英九·李鎭九		
1959	朴永權·全在亨 ·權宗海	金善孝 →聖林炭鑛開發㈜	李英九·李鎭九		
1960	朴永權·全在亨 ·權宗海→朴永權· 全在亨	聖林炭鑛開發㈜ →朴敏植·白大烈	李英九·李鎭九		
1961	朴永權·全在亨	朴敏植·白大烈	李英九·李鎭九 →李英九·李鎭九· 李振世	車庚琪→張洵熹· 李聖熙·洪乙秀· 李錫俊	
1962	朴永權	朴敏植·白大烈 →朴敏植·白大烈· 韓愚植	李英九·李鎭九· 李振世→張洵熹· 李錫俊·洪乙秀	張洵熹·李聖熙 ·洪乙秀·李錫俊 →文谷炭鑛㈜ →李俊鎬·南一誠	
1963	朴永權→金回業	朴敏植·白大烈 ·韓愚植→姜在熙· 韓愚植	張洵熹·李錫俊 ·洪乙秀·張洵熹· 李貞喜·洪乙秀	李俊鎬·南一誠	
1964	金回業→金慶三 →文榮植→鄭在得 →白日鉉·崔弼世· 李弼龍→白日鉉· 崔弼世·李弼龍·梁 鏞遠·鄭慶燮	姜在熙·韓愚植	張洵熹·李貞喜 ·洪乙秀·張洵熹· 李貞喜·崔鳳進	李俊鎬·南一誠	徐丙薰

등록 번호	24326 원풍탄광	24560 성림탄광	25309(58971) 심원탄광	30097 덕수(경원)탄광	33040 한보(우성)탄광
1965	白日鉉·崔弼世 ·李弼龍·梁鏞遠· 鄭慶燮→梁鏞遠· 鄭慶燮	姜在熙·韓愚植	張洵熹·李貞喜 ·崔鳳進	李俊鎬·南一誠 →南一誠·南相甲· 李樂圭·全京杓	徐丙薰→黃祐舜
1966	梁鏞遠·鄭慶燮 →南一誠·南相甲	姜在熙·韓愚植 →姜在熙·姜昌熙	張洵熹·李貞喜 崔鳳進→張洵熹· 李貞喜·方承玉 →方承玉	南一誠·南相甲 ·李樂圭·全京杓 →南相甲·李樂圭· 全京杓→李樂圭· 全京杓·李商圭	黃祐舜
1967	南一誠·南相甲 →南相甲 →南相甲·申鉉玉 →南相甲	姜在熙·姜昌熙	方承玉	李樂圭·全京杓 ·李商圭	黃祐舜
1968	南相甲	姜在熙·姜昌熙	方承玉	李樂圭·全京杓 ·李商圭	黃祐舜
1969	南相甲→文谷炭鑛 ㈜→保聖炭鑛㈜	姜在熙·姜昌熙	方承玉	李樂圭·全京杓 ·李商圭	黃祐舜→李東烈
1970	保聖炭鑛㈜	姜在熙·姜昌熙	方承玉	李樂圭·全京杓 ·李商圭→李樂圭· 李商圭	李東烈
1971	保聖炭鑛㈜	姜在熙·姜昌熙 →姜昌熙	方承玉	李樂圭·李商圭	李東烈
1972	保聖炭鑛㈜→ 大韓鑛業振興公社	姜昌熙	方承玉	李樂圭·李商圭	李東烈
1973	大韓鑛業振興公社 →孫慶植	姜昌熙→李桐馥 →李樂圭·張洵熹· 申弘湜	方承玉	李樂圭·李商圭	李東烈
1974	孫慶植→孫慶植 ·李丙祚	李樂圭·張洵熹 ·申弘湜→申弘湜 →申弘湜·金英大	方承玉→金英姬	李樂圭·李商圭	李東烈
1975	孫慶植·李丙祚	申弘湜·金英大	金英姬→方承玉	李樂圭·李商圭	李東烈
1976	孫慶植·李丙祚	申弘湜·金英大 →申弘湜	方承玉	李樂圭·李商圭	李東烈
1977	孫慶植·李丙祚 →泰映鑛業㈜	申弘湜	方承玉	李樂圭·李商圭	李東烈
1978	泰映鑛業㈜	申弘湜	方承玉	李樂圭·李商圭	李東烈
1979	泰映鑛業㈜	申弘湜	方承玉→千侊旭 →朴大遠·千侊旭	李樂圭·李商圭	李東烈

등록번호	24326 원풍탄광	24560 성림탄광	25309(58971) 심원탄광	30097 덕수(경원)탄광	33040 한보(우성)탄광
1980	泰映鑛業(주)	申弘湜→柳根洪·申弘湜	朴大遠·千侊旭	李樂圭·李商圭→李鍾德	李東烈
1981	泰映鑛業(주)	柳根洪·申弘湜	朴大遠·千侊旭	李鍾德	李東烈
1982	泰映鑛業(주)	柳根洪·申弘湜	朴大遠·千侊旭	李鍾德	李東烈
1983	泰映鑛業(주)→泰雄工業(주)	柳根洪·申弘湜→柳根洪→柳根洪·申弘湜	朴大遠·千侊旭→千侊旭	李鍾德	李東烈
1984	泰雄工業(주)	柳根洪·申弘湜	千侊旭→임철수 ▶임철수(등록번호 58971)→조기행	李鍾德	李東烈
1985	泰雄工業(주)	柳根洪·申弘湜→新盛産業·柳根洪·申弘湜	조기행→한정자	李鍾德	李東烈→李炫
1986	泰雄工業(주)	新盛産業·柳根洪·申弘湜	한정자	李鍾德	李炫→泰雄工業(주)
1987	泰雄工業(주)	新盛産業·柳根洪·申弘湜	한정자	李鍾德→李鍾斗·全京杓	泰雄工業(주)
1988	泰雄工業(주)	新盛産業·柳根洪·申弘湜→申弘湜	한정자	李鍾斗·全京杓→(공동대표)李鍾斗·全京杓→李鍾斗	泰雄工業(주)
1989	泰雄工業(주)	申弘湜→김종식·申鉉珠	한정자	李鍾斗→전문표→崔載榮→崔載榮·김재열·신재경	泰雄工業(주)→朴鍾武
1990		김종식·申鉉珠	한정자	崔載榮·김재열·신재경→崔載榮·강태석·김재열·신재경→崔載榮·김재열·신재경→崔載榮	朴鍾武
1991		김종식·申鉉珠→김종식	한정자	崔載榮	朴鍾武
1992		김종식	한정자→김태헌→김태헌·박용헌		
1993			김태헌·박용헌→김태헌		

주: 공동 광업권자의 경우 첫 번째 기록된 인물이 대표자; 화살표는 광업권의 변동을 의미함; 등호(=)는 회사의 명칭 변경을 의미함

자료: 광업원부(광업등록사무소)

사진 34. 태웅공업(주) 김영생·김상봉 사장
(자료: 대한석탄협회, 1988, 『탄협사십년사』, 임원 사진 화보; 김상봉, 2010, 『광업인생 50년』, 가산출판사)

공동 광업권자는 대개 믿고 의지할 수 있는 친인척이나 오랫동안 가까운 곳에서 지켜본 신뢰할 만한 지인을 중심으로 구성되는 폐쇄성을 특징으로 한다. 아마도 신홍식 일가친척의 신성산업, 이낙규 일가의 덕수탄광, 그리고 소장수를 하던 부친 슬하에서 힘들게 어린 시절을 보낸 김영생·김상봉 형제의 태웅공업(사진 34)은 그 대표적인 사례라 할 것이다.

성림탄광은 1953년 광업권 취득 이후 별다른 성과를 올리지 못하고 있다가 1973년에 장순희, 이낙규 두 명과 함께 공동 개발에 나섰던 신홍식이 이듬해 인수한 광구로서, 이곳과 신성산업의 여러 조광구에서 확보한 원탄 일부는 계열 업체인 대천의 동보연탄과 대전의 합동연탄에 공급되었던 것으로 보인다. 1976년 2월 24일에 대덕군 회덕면 신대리에 설립되었다가 뒤에 시내로 이전된 합동연탄공업주식회사(合同煉炭工業株式會社)는 안봉기를 대표이사로, 송달헌, 송재건, 안호, 안이진 등을 이사로 전면 배치한 자본금 2,500만 원 상당의 연탄 제조업체로서, 7월 31일을 기해 신홍식이 대표이사에 오르면서 자본총액은 2,500만 원에서 6,500만 원으로 상승하고 계속해서 1977년에는 1억 3,000만 원, 1979년에는 2억 6,000만 원으로 증가한다. 친인척인 신병철, 신원식, 신동휘, 신영찬, 유근홍 등이 이사, 감사, 대표이사의 요

표 13. 성주리 민영 탄광 광업권의 변동(II)

등록 번호	25450 영보탄광	25451 영보탄광	30411 삼풍탄광	24559 청곡탄광
1953				李弼龍→朱極南
1954				朱極南
1955	李弼龍	李弼龍		朱極南→吳荊玉
1956	李弼龍	李弼龍		吳荊玉
1957	李弼龍	李弼龍		吳荊玉
1958	李弼龍	李弼龍		吳荊玉→盧鍾淑
1959	李弼龍	李弼龍		盧鍾淑→金善孝·盧鍾淑 →姜在熙·盧鍾淑 ·金善孝
1960	李弼龍	李弼龍		姜在熙·盧鍾淑·金善孝
1961	李弼龍→金東仁· 金世煥	李弼龍→金東仁· 金世煥	白南珍→李迥柱	姜在熙·盧鍾淑·金善孝
1962	金東仁·金世煥 →金世煥	金東仁·金世煥 →金世煥	李迥柱	姜在熙·盧鍾淑·金善孝 →姜在熙·金善孝 →姜在熙
1963	金世煥→金東仁·金英 →金東仁·金英·李利 杰	金世煥→金東仁·金英 →金東仁·金英·李利杰	李迥柱	姜在熙
1964	金東仁·金英·李利杰 →大京煉炭㈜	金東仁·金英·李利杰 →大京煉炭㈜	李迥柱	姜在熙
1965	大京煉炭㈜	大京煉炭㈜	李迥柱→方承玉	姜在熙
1966	大京煉炭㈜	大京煉炭㈜	方承玉	姜在熙
1967	大京煉炭㈜→鄭在文 →李弼龍	大京煉炭㈜→鄭在文 →李弼龍	方承玉→方承玉·辛錡兌	姜在熙
1968	李弼龍	李弼龍	方承玉·辛錡兌	姜在熙
1969	李弼龍	李弼龍	方承玉·辛錡兌	姜在熙
1970	李弼龍	李弼龍	方承玉·辛錡兌→方承玉	姜在熙
1971	李弼龍	李弼龍	方承玉	姜在熙→金順松·姜寶 賢·姜鶴姬·姜惠晶·姜 美卿·姜希珍·姜亨信
1972	李弼龍	李弼龍	方承玉	金順松·姜寶賢·姜鶴 姬·姜惠晶·姜美卿·姜 希珍·姜亨信→金順松· 姜亨信
1973	李弼龍	李弼龍	方承玉	金順松·姜亨信
1974	李弼龍	李弼龍	方承玉	金順松·姜亨信

등록 번호	25450 영보탄광	25451 영보탄광	30411 삼풍탄광	24559 청곡탄광
1975	李弼龍	李弼龍	方承玉→申弘湜·金英大	金順松·姜亨信
1976	李弼龍	李弼龍	申弘湜·金英大→申弘湜	金順松·姜亨信
1977	李弼龍	李弼龍	申弘湜→申元湜·申弘湜·申東憲	金順松·姜亨信→李樂圭
1978	李弼龍	李弼龍	申元湜·申弘湜·申東憲	李樂圭
1979	李弼龍	李弼龍	申元湜·申弘湜·申東憲	李樂圭
1980	李弼龍→三友實業㈜=聖住鑛業㈜	李弼龍→三友實業㈜=聖住鑛業㈜	申元湜·申弘湜·申東憲	李樂圭→李鍾德
1981	聖住鑛業㈜	聖住鑛業㈜	申元湜·申弘湜·申東憲	李鍾德
1982	聖住鑛業㈜	聖住鑛業㈜	申元湜·申弘湜·申東憲	李鍾德
1983	聖住鑛業㈜	聖住鑛業㈜	申元湜·申弘湜·申東憲	李鍾德
1984	聖住鑛業㈜	聖住鑛業㈜	申元湜·申弘湜·申東憲	李鍾德
1985	聖住鑛業㈜	聖住鑛業㈜	申元湜·申弘湜·申東憲	李鍾德
1986	聖住鑛業㈜	聖住鑛業㈜	申元湜·申弘湜·申東憲	李鍾德
1987	聖住鑛業㈜	聖住鑛業㈜	申元湜·申弘湜·申東憲	李鍾德
1988	聖住鑛業㈜	聖住鑛業㈜	申元湜·申弘湜·申東憲→申元湜·申弘湜	李鍾德
1989	聖住鑛業㈜	聖住鑛業㈜	申元湜·申弘湜→申元湜→申鉉珠	李鍾德
1990			申鉉珠	李鍾德
1991			申鉉珠	李鍾德
1992				李鍾德→박윤근

주: 공동 광업권자의 경우 첫 번째 기록된 인물이 대표자; 화살표는 광업권의 변동을 의미함; 등호(=)는 회사의 명칭 변경을 의미함

자료: 광업원부(광업등록사무소)

직을 차지한 이래로 에너지 고급화 추세에 따라 ㈜충남가스의 설립을 겨냥해 1985년 11월 18일 전원 사임할 때까지 일가 경영은 계속된다.31) 이처럼 산지인 성주리 일대의 탄광은 소비지의 연탄 공장과 긴밀하게 연결되었으

---

31) 서울북부지방법원 동대문등기소 발행 '합동연탄공업' 폐쇄등기부등본

며, 자본력을 갖춘 경영자라면 그 점을 의식해 탄광과 연탄 공장을 계열화함
으로써 높은 수익을 창출하고자 하였다.

성주리에 광구 일부가 걸쳐 있는 영보, 삼풍, 청곡 등의 민영 탄광 역시 광
업권은 수시로 이전되었다. 이 가운데 1961년에 광업권이 설정된 삼풍탄광
은 1960년대 중반에서 1970년대 중반까지 홍성 출신으로서 성주탄좌개발의
최인환과 인척 관계인 방승옥이 운영하다가 광업권을 신홍식 일가에게 매도
하였고, 세 탄광 가운데 가장 이른 1953년에 등록을 마친 청곡탄광의 광업권
은 1977년에 이낙규에게 증여의 형식으로 이전된 뒤 주로 그의 친자인 이종
덕이 관리·운영하였다. 광업권의 변동이 빈번했던 삼풍 및 청곡탄광과 달리
영보탄광의 경우 1950년대 중반부터 보령을 대표하는 탄광업자로 활동해 온
이필용과 그 일가가 경영 일선을 지켜왔다는 점이 주목된다. 사실 청곡탄광
과 앞서 살펴본 성림탄광 또한 광업권 출원은 이필용에 의해 이루어졌다. 어
떤 이유에서인지 그는 이들 탄광의 광업권을 설정한 직후 다른 사람에게 넘
기고 있는데, 아마도 수익을 보장해 줄 것으로 기대되는 유망 탄광에 집중하
기로 결심한 듯하다. 영보탄광은 1971년에 대
방·대풍·삼보 등 3개 탄광이 통합된 동보탄광
의 후신으로서 '영보'란 이름은 1977년부터 사용
되기 시작하였다(대한석탄협회, 1988, p.498). 영보
탄광의 광업권은 오랫동안 이필용 개인 명의로
유지되다가 표 13에 보이는 삼우실업주식회사
(三友實業株式會社)와 사명 변경에 의한 성주광업
주식회사(聖住鑛業株式會社)로 이전되는데, 이들
회사는 이필용과 그의 장남인 이봉주(1949~)가
설립한 법인으로서 실질적으로 소유 구조에는

사진 35. 영보산업(주) 이봉주 사장
(자료: 대한석탄협회, 1988, 탄협사십년사,
임원 사진 화보)

큰 변동이 없었다. 정부의 에너지 정책과
석탄 수요의 변동에 취약한 광업의 특성
상 비대해진 탄광을 효과적으로 운영하
고 재정적으로도 안정을 기하기 위해 체
제를 개인에서 단체로 바꿀 필요가 있었
을 것이다.

이필용의 2세 가운데 근면하고 사업 수
완도 남달랐던 이봉주는 별도로 1977년
10월에 영보탄광에서 채굴된 원탄을 민
수용 연탄으로 제조, 가공, 판매할 목적
으로 자본총액 8,000만 원 상당의 영보연
탄주식회사(映甫煉炭株式會社)를 청라면 의
평리 238번지에 설립한다(사진 35; 36). 이
곳은 보령과 청양을 잇는 국도에서 남쪽
으로 영보탄광을 향해 올라가는 진입로
부근으로서 성주산 북사면 기슭에 해당
한다.

대표이사로서 그는 영보탄광의 핵심

사진 36. 영보연탄 공장

인물인 손승식을 비롯해 김치재와 김두성 같은 대천의 유지와 이영식 등 일
가친척을 이사로 기용해 회사를 이끌면서 탄광과 연탄 공장의 연계를 도모
하였다. 1978년 4월 6일의 주주총회에서는 서울시 성북구 석관동에 지점을
설립하기로 결정될 만큼32) 전성기의 영보연탄은 활동 범위가 상당히 넓었

---

32) 회사는 1978년 8월 10일에 상호를 영보산업주식회사(映甫産業株式會社)로 바꾸어 사업 영
역을 연탄뿐만 아니라 플라스틱 제품, 부동산, 무역업 등으로 확장하고 자본 규모도 2억 원으로

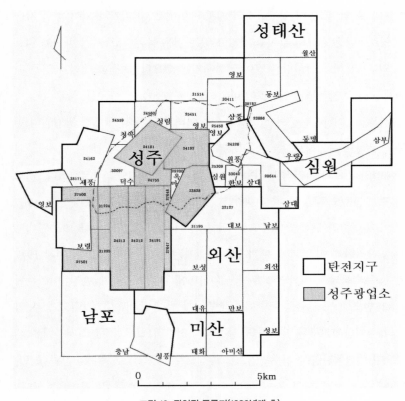

그림 19. 광업권 등록지(1980년대 초)

광업권 등록번호 23828, 24182, 24191, 24192, 24212, 24213, 24755, 27500, 27501은 과거 장순희 소유의 광구로서 성주탄좌개발(주), 대한탄광(주), 대한석탄공사로 순차 이전된다. 군·면·리의 행정 구역선 안쪽은 성주리에 해당한다.

증액하는 등 성장세를 보이기도 했다. 대표이사 이봉주는 1982년 10월 29일에 사임하고 손승식이 직무를 이어받는다. 이봉주는 그해 12월 23일 이사직까지 사임한다. 1983년 4월 26일에 사임한 손승식을 이어 대표이사 자리에 오른 김두성은 5월 2일에 본점을 대천읍 대천리로 111번지의 2로 이전하여 연탄제조 영업을 계속하였다(서울북부지방법원 동대문등기소 발행 '영보산업' 폐쇄등기부등본). 영보연탄 공장은 원풍탄광에서 관리직으로 근무한 경험을 가진 경북 문경 출신의 김용섭에게 2001년 매각되었다. 이봉주는 1979년 12월 11일에 영보케미컬(주)을 설립하였고 1990년에는 영보화학주식회사로 상호를 변경하였는데, 가교발포 폴리올레핀 폼(polyolefin foam)을 전문적으로 제조하는 한국거래소 유가증권시장 상장 회사이다. 특수관계인으로서 11%의 사내 주식 지분을 가지고 있는 이봉주는 대표이사로 오랫동안 근무하고 동생인 이영식에게 자리를 물려준 뒤 지금은 사내이사로서 회장의 직위에 있다.

던 사실을 알 수 있다. 영보탄광의 폐광이 이미 오랜 과거가 되어 버린 지금도 영보연탄은 원래의 부지를 지키고 있는 것은 물론, 대표자가 바뀌고 원료를 외부로부터 조달한다는 점이 달라지기는 했으나, 여전히 대천과 인근 지역에 공급할 연탄을 생산하고 있다.

지금까지 대한석탄공사 성주광업소와 여러 민영 탄광에 대해 광업권의 변동을 중심으로 살펴보았는데, 성주리와 주변 지역에 걸쳐 있는 그들 광구의 구체적인 위치와 지리적 범위를 확인하기 위해 그림 19를 작성하였다. 지도에 표시된 광업권 등록지는 1980년대 초의 분포 상황을 보여 주지만, 1967년 이후 성주리에서 광업권이 신규로 설정된 일이 없었던 만큼 1960년대는 물론 합리화에 이은 폐광 때까지도 패턴에는 큰 변동이 없었다. 먼저 1947년 성주리 동남단 미산면과 부여군 외산면에 걸친 지점에 장순각·이석준이 23828번으로 등록한 성주리 최초의 광구가 눈에 들어온다. 그리고 동부 일각의 심원탄전지구를 제외하면 성주리는 전반적으로 성주탄전지구에 속해 있으며 대한석탄공사 성주광업소를 중심으로 삼풍, 영보, 원풍, 심원, 성림, 덕수, 옥마, 청곡, 한보, 세풍 등 다수의 군소 탄광으로 구성됨을 알 수 있다.

지역 내 최대 규모를 자랑하는 성주광업소는 성주리뿐만 아니라 그 남쪽에 잇닿아 있는 개화리 대부분도 사업 영역에 두고 있다. 성주리 대동갱과 개화리 대동사갱이 포함되어 가장 개발이 활발했던 24212번 광구 또한 두 지역에 걸쳐 남북으로 길게 펼쳐져 있다. 당시 성주지구의 확인·추정 매장량은 7,981만 톤, 가채량은 1,751만 톤이었고, 성주광업소의 매장량은 지구 전체의 80%인 6,402만 톤, 가채량은 65.5%인 1,147만 톤이었다. 그리고 이들 탄광에서 이루어지는 실제적인 채탄은 국영과 민영의 구별 없이 대부분 덕대의 힘을 빌리지 않을 수 없었으며 재하청도 관습적으로 이루어지고 있었다. 성주광업소의 공식 조광권자인 신성산업만 하더라도 채탄량의 90%는 사계약에 의한 재하청 조업의 결과라는 보도가 나올 정도였다.**33)** 탄광 운영의 실상을 보다 종합적으로 이해하려면 반드시 조광권에 대한 검토를 거쳐야 하는 이유이다.

대한석탄공사 성주광업소의 조광권은 신성산업이 거의 독점적으로 전담하였으므로 민영 탄광에 국한하여 보면, 정부 소유의 탄광에 비해 개인과 단체가 운영하는 탄광은 전반적으로 재정 상태가 건실하지 못하고 영세하기 때문에 단독 자본으로 직영한다는 것이 좀처럼 쉽지 않았다. 운영의 안정

표 14. 성주리 민영 탄광 조광권의 변동(I)

등록 번호	24326 원풍탄광	24560 성림탄광	30097 덕수(경원)탄광	33040 한보(우성)탄광
1973				李東烈: 韓春萬(3)
1978				李東烈: 韓春萬(3) 소멸
1982	泰映鑛業㈜: 申興燮(680)		李鍾德: 盧承采·姜泰錫→姜泰錫·盧承采(638); 李建永·李寅雨·金景泰·權寧建(639); 金贊元·申千植·尹明求·李秉洙(640); 朴鍾武·李承奎·朴性協·李光葉(641)	
1983		柳根洪: 趙泰行(957); 趙京衡·黃成鎭(964)		
1984		柳根洪·申弘湜: 趙京衡·黃成鎭→黃成鎭(964)	李鍾德: 李建永·李寅雨·金景泰·權寧建→李建永·金景泰(639); 姜泰錫·盧承采(638) 소멸; 金贊元·申千植·尹明求·李秉洙(640) 소멸; 朴鍾武·李承奎·朴性協·李光葉→朴性協·朴鍾武·李承奎·李光葉(641) 소멸	
1985	泰雄工業㈜: 申興燮(680) 소멸; 李春雨(1379)		李鍾德: 李建永·金景泰→李建永(639); 朴鍾武·姜泰錫(1282); 金贊元·朴性協·尹英善·李元彬·金榮口(1283)	李炫: 황규환·李厚命→李厚命·황규환(1369)

---

33) 『매일경제신문』, 1981년 11월 7일자, 7면

등록번호	24326 원풍탄광	24560 성림탄광	30097 덕수(경원)탄광	33040 한보(우성)탄광
1986				**李炫**: 李厚命·황규환→황규환(1369)
1987			**李鍾斗·全京杓**: 李建永(639) 소멸	
1988			**李鍾斗·全京杓**: 김종성·성명제·김재현·이무신→이무신·성명제·김재현(1741)	
1989	**泰雄工業㈜** 소멸	**김종식·申鉉珠**: 趙泰行(957) 소멸; 黃成鎭(964) 소멸	**李鍾斗**: 金贊元·朴性協·尹英善·李元彬·金榮口→金贊元·朴性協(1283) **전문표**: 金贊元·朴性協(1283) 소멸 **崔載榮**: 朴鍾武·姜泰錫(1282) 소멸; 이무신·성명제·김재현→김재현·이무신·성명제(1741)	**朴鍾武**: 황규환(1369) 소멸
1990	**李春雨**(1379) 소멸		**崔載榮·강태석·김재열·신재경**: 김재현·이무신·성명제(1741) 소멸	

주: 굵은 글씨는 광업권자; 괄호 안의 번호는 조광권 등록번호; 화살표는 조광권의 변동; 공동 광업권자 또는 공동 조광권자의 경우 첫 번째 기록된 인물이 공동대표자

자료: 조광권원부(광업등록사무소)

을 기하기 위해 민영 광업주들은 대한석탄공사의 예에 따라 조광제를 활용하였는데, 표 14를 보면 공동 조광권자가 주류를 이루었으며 한보탄광 같이 비교적 이른 1973년에 조광권을 설정한 사례가 있기는 하지만 대체로 1982년 이후가 되어서야 비로소 조광제가 활성화되고 있음을 감지하게 된다. 원풍, 성림, 덕수, 한보 등 이미 1950~1960년대에 등록을 마친 탄광들의 공식적인 조광은 20~30년이 지난 시점에 시도되기 시작하였던 것이다. 그렇다고 그전까지 조광이 시행되지 않았던 것은 아니며, 광업권자와의 사계약을 통해 채광에 나서는 이른바 '덕대 개발'이 암묵적으로 이어지고 있었다. 그러나 이는 동일 광업권에 복수의 조광권 설정을 인정하지 않았던 「광업법(1977.12.16)」에 배치되는 관행이었다. 하청에 의한 채광이 명백하게 현행법을

위반하고 있다는 사실을 알면서도 관계 기관은 자원 개발을 이유로 묵과하였고, 이 상황에서 피해는 아무런 법적 보호를 받을 수 없었던 덕대에게 고스란히 돌아가게 마련이었다. 「광업법시행령(1978.7.1)」도 "임의로 조광권을 설정할 경우에 그 조광료율, 지불 시기, 방법 등은 당사자 간의 계약에 의한다."라고 명시하여 법령은 광업권자에게 유리하게 해석되었다.

1982년부터 조광권의 발급이 활발해진 배경에는 정부의 소위 '덕대 양성화' 시책과 이를 뒷받침하기 위한 법령의 개정이 있었다. 정부는 탄광 운영의 잠재적 문제점으로 인식된 덕대 개발을 합법화할 목적으로, 한 개 광구에 한 개 조광만을 인정하던 법안을 바꾸어 다조광(多租鑛) 설정이 가능하도록 길을 열었던 것이다. 동일한 광업권에 둘 이상의 조광권을 설정할 수 없도록 규정한 「광업법(1981.7.30)」의 '조광권의 설정' 조항은 여전히 유효하였으나, 여기에 "대통령령이 정하는 특정광상에 대하여는 그러하지 아니하다."라는 단서 조항이 추가되면서 덕대의 합법화가 가능했다. 「광업법시행령(1981.8.20)」에 따라 석탄은 "대통령령이 정하는 광종"에 포함되어 최소 면적 30ha의 조광구(租鑛區)를 최대 7곳까지 설정할 수 있게 된 것은 물론, 조광료율 또한 조광구에서 생산된 생산액의 5%를 초과할 수 없도록 크게 완화되었다(국가법령정보센터 「광업법」, 「광업법시행령」 참조).

원풍, 성림, 덕수, 한보탄광의 예와 마찬가지로 영보, 삼풍, 청곡 등의 탄광에서 조광권 설정이 활발해진 것도 1982년 이후의 일이다(표 15). 그러나 조광제가 안정적으로 운영되었다고 기대하기는 어려울 것 같은데, 민간 자본의 취약성으로 인해 공동 조광의 형식을 취한다거나 조광권 변동이 잦았던 사실이 그 점을 대신 말해 준다. 사실 「광업법」 개정은 덕대에게 법인의 자격을 부여함으로써 양성화를 도모하자는 취지로 추진되었으나, 현실적으로 조광권을 등록하면 독자경영에 따라 종전에 광업권자가 책임져야 했던

표 15. 성주리 민영 탄광 조광권의 변동(II)

등록 번호	25450 영보탄광	25451 영보탄광	30411 삼풍탄광	24559 청곡탄광
1982		**聖住鑛業㈜**: 趙成玉(611); 趙成玉(612); 朴大遠·金龍鎬→朴大遠(703); 鄭聖薰·李海俊·李世雨·趙源生·盧載成·金贊培(721); 鄭聖薰·全完根·李丙直·金文翼·李南圭·李常雨(750)	**申元湜·申弘湜·申東憲**: 朴義培(675)	**李鍾德**: 安豊遠(847)
1983	**聖住鑛業㈜**: 金相健·咸岱雲(940)	**聖住鑛業㈜**: 趙成玉→趙成玉·李吉準·崔判仙→趙成玉·李吉準→李吉準(611); 鄭聖薰·全完根·李丙直·金文翼·李南圭·李常雨→鄭聖薰·全完根·李丙直·李南圭(750); 金相健·咸岱雲(939)	**申元湜·申弘湜·申東憲**: 金容錫·趙京衡(963)	
1984		**聖住鑛業㈜**: 朴大遠(703) 소멸; 鄭聖薰·李海俊·李世雨·趙源生·盧載成·金贊培→趙源生·盧載成·金贊培(721)	**申元湜·申弘湜·申東憲**: 朴義培(675) 소멸	
1985		**聖住鑛業㈜**: 鄭聖薰·全完根·李丙直·李南圭→李南圭·李丙直(750)		**李鍾德**: 安豊遠(847) 소멸
1986		**聖住鑛業㈜**: 李吉準(611) 소멸; 李南圭·李丙直→李南圭(750)	**申元湜·申弘湜·申東憲**: 金容錫·趙京衡(963) 소멸; 趙京衡·金容錫·박우신(1542)	
1987		**聖住鑛業㈜**: 李吉準·박연식(1691)		
1988		**聖住鑛業㈜**: 趙源生·盧載成·金贊培→趙源生·金贊培(721); 李吉準·박연식→박연식(1691)	**申元湜·申弘湜**: 조규찬·鄭和薰(1759)	**李鍾德**: 박윤근·홍순천(1808)
1989	**聖住鑛業㈜** 소멸	**聖住鑛業㈜**: 趙成玉(612) 소멸; 趙源生·金贊培→趙源生(721) 소멸; 李南圭(750) 소멸		**李鍾德**: 박윤근·홍순천→박윤근(1808)
1990	金相健·咸岱雲(940) 소멸	金相健·咸岱雲(939) 소멸	**申鉉珠**: 趙京衡·金容錫·박우신→趙京衡·박우신(1542) 소멸	
1991		박연식(1691) 소멸	**申鉉珠** 소멸	
1992				**박윤근** 소멸 박윤근(1808) 소멸
1993			조규찬·鄭和薰(1759) 소멸	

주: 굵은 글씨는 광업권자; 괄호안의 번호는 조광권 등록번호; 화살표는 조광권의 변동; 공동 광업권자 또는 공동 조광권자의 경우 첫 번째 기록된 인물이 공동대표자

자료: 조광권원부(광업등록사무소)

사항들, 즉 보안설비를 강화하고 산재보험에 가입해야 하며 광부의 퇴직금을 적립해야 하는 등의 의무도 동시에 발생하였다.[34] 따라서 영세한 덕대들은 연탄에 대한 수요가 줄거나 요구되는 기준 열량이 상향 조정되는 악재가 겹치면 노임 체불과 조업 단축의 경영난에 직면하고 심지어 조광권을 조기에 포기하는 처지에 놓이기도 하였다. 개정 「광업법」은 경제성이 없다고 판정된 탄층과 광업권자가 외면한 광구도 알뜰하게 개발함으로써 부존자원의 확충에 크게 기여했으며 판매권이 없어 광업권자의 횡포에 예속되어 온 덕대들의 지위를 개선한 측면이 분명 있다. 하지만 자금력이 미약한 영세 조광권자가 난립함으로써, 채탄 및 선탄의 기계화를 도모하고 탄광의 대형화를 계획하는 선진화 추세에 역행하는 부작용도 없지 않았다.[35] 영세 탄광에서 생산되는 저열량의 석탄에 대한 수요처가 불분명한 상황에서는 조광권자의 변동 또한 잦을 수밖에 없었다. 표 15에서 보는 것처럼 영보탄광(25451)의 경우 민영 탄광으로서는 비교적 규모가 컸기 때문에 설정된 조광권도 많았을 뿐 아니라 권리의 이전도 잦았다.

3. 탄광촌의 형성과 변화

산간 오지에 형성된 취락, 즉 산촌(山村)은 일부 예외는 있으나 대체로 규모가 작고 여기저기 분산되어 존재하며 초기에는 화전에 의거해 생활을 영위한다. 폐쇄적이고 준독립적이며 안정성을 특징으로 하는데 그만큼 변화가 더디다고 볼 수 있다. 그 점을 감안할 때 폐사지에 들어선 조선시대 성주리

---

34) 『매일경제신문』, 1981년 8월 20일자, 8면
35) 『매일경제신문』, 1982년 6월 15일자, 7면; 1982년 11월 5일자, 7면

취락의 잔상은 1914년에 측량, 제작된 1:1,200 지적원도를 통해 대략적인 윤곽을 그려볼 수 있을 것 같다(그림 20). 복원된 지적도에서 검은 실선으로 표시된 지역 내 중심도로는 계곡의 제약을 받으며 성주천 좌안과 우안을 오가는데, 예를 들어 삼거리에서 성주초등학교가 위치한 양지뜸까지의 구간이나 성주8리에서 개화리로 내려가는 구간처럼 산각이 성주천까지 내려온 지점에서는 개울 건너 반대편으로 노선이 형성되어 있다. 상류 방면 끊어진 도로는 아마도 돌다리로 연결되었을 것이며 그보다 아래쪽 단절부는 보 또는 다양한 형태의 가교가 이어 주었을 것으로 판단된다. 흥미롭게도 지목이 밭으로 구분되어 있는 성주사지 인근의 경우 도로가 지금처럼 성주천 변을 따르는 것이 아니라 절터 중간을 횡단하고 있다.

지도에서 성주리는 심원, 백운사, 양지뜸, 벌뜸, 중간뜸에 55필지의 대지가 분산된 전형적인 소촌(疏村)으로 나타나며 논 60필지와 밭 138필지가 경제적 원천이었음을 추측할 수 있다. 전 산업시대부터 이어 온 지역 특화 업종인 오석과 사금 채취를 제외하면 주민들은 대체로 농업에 종사하였고, 일조량이 적어 벼 이삭이 잘 여물지 않았다는 현지인의 증언으로 미루어 농사는 밭작물 위주였을 것이다. 아울러 참나무 숯을 구워 과거에 목장리(木場里)로 불린 대천 동대리(東垈里) 나무 장터에서 판매하거나 해안의 염밭으로 땔감을 짊어지고 가 소금과 교환하는 것을 업으로 삼는 주민도 많았다고 한다.[36]

일제강점 초기의 지적도를 분석하여 추측할 수 있듯이 성주리 주민은 임산 자원을 부업의 원천으로 이용하면서 주로 농사를 지었을 것이다. 논과 밭에 의지해 자급자족을 지향하더라도 자체적으로 구비된 자원이 부족한 터라 외

---

36) 제보: 복봉수(1941년생, 성주면 성주5리 183-4), 복민수(1954년생, 성주면 성주6리 200-1)

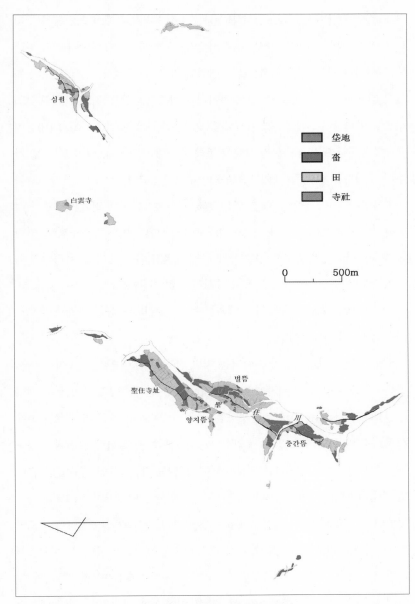

심원

白雲寺

坐地
畓
田
寺社

0   500m

聖住寺址

별뜸

양지뜸

聖住川

중간뜸

그림 20. 성주리 지적도(1919)

부 의존도가 낮지 않았다고 사료되는데, 『조선지지자료』에서 확인한 성주리의 상업 및 서비스 관련 설비는 성주리주막(聖住里酒幕)이 유일하여 물자 거래를 위해서는 지역 바깥의 시장을 왕래하지 않을 수 없었다. 전국에 걸쳐 통계가 체계적으로 수합된 일제강점기이지만 성주리 같은 소지역 단위의 산업 구조를 파악할 수 있는 적절한 자료를 찾기는 어려워 아쉬운 대로 1930년의 국세조사에서 드러난 미산면 상황을 통해 유추해 보았는데, 면민 9,278명 가운데 무직자(5,691명)를 제외하면 농업인구가 2,727명으로 최대인 29.4%를 차지하였다. 이어 공업 7.3%, 상업 0.8%, 기타 0.7%, 공무원 0.3%, 가사 사용 0.2%, 교통 0.01% 등의 순으로 비중이 높게 나타났다. 유직자 3,587명만을 고려한다면 농업인구는 그 가운데 무려 76%가 되는 셈이다. 우리의 관심사인 광업은 분류 항목에는 있으나 종사자는 없었다(朝鮮總督府, 1932, pp.3, 54-55). 미산면에 속한 성주리 역시 예외는 될 수 없어 오랫동안 산지 농촌으로 존속했으리라 판단된다.

해방 정국과 한국전쟁의 혼란기를 지나 사회가 점차 안정을 찾아 가면서 민족중흥을 위한 경제 개발에 박차를 가하고, 이를 뒷받침할 요량으로 에너지원의 확보가 국가 주도로 진행되었다. 경제 부흥이라는 시대의 흐름 속에서 성주리의 산업 구조가 어떤 양상으로 변화되는지 알아보기 위해 보령군 『통계연보』에 수록된 1963년의 상황을 분석하였는데, 미산면 인구 1만 3,743명 가운데 농업은 1만 116명으로 73.6%, 광업은 1,795명으로 13.1%를 차지하였던 것으로 나타났다(보령군, 1963). 1930년에 비해 광업의 성장이 두드러진다. 이때도 리(里) 단위 통계가 집계되지 않아 성주리에 국한된 수치를 추출할 수 없으나, 보령군 조례에 의거하여 1970년 7월 27일에 성주리와 개화리를 관장하는 성주출장소가 설치되고 이어 1986년 3월 27일에 대통령령으로 출장소가 성주면으로 승격한 것은 분명 석탄산업의 호황에 따른 파급효과로 받아들여도 좋을 것 같다. 승격 당시 성주면 인구 7,900명 가운데 25.8%인 2,041명이 광업 종사자로 파악되었고, 1987년에는 역대 최고인 2,739명, 즉 면 인구의 34.8%가 광업에 종사한 것으로 나타났다.

그렇다면 과연 언제부터 산촌이었던 성주리가 탄광촌으로 탈바꿈하는지, 아니면 어느 시점부터 그런 변화의 계기가 마련되는지 묻지 않을 수 없다. 왜냐하면 시기의 문제는 지역 구조와 경관의 변동을 설명하고 궁극적으로 성주리의 지역 특성을 이해하는 중요한 단서가 되기 때문이다. 그러나 어디에도 탄광촌이 성립되었음을 말해 줄 만한 지표, 예를 들어 종사자 비율이나 부가가치 같은 판단 기준이 마련되어 있지 않아 전환 시점을 밝히는 것은 어려운 일이 아닐 수 없다. 그렇다고 유동인구가 많았던 성주리의 경우 주민에 대한 전수조사는 물론 직업 구성을 일관되게 보고한 자료가 조금이라도 남아 있는 것도 아니다. 리 단위 통계가 전무한 상황에서 어쩔 수 없이 성주리가 소속된 미산면(1986.3.27 이전)과 성주면(1986.3.27. 이후)의 탄광 취락화 추이를 확인하는 선에서 만족해야 했다. 이를 위해 필자는 임의로 통계연보에 보고된 미산면과 성주면의 가구당 평균 인구를 기초로 두 가구당 광업 종사자 1명, 1.5명, 2명일 경우를 상정해 '이론적' 광업인구율을 계산한 다음, 이를 통계연보상의 '실제' 광업인구율과 비교하는 간접적인 방법으로 성주리의 탄광촌으로의 진입 정도를 추정해 보았다. 실제 비율이 1.5명을 가정했을 때의 이론적인 비율보다 높으면 탄광촌의 특성이 '조금 강하다'고 보았고, 2명을 가정했을 때의 비율을 넘어서면 '강하다', 2명을 가정했을 때의 비율을 10% 이상 상회하면 '매우 강하다'로 판정하였다(표 16).

분석 결과 1960년대 초에 이미 탄광촌의 특성이 나타나고 있으며 1970년대의 경우 자료가 미비해 구체적인 수치로 확인할 길은 없지만 산업화와 도시화가 본격적으로 이루어진 시대적 정황으로 미루어 탄광 취락의 특성은

표 16. 미산면과 성주면의 탄광촌 특성

연도	면	인구(명)	광업 종사자(명)	광업 인구율(%)	가구당 인구(명)	2가구당 광업 종사자 비율 1명~1.5명~2명(%)	판별
1963	미산	13,743	1,795	13.1	6	8.3~12.5~16.6	+
1970s		n.a.	n.a.	n.a.	n.a.	n.a.	?
1982		17,208	3,664	21.3	4.9	10.2~15.3~20.4	++
1983		15,937	3,396	21.3	4.9	10.2~15.3~20.4	++
1984		14,562	3,233	22.2	4.7	10.6~16.0~21.3	++
1985		14,630	3,044	20.8	4.6	10.9~16.3~21.7	+
1986	旧미산	14,439	3,061	21.2	4.45	11.2~16.9~22.5	+
	성주	7,900	2,041	25.8	4.5	11.1~16.7~22.2	++
1987	旧미산	14,157	3,816	27.0	4.35	11.5~17.3~23.0	++
	성주	7,877	2,739	34.8	4.4	11.4~17.1~22.8	+++
1988	旧미산	14,060	3,632	25.8	4.4	11.4~17.1~22.8	++
	성주	7,826	2,592	33.1	4.5	11.1~16.7~22.2	+++
1989	旧미산	13,011	2,563	19.7	4.3	11.6~17.5~23.3	+
	성주	7,137	2,340	32.8	4.3	11.6~17.5~23.3	++
1990	旧미산	12,845	1,083	8.4	4.45	11.2~16.9~22.5	−
	성주	6,692	702	10.5	4.5	11.1~16.7~22.2	−
1991	旧미산	12,655	679	5.4	4.45	11.2~16.9~22.5	−
	성주	6,552	268	10.5	4.5	11.1~16.7~22.2	−
1992	旧미산	10,598	69	0.65	3.85	13.0~19.5~26.0	−−
	성주	5,214	46	0.9	3.9	12.8~19.2~25.6	−−
1993	旧미산	9,823	66	0.67	3.7	13.5~20.3~27.0	−−
	성주	4,899	42	0.9	3.8	13.2~19.8~26.3	−−
1994	旧미산	8,844	0	0	3.45	14.5~21.8~29.0	×
	성주	4,600	0	0	3.6	13.9~20.9~27.8	×

주: + 조금 강함, ++ 강함, +++ 매우 강함; − 약함, −− 극미; × 소멸
자료: 보령군 통계연보 각 연도

한층 심화되었을 것으로 보인다. 1965년부터 1980년까지 성주리에 전체 또는 일부 광구를 두고 있는 대한석탄공사 성주광업소와 신성산업을 비롯해 대보, 대천, 덕수, 동보, 보성, 삼풍, 성림, 성주, 세풍, 심원, 영보, 옥마, 원풍, 한보 등 성주리와 인접 지역에 광구를 두고 있는 14개 탄광의 석탄 생산량 추이에서도 그 점을 확인하게 된다.**37)** 1965년의 생산량 20만 8,500톤

을 기준으로 시기별 지수의 변화를 보면, 1965년 100, 1966년 160.3, 1967년 235, 1968년 176, 1969년 185.6, 1970년 262.8, 1971년 360.3, 1972년 338.3, 1973년 168.4, 1974년 264.5, 1975년 340.3, 1976년 415.4, 1977년 440.8, 1978년 456.1, 1979년 497.7, 1980년 490.9 등으로 다소의 등락은 있지만 1970년대는 전반적으로 증가 경향이 우세함을 알 수 있다. 그리고 표 16에 제시된 통계가 잘 반영하듯 1980년대 들어서면 거의 모든 가구가 탄광에 관여할 정도로 변화가 두드러진다. 탄광 취락의 특성이 '강함' 또는 '매우 강함'으로 나타나고 있다. 그러나 그것도 잠시 폐광이 가시화되는 1989년을 기해 면 전체적으로 탄광은 쇠락의 기미를 보이며, 급기야 1993년 12월 31일에 내려진 폐광구 2,562ha에 대한 광업권 취소 처분을 끝으로 사무직, 기술직, 생산노무직을 구성원으로 하는 탄광촌의 잔적은 완전히 소멸된다.

성주면이 탄광 취락으로 성장하여 생의 주기를 마칠 때까지의 전 과정은 면사무소 소재지이자 지역 내 최대인 대한석탄공사 성주광업소가 자리했던 성주리의 탄광촌 역사를 그대로 재현한다. 바꾸어 말하면 성주리는 성주면 석탄광업사의 축소판이었다고 하겠다. 이제 관심은 자연스럽게 성주리에 분포한 탄광촌의 실체로 쏠리는데, 앞의 그림 19에서 광업권 등록지를 보여 주긴 했지만 그것이 곧 가채 광산을 의미하는 것이 아닌 만큼 탄광촌의 소재를 확인하기 위해서는 개발되어 실제로 운영 중인 광구(鑛區)와 갱(坑)의 위치를 정확히 파악할 필요가 있다. 그림 21은 지세가 뚜렷하게 묘사된 1:5,000 지형도에서 확인한 탄광의 분포도로서 석탄 경기가 활발했던 1980년대 후반의

---

37) 1965년부터 1980년까지의 석탄 생산량은 다음과 같다. 단위는 천 톤. 1965년 208.5, 1966년 334.2, 1967년 490, 1968년 367, 1969년 386.9, 1970년 547.96, 1971년 751.2, 1972년 705.4, 1973년 351.2, 1974년 551.4, 1975년 709.6, 1976년 866.1, 1977년 919, 1978년 950.9, 1979년 1,037.7, 1980년 1,023.5 (보령군 통계연보 각 연도).

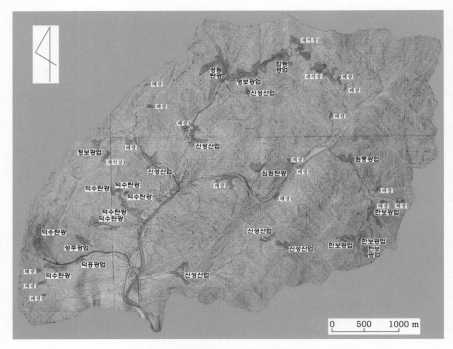

그림 21. 탄광 분포(1986년 말)

지역 전체적으로 신성산업개발의 조광구가 넓게 분포하고 있다. 민영 탄광인 덕수, 영보, 성림, 합동, 심원, 원풍, 한보 등의 탄광도 보인다. 합동광업은 1982년에 조성옥·이길준·최판선이 영보탄광으로부터 공동으로 조광권(조광번호 611)을 설정해 1986년 12월까지 운영하였다.

상황을 비교적 정확히 복원해 담고 있다. 원본 지도에 오류가 발견되어 일부 탄광의 위치는 현지 답사에서 확인한 사실에 기초하여 조정하였다.

　분포도가 보여 주는 것처럼 폐광과 채석장을 제외하더라도 탄광은 연속성이 탁월한 먹방 안쪽을 비롯해 성주리 거의 전역에 흩어져 있으며, 특히 유력 사업체인 신성산업의 조광구(租鑛區)는 도처에서 확인될 정도이다. 민영 탄광의 광구는 지도 상에서 존재가 뚜렷하게 부각된 덕수탄광을 비롯해 영보탄광, 성림탄광, 심원탄광, 한보탄광, 원풍탄광 등 크고 작은 광산업체의 사업 구역으로 개발되어 있다. 탄광촌은 이들 군소 탄광의 광구, 보다 구체적으로 유력 갱으로 향하는 계곡을 따라 다양한 형태와 규모로 조성되어 있다. 지역 전체적으로 산지가 우세하여 계곡이 깊은 데다 그나마 눈에 띄는 평지에는 이미 오래전부터 원주민이 정착해 있었던 탓에 다수를 차지한 이주 광원들은 어쩔 수 없이 계곡을 끼고 길게 늘어선 형태로 촌락을 형성하였다. 낙석과 수해의 위험이 도사리고 있지만 작업장과 가까운 접근성의 이점을 누릴 수 있는 입지이기도 했다. 개활지의 전통 마을이라 해서 늘어나는 인구와 무관하게 자신들만의 공간을 고집할 수 있는 처지도 아니었다. 자투리 땅에는 예외 없이 가옥이 비집고 들어섰으며 그 결과 마을 단위의 인구밀도는 이전에 경험하지 못한 정도로 현저히 높아졌다.

무연탄을 매개로 성립된 탄광촌의 성쇠는 으레 인구 변동으로 가늠하게 마련인데, 1960~1970년대 성주리의 인구가 공시되지 않아 구체적인 검토는 여의치 않으나 성주면 분리 이전의 구(舊) 미산면 추이를 통해 1980년대 초까지도 인구가 높은 수준을 유지하였던 사실을 알 수 있다. 그로부터 탄광촌 성주리의 성장세도 대략적으로 짐작해 볼 수 있다. 사실적인 확인이 필요하지만 통계를 확보할 수 없는 상황에서, 성주초등학교 졸업생의 수치는 마을의 성장과 축소를 말해 줄 수 있는 가장 적합한 대리 지표가 될 수 있을 것으로 판단하고 그 추이를 살펴보았다. 사실 젊은 연령층의 유입이 많은 지역은 경제적으로 풍요롭고 활력이 넘치며 그 일단은 초등학생 수의 증가로 집약되어 나타난다. 마찬가지로 지역이 쇠락 단계에 접어들 즈음의 조짐 또한 초등학교의 폐교나 학생 수의 감소에 가장 먼저 반영된다는 것은 인구사회학의 상식이 된 지 오래다. 이점을 인정할 때, 1965년에 3학급으로 개설된 개화국민학교 성주분실이 1968년에 9학급 규모의 성주국민학교로 확대 개편된다는 사실은 마을의 급속한 성장세를 대변하며, 탄광 경기가 이촌향도의 흐름을 차단할 정도로 호기를 누리고 있었다고 분석된다.

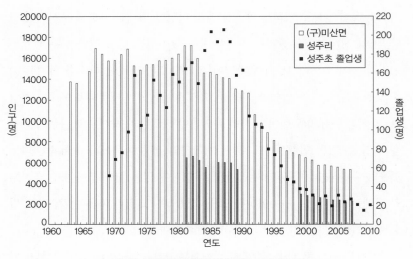

그림 22. 성주리의 인구와 성주초등학교 졸업생 추이
[자료: 보령군·보령시 통계연보 각 연도; 졸업생 통계 성주초등학교(교장 임범재) 제공]

그림 22의 그래프에서 확인할 수 있듯이 졸업생의 등락은 구 미산면과 성주리의 인구 추이와 연동하고 있다. 성주초등학교 제1회 졸업생이 배출되는 1969년 이후의 상황을 살펴보면, 1970년대는 전반적으로 급증 추세에 있음을 알 수 있으며 이는 탄광이 확대되고 광업인구가 지속적으로 늘어났다는 사실을 반영한다고 해석된다(사진 37). 물론 1960년대 말과 1970년대 초반에는 연탄파동, 주유종탄, 저질탄 문제, 원가 상승 등 외부 환경의 변화로 경영 악화에 영향을 주었을 것으로 생각되지만 미풍에 그쳤다는 것을 그래프에서 읽을 수 있다. 1970년대 말에도 일시적으로 졸업생 수가 줄기는 하였지만 이내 성장세를 회복하였다. 석탄경제가 활성화되면서 성주리 탄광촌의 인구가 증가 일로를 달려 1982년에 역대 최대인 6,582명을 기록하며(보령군, 1983), 성주초등학교의 졸업생은 약간의 시차를 두고 1987년경 학교 역사상 가장 많은 206명이 배출된다. 이런 일련의 발전상을 반영해 1986년에는 성주출장

사진 37. 성주국민학교 제1회 졸업생
(자료: 성주초등학교 제공)

소가 성주면으로 행정적 위상이 격상되었다. 성주탄전의 관문으로서 1962년
에 읍(邑)이 되었던 대천이 다시 시(市)로 승격된 것도 다름 아닌 바로 그 해였
다. 하지만 역설적으로 성주리 인구와 성주초등학교 졸업생 수는 이 즈음을
정점으로 감소 국면에 돌입한다. 서천화력발전소가 저질탄 수요를 창출하면
서 쇠락의 속도가 다소 늦추어졌을 뿐 국내 탄광업이 안고 있던 구조적인 문
제로부터 자유로울 수 없었던 것이다.

　　인구성장은 인구의 증가와 감소 두 가지 의미를 아우르는 인구학의 용어이
며 성주리의 인구성장에 관해서는 제한된 자료를 토대로 살펴보았다. 예상
할 수 있듯이 주민의 수가 늘어나고 줄어든다는 것은 곧 취락의 범위가 확대
또는 축소되는 변화로 이어지며 그 실제 전개 과정을 살펴보는 일은 지역지

리의 변동을 이해하는 결정적 실마리를 제공한다. 성주리의 경우 산업화 이전에는 한적한 산촌에 불과하여 출발은 소박했을 것이다. 마침 18세기 후반의 자료인 『여지도서』에 성주리의 취락 규모를 밝혀 주는 희귀한 통계가 제시되어 있는데, 15호가 모여 있다는 지적이 흥미롭다. 병자호란 이후로 편호(編戶)보다는 자연호(自然戶)에 입각한 호구 조사가 지배적이었다는 지적을 받아들인다면(권태환·신용하, 1977, p.296), 1가구당 4.5~5인으로 환산할 때 성주리의 주민은 대략 70여 명 안팎이었을 것으로 추정된다. 그리고 이곳이 길지(吉地)로 널리 알려졌던 당시의 정황에 비추어 인구는 그 뒤로 큰 폭은 아니더라도 꾸준히 늘었을 것이다.

주민들은 아마도 성주사 옛터를 중심으로 옹기종기 모여 살았다고 본다. 일제강점기로 접어든 1919년 시점에 제작된 1:50,000 지형도를 보면 가옥은 성주천 본류와 지천이 만나는 지점의 크고 작은 개활지에 자리를 잡고 있다. 지도 상에서 단지 몇 채의 가옥이 들어선 백운사 입구를 포함해 지역 동북쪽 심원골, 남쪽의 삼거리 인근, 벌뜸 등지에 소규모 촌락이 형성되어 있는 것을 확인할 수 있다. 그렇지만 대부분은 상대적으로 완사면이 넓게 형성되어 있던 성주사지 일대에 밀집 분포했던 것으로 나타난다(그림 23). 정확한 수치는 얻을 수 없지만 지도에 표시된 내용에 기초할 때 성주리는 40~50호 규모의 취락으로 존립했을 것이다. 20세기 중반 무렵 성주리가 60여 가구의 미약한 촌락이었다는 보고가 있는 만큼(보령군지편찬위원회, 1991, p.404) 그 정도의 추정은 가능할 것이다.

석탄이 부존한다는 사실이 확인됨에 따라 광업권 출원이 이어지고 실제로 자원 개발이 진행되는 시점부터 취락은 인구 증가에 의한 내적 충전과 범역의 외연적 확대를 함께 경험했다. 그림 24의 지도를 보면 탄광 개발 초창기인 1960년대 중반까지도 성주리의 취락 분포는 1919년의 상황과 크게 다르

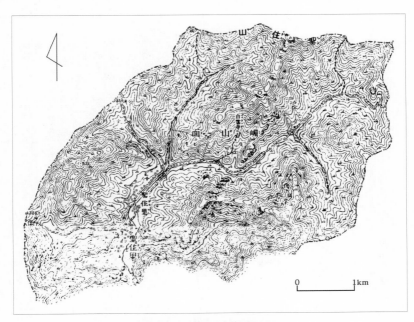

그림 23. 1919년 성주리의 취락

지 않은 것으로 비추어진다. 심원동은 여전히 고립된 상태로 존재하며 계곡이 깊은 곳은 아직 개발의 흔적을 찾아볼 수 없다. 그러나 지형도에 반영되지 않았지만 내용적으로는 이미 많은 것이 바뀌어 있었다. 장순희의 성주탄광이 출범했고 성주탄좌개발주식회사가 이를 계승하며 다시 대한탄광주식회사가 성주탄좌개발주식회사를 인수하는 변화가 있었다. 안정된 경영은 아니었으나 채탄은 곳곳에서 진행되고 있었다. 개화리의 '구사택'에는 장순희 주도로 광원주택이 건립되었고 현 석탄박물관 전방의 성주리와 개화리에 걸친 대동갱에서는 다량의 석탄이 채굴되고 있었다.

1974년 무렵의 취락 상황에서는 뚜렷한 변화의 측면을 감지하게 된다(그림 25). 계곡을 따라 석탄을 수송하기 위해 건설된 크고 작은 도로가 여러 갈래로 뻗어 있으며 먹방을 비롯한 산간 깊숙한 곳까지 작업장 또는 광부의 주거

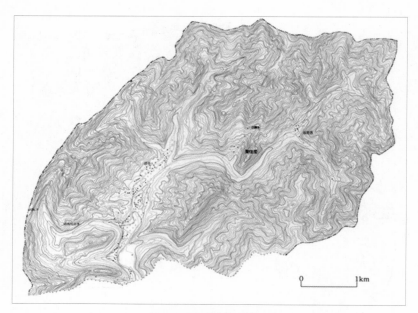

그림 24. 1960년대 중반 성주리의 취락

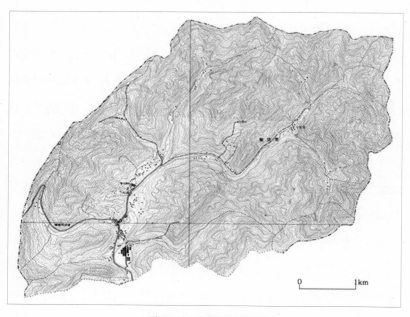

그림 25. 1974년경 성주리의 취락

지의 자취가 나타나고 있다. 가옥 분포도 연속성을 더해 가고 있음을 발견할 수 있는데, 특히 백운사 계곡에 열을 이루고 있는 주거의 모습이 인상적이다. 삼거리 일대의 거주밀도가 크게 높아진 사실 또한 지도 자료를 통해 인지할 수 있다. 그러나 가장 현저한 변화는 지역 남단 성주천변을 따라 계획적으로 조성된 신사택이 아닐 수 없다. 하천이 운반한 토사로 이루어진 포인트바 위에 탄광 노동자가 안심하고 머무를 수 있는 주거 단지가 마련됨으로써 그간의 무분별한 무허가 주택의 난립을 제어할 수 있게 되었다. 공동주택인 까닭에 프라이버시를 보장할 수는 없었으나 대한탄광이 건립한 신사택은 상대적으로 안전하고 관리도 용이했을 것으로 생각된다.

그러나 충남 굴지의 광산지대로 부상하던 1970년 시점까지도 성주리는 생활 기반이 정비되지 않아 일상생활에서 많은 불편을 감수해야 했다. 당시 성주광업소의 600여 명의 근로자를 비롯해 덕대가 곳곳에 운영하고 있던 탄광의 종사자 1,000여 명, 그리고 그들 광원들의 가족을 합하면 한 개 면 수준에 육박하는 인구였다. 하지만 출장소조차 갖추어지지 않아 행정 민원을 해결하기 위해서는 미산면까지 10km가 넘는 거리를 이동해야 하는 어려움이 있었다. 보통우편물의 경우 하루 한 차례 배달되어 그런대로 견딜 만했으나 전보와 소포를 발송하고 전화를 이용하려면 고개 너머 대천까지 나가야 했고, 현금 유통이 활발한 데 비해 안전하게 관리할 수 있는 금융기관이 없는 것도 흠이었다. 단 한 명이 근무하는 파견소에서 폭력이 난무하는 작업 현장의 치안을 담당하기란 역부족이었으며, 중·고등학교와 시장을 비롯해 각종 문화시설을 이용하려면 대천으로 가야 하지만 유일한 교통수단인 버스는 하루 4회 운행에 그쳐 부득이 탄차를 이용할 수밖에 없는 열악한 상황이었다.[38]

---

38) 『경향신문』, 1970년 7월 8일자, 2면

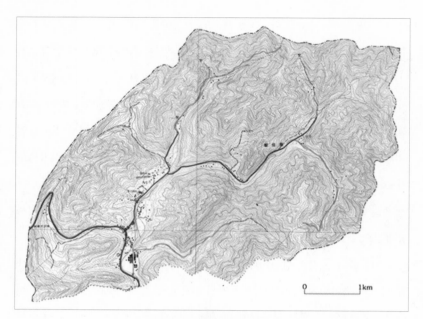

그림 26. 1984년경 성주리의 취락

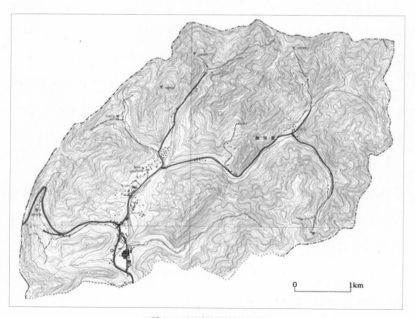

그림 27. 1989년경 성주리의 취락

이후로 행정, 체신, 금융, 치안, 교통 등의 서비스 환경이 순차적으로 개선되어 생활에 여유가 생기면서 취락의 규모는 물론 질적으로도 크게 향상되었다. 그림 26에 묘사된 1984년경의 성주리는 1974년과 비교해 가옥의 밀집도에서는 크게 달라진 점을 찾을 수 없으나 도로의 포장 구간은 계곡을 따라 길게 신장되어 지역 내 연결도가 실질적으로 높아지고 있음을 실감할 수 있다. 당연히 이동시간도 크게 단축되었다. 대천역까지 무연탄을 수송하는 데 빈번하게 이용된 바래기재의 비포장도로 역시 이제는 아스팔트 포장을 마쳐 수시로 보수해야 하는 번거로움을 덜게 되었다. 나아가 1989년 무렵, 즉 폐광 직전의 취락 상황을 담고 있는 그림 27에는 바래기고개를 관통하는 성주터널이 뚫려 중심도시인 대천과 성주리 간 이동이 한결 수월하고 안전하게 이루어질 수 있게 된 사실이 반영되어 있다. 성주터널은 그간 이동을 가로막았던 심리적, 물리적 장벽을 완전히 제거함으로써 지역민의 생활에 커다란

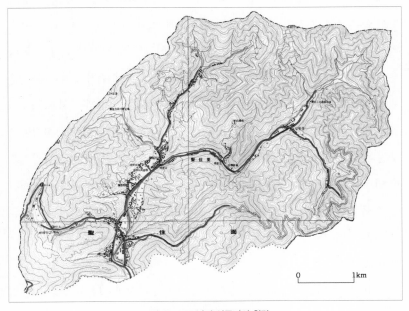

그림 28. 1994년경 성주리의 취락

반향을 불러 일으켰다. 먹방과 심원골 구석까지 포장도로가 뻗고 먹방과 뱁재가 갈리는 도로 초입에 새로운 주거 밀집지가 형성된 것도 주목된다.

결국 성주리 탄광촌은 성주출장소가 성주면으로 승격되는 1986년을 즈음해 계곡이 끝나는 지점까지 외연을 확장함으로써 취락 발전의 정점에 도달한다. 하지만 합리화의 여파로 이내 조정 국면에 돌입하게 되는데, 1986년 한때 1,351가구까지 비약적으로 성장하다가 최근인 2009년에는 852가구로 축소된다. 가옥이 하나둘 철거되거나 방치되면서 지금도 곳곳에서 유기된 주거 지역을 목격하게 된다. 폐광 광업권 관리 처분이 마무리된 직후인 1994년의 성주리 모습이 담긴 그림 28을 보면 오히려 정리 이전인 1989년보다 취락이 확대된 것 같은 인상을 주지만, 필자가 현지에서 확인한 바로 먹방과 심원계곡의 주거지에는 퇴락한 빈집들이 여럿 섞여 있었다. 가옥의 잔해는 남아 있어도 소유주와 가족들은 이미 타지로 이주하여 집은 비어 있는 상태이다. 변화된 상황이 지형도를 수정할 당시에 반영되지 못했던 것이다. 탈광업화 이후 기반 시설이 제대로 유지되지 못하고 퇴락하고 있음에도, 성주리의 취락이 가옥의 수와 밀도의 측면에서 성장하고 있는 것처럼 보이는 또 다른 이유는 피서철 행락객을 유치하기 위한 계절적 임시 주거가 계곡 곳곳을 채우고 있기 때문이다. 백운사 계곡이 그러하며, 또한 동쪽에서 서쪽으로 흘러 신사택 바로 위에서 성주천으로 흘러드는 개울 연변의 도로도 화장골을 찾는 휴양객을 위해 포장되었다. 요컨대 산업화 단계에 농촌에서 탄광촌으로 탈바꿈한 성주리는 탈광업화에 직면해서는 다시 농업과 계절적 서비스업이 경제 활동의 중심이 되는 내부적인 변화를 경험하였다. 오랜 기간의 외유를 거쳐 원위치로 되돌아온 것이다. 물론 지역의 모습은 예전과는 너무나 달라져 있었다.

시기별로 범위가 달라지고 내부적으로 성격의 변화를 경험한 성주리의 취

표 17. 1980년대 리(里)별 성주리 인구

연도 리	1981	1982	1983	1984	1985	1986	1987	1988	1989
1리	978	1,003	920	735		845	412	369	295
2리	1,030	1,063	915	830		1,055	478	481	428
3리	1,723	1,727	1,582	1,453		1,606	539	546	402
4리	1,380	1,404	1,402	1,295		1,354	651	628	554
5리	1,377	1,385	1,385	1,218		1,128	1,019	1,022	939
6리							635	613	569
7리							850	902	886
8리							1,412	1,408	1,247
계	6,488	6,582	6,204	5,531	?	5,988	5,996	5,969	5,320

주: 단위는 명
자료: 보령군 통계연보 각 연도

락은 당연히 그 구조에서도 조정을 거쳤다. 무엇보다 탄광 취락의 성립과 동시에 전통 취락지구인 성주5리(성주, 탑동, 벌뜸, 속뜸, 양지뜸)를 대신해 교통요지이자 역대 광업소의 사무소가 자리한 성주6리의 삼거리 일대가 신흥 중심지로 부상한 점이 주목된다. 여객과 화물은 모이거나 거쳐 나갔고 각종 업무 또한 이곳을 중심으로 이루어졌으며 경제적 중심지이면 당연히 그러하듯 금융기관이 들어서고 요식업소와 유흥업소가 밀집하였다. 치안 및 통신 기관에 이어 핵심적인 행정사무소까지 유치되었다. 이와 함께 인구의 지역별 분포에도 변화가 뒤따랐다. 개발 초기에는 성주리와 개화리 접경부에 성주탄광 작업 현장이 위치하여 구사택에 인구가 밀집했으나, 인구가 최대에 달한 1982년 무렵에는 탄전의 규모가 컸던 먹방(3리)에 성주리 전체 인구의 26.2%인 1,727명, 인접한 장군리(4리)에 다음으로 많은 1,404명이 거주하였고, 합리화의 이야기가 흘러나오던 1987년에는 사택촌(8리)에 가장 많은 1,412명이 밀집한 반면 먹방에는 539명만이 잔류하였다(표 17). 탈광업화 이후 20년 가까운 시간이 지난 2009년에는 8리에 429명, 6리에 399명, 5리에 332명만이 거주함으로써(보령군, 1983; 1988; 보령시, 2010) 탄광촌 당시의 영화와 중심성은 겨우 형체만 유지되고 있는 상황이다.

제5장..
탄광촌의 일상과 공간

1. 노동의 공간

자본의 경관은 금융과 재정의 특권 공간에 조성되며 노동의 흔적이 반영되지 않지만, 탄광촌에서는 자본 축적을 위한 생산의 토대 자체가 독특한 경관을 형성한다. 그 가운데 간단한 기술과 소자본으로 운영이 가능한 노천광의 경우 석탄과 그것을 캐내는 집단의 결합은 단순하고 얄팍하나, 지하 깊숙이 파고 들어가 광맥을 개발해야 하는 상황에서는 노동자인 광원과 땅의 연계가 장기화·고착화의 단계를 밟게 된다(川崎茂, 1974, p.176). 현장에는 축적을 매개하기 위해 막대한 자본을 투자하여 지리적으로 고정시킨 물적 기반으로서 '노동경관'이 형성되며 그곳은 곧 노동의 주체인 노동자의 작업장이자 삶의 터전이 된다(Mitchell, 2010, pp.147-149). 탄광촌의 노동경관은 감상적 소비의 대상으로서 우리가 일상적으로 찾고 대하는 스펙터클이나 장엄한 경치와는 느낌 자체가 다르다. 화약창고, 갱도, 막장, 선탄장, 저탄장, 광차, 수송로 등의 지극히 평범하고 어쩌면 멀리하고 싶은, 미추(美醜)의 이분법에서 추함으로 기울어진 그런 유형이었다. 광부의 고된 노동을 통해 생산된 석탄이라는 상품을 통해 자본이 순환하고 그에 따라 노동 공간이 규정되는 탄광촌의 일상을 분석하려면 일차적으로 이런 경관 배후에 잠재한 노동 과정에 대한 이해가 선행되어야 한다.

성주리 탄광촌 사람들의 일상은 고단한 육체노동의 연속이었다. 그리고 그렇게 될 수밖에 없는 뚜렷한 이유가 있다. 탄광업은 근대화를 추동할 에너지원으로서 석탄이 매립된 고립무원의 지역을 배경으로 성립되며, 채굴에서 수송과 가공에 이르는 일련의 공정에 육중한 장비가 동원되거나 다양한 설비가 구축되어야 하므로 막대한 자본의 투여가 불가피하다. 그런 만큼 정상적인 운영을 통해 수익을 창출한다는 것은 의도대로 손쉽게 달성될 수 있는 목표는 아니었다. 더욱이 산업화라는 국가적으로 당면한 목표를 달성하는 데 긴요한 공공재인 동시에 민간 부문에서는 보편적인 기초 에너지 자원의 속성을 내포한 석탄의 경우, 무엇보다 공급의 안정이 중요했기 때문에 정부로서는 가격을 비탄력적으로 유지하는 방향으로 정책을 설정하지 않을 수 없었다. 국가의 통제에 놓인 석탄으로써는 자본을 축적하는 것이 어렵고 한계와 제약이 따르는 이유이다. 근대화를 견인하지만 노동이 사업의 성패를 좌우하는 전근대성을 띠는 산업으로서, 석탄광업은 실제로 생산원가에서 노무비가 차지하는 비중이 막대해 결과적으로 사측으로 하여금 탄광 노동자의 희생을 강요하는 방향으로 축적의 전략을 수립하도록 유도하였다. 작업량을 기준으로 산정하는 임금체계는 그 일환으로 강구된 것인데, 착취라는 비난을 면할 수는 없지만 고용주로서는 장시간의 고강도 노동을 강요할 수 있고 노동을 효과적으로 통제할 수 있는 방식이었기 때문이다(정헌주, 2004, pp.81-88).

작업 환경이 열악한 것은 더 말할 나위 없다. 햇빛이 완전히 차단되고 자연통기가 이루어지지 않아 산소가 부족한 것은 물론, 갱내에 가득한 탄가루와 소리 없이 엄습하는 메탄가스, 그리고 작업 중에 발생하는 각종 소음은 광부들을 고통 속으로 밀어 넣었다. 지하 100m 깊이로 내려갈 때마다 온도는 3℃의 비율로 상승하고 대기압 또한 30m 하강할 때 3.5mb씩 증가하며, 설상가상으로 갱내 출수가 잇따라 막장은 그야말로 고온다습한 최악의 상황그 자체였다(김용환·김재동, 1996, p.196). 계절로 보았을 때 대기온도가 상승하는 여름, 특히 비가 내리는 날에는 막장 내 습도가 상승하여 작업 효율이 급격히 저하되고 체력적으로도 큰 부담을 안게 되며, 갱내 침출수가 불어나기라도 하면 채탄 자체가 원천적으로 불가능해져 광원들의 근심을 키웠다. 반면 농한기라 별다른 소득원을 가지지 못하는 일반 농촌과 달리 이곳에서는 동계에도 채탄이 가능해 그나마 다행이었고 막장 내 작업 환경 또한 여름에 비하면 양호한 편이었다. 추운 바깥 날씨를 고려하면 지하의 작업 공간은 비교적 견딜 만하였다.

일과는 출근, 안보(안전) 교육, 작업지시, 입갱, 작업, 중식 및 휴식, 작업, 퇴갱, 목욕, 석식 및 휴식, 취침 등으로 빡빡하게 진행되고 무미건조하게 반복되었다. 갱내외의 작업은 다른 지역과 마찬가지로 갑(甲)·을(乙)·병(丙) 3개조를 편성해 각각 8시간을 근무하고 교대하는 방식으로 이루어졌다. 오전 근무조인 갑방(甲方)은 아침 8시부터 저녁 4시까지, 오후에 투입되는 을방(乙方)은 저녁 4시에서 자정까지, 마지막 심야 근무조인 병방(丙方)은 자정에서 오전 8시까지 채탄 작업을 수행하였다. 갱내 근로자는 2시간, 갱외 근로자는 1시간의 휴식시간이 보장되었지만 근로시간에는 산입되지 않아 유명무실하였다. 작업 중 휴식도 2시간마다 10분의 극히 짧은 시간이 전부였다(신성산업 노동조합·신성산업개발합자회사, 1988, p.10). 식사는 출근할 때 준비한 도시락을 이용하거나 식당과 숙소를 겸한 일종의 합숙소인 '한바(はんば, 飯場)'에서 해결하였다. 신성산업의 경우 퇴근 전 광원들이 탄가루를 씻어낼 수 있도록 광업소 인근에 중앙목욕탕을 마련해 편의를 제공하였으나 계곡 안쪽의 대다수 일반 광구에서는 작업장 인근 탈의실에 붙여 만든 간이 공간에서 침출수를 가온해 해결하였다.[1]

그러면 원탄의 탐색에서 소비지까지의 수송에 이르는 일련의 실질적인 작업 공정을 순서대로 짚어 보기로 한다. 먼저, 탐탄에서 광상의 실체가 확인되면 경제성에 대한 분석에 이어 본격적인 채굴을 위한 준비에 들어가며 여기에는 갱내 통풍과 점등을 위한 동력선의 가설, 레일과 갱목의 설치 같

---

[1] 제보: 이갑수(1942년생, 성주면 성주1리 532), 복민수(1954년생, 성주면 성주6리 200-1)

그림 29. 덕수탄광의 지하갱도

신사갱, 덕흥갱, 왕자갱 등 덕수탄광 내 미로처럼 얽혀 있는 지하갱도의 모습이 이채롭다. 사갱은 주갱도에서 뻗어 나간 여러 개의 지갱인 편(片)으로 구성된다[자료: 대한광업진흥공사, 1992, 「한국의 석탄광(하)」, p.339].

은 기초 작업이 포함된다. 석탄이 매장된 지점으로 인도하는 길이자 공기가 주입되는 통로인 갱도는 굴진 방식에 따라 사갱(斜坑, slope), 수평갱(水平坑, drift), 수갱(竪坑, shaft)으로 나뉜다. 지층의 상황에 따라 갱도의 유형에도 차이가 생기게 마련이다. 수평갱은 노천광이나 지표에 가까운 탄층으로 손쉽게 접근할 수 있는 갱도인 반면, 비스듬하게 파고 들어가는 사갱과 상하 수직으로 이동해야 하는 수갱은 심부화에 수반되어 지하 깊숙이 매장된 양질의 탄맥에 도달하기 위한 목적으로 굴착한다. 그렇다고 이들 세 유형의 갱도가 독립적으로 존립하는 것은 아니며 지층 상태에 따라 다른 형태의 갱도와 상호 보완적으로 결합되는 것이 보통이다(Deasy & Griess, 1957, pp.341-343).

성주리에서는 경사가 가장 급한 수갱보다는 수평갱과 사갱 위주로 개발이 진행되었다. 개발 초기에는 기술적인 제약으로 지표 가까운 탄층에 대한 채굴이 이루어졌기 때문에 수평갱이 우세하였으나, 원탄이 고갈됨에 따라 그리고 지하로 파고들 수 있는 기술과 장비가 개발됨에 따라 사갱의 완만한 경사면을 따라 아래로 내려가는 쪽으로 전개되었다. 사갱은 주굴과 이곳에서 산재한 탄맥 지점으로 파 내려간 여러 갈래의 복잡한 지굴, 즉 편(片)으로 구성된다(그림 29). 형태가 비교적 단순한 수평갱은 작업 또한 평이하게 이루어졌는데, 8시까지 근무지에 도착한 광원들은 2~3일에 한 차례 이루어지는 간단한 보안 교육에 이어 작업 배치에 관한 지시를 받은 직후부터 오후 2시까지 주로 주간작업을 시행하였다고 한다. 반면 지하로 내려가므로 지상으로의 왕래가 여의치 않고, 침출수를 처리해야 하기 때문에 수평갱에 비해 개발 비용이 많이 소요되는 사갱에서는 인력을 24시간 3교대로 전일 가동하였다.[2]

노동 양식으로서 갑·을·병방 체제는 겉으로 보기에 노동의 공백을 두지 않고 이루어지기 때문에 생산량 증대에 목적이 설정된 것처럼 보이지만, 실제로는 갱으로 유입된 지하수가 불어나는 것을 미연에 방지하기 위해 하루 종일 배수펌프를 비롯한 여러 시설을 지속적으로 가동함으로써 발생하는 운영 비용을 상쇄하려는 의도가 더 컸다고 볼 수 있다(김용환·김재동, 1996,

---

[2] 제보: 복민수(1954년생, 성주면 성주6리 200-1)

사진 38. 석탄 운반 및 수송 설비
권양기는 사갱 지하 막장에서 채굴한 석탄을 끌어올리는 데
사용한다. 하천이 지나는 곳에는 가교를 설치해 원탄을 운반
하며 선탄장에서 선별 과정을 거친 다음 트럭에 실려 저탄
장으로 수송된다(트럭 자료: 보령석탄박물관 야외전시장).

p.202). 지하로 스며든 물이 막장을 가득 채워 작업이 원천 중단되는 사태를 피하기 위해 기계는 계속해서 돌아가야 했고 그것은 곧 소모성 지출을 의미했던 것이다. 중단 없는 전일 작업은 자본 경영가의 고민 끝에 나온, 시간을 이용한 은밀한 축적의 한 방편이었던 것이다.

갱도를 거쳐 도달한 막장(幕場)은 광원들이 탄맥을 직접 대면하고 폭약에 의한 발파와 착암기를 이용한 채탄이 이루어지는 일선 노동 현장이다. 소음이 가득하고 먼지가 난무하며 각종 사건사고가 발발하는 위험한 공간이지만 그렇다고 광부들이 외면할 수 없는 운명의 작업장이었다. 막장에서 어렵게 채굴한 석탄은 철삭을 드럼에 감아 광차(鑛車)를 견인하도록 설계된 권양기에 의해 갱도 바깥으로 수송된다. 노동 인력과 부대장비까지 갱도를 오가며 운반하는 권양기는 사갱처럼 작업장이 깊거나 채탄량이 많은 곳에서는 반드시 비치해야 하는 설비로서 현장에서는 '마끼(まき)'라는 친숙한 이름으로 불린다(사진 38). 광차 1량에는 대개 2.5톤의 석탄이 적재되기 때문에 여러 대의 광

차를 한꺼번에 끌어야 하는 권양기는 출력이 높고 견고하게 제작되어야 했다. 그리고 수송된 광차의 수는 곧 생산된 석탄의 총량을 의미하므로 성과급 산정에서 일차적으로 고려되는 요소였다.

갱 밖으로 실려 나온 원탄에 대해서는 선탄장에서 정탄(精炭)과 불순물로

표 19. 신·구 성주탄 수송역 비교(1986)

철도역	대천역	남포역	웅천역	옥마역
노선	장항선	장항선	장항선	남포선
소재	대천읍 대천리 304-2	남포면 봉덕리 101	웅천면 대창리 469	대천면 명천리 산30
연혁	'29.12.1 보통역 영업 '64.8.8~12.13 역사 신축 '73.3.13 사무관역 승격	'29.12.1 역원배치 간이역 영업 '65.1.1 보통역 승격 '65.6.1 남포~옥마 간 영업	'31.8.1 보통역 영업	'64.5.8 역사 착공 '64.12.30 옥마선·옥마역 준공 '65.5.22 무연탄 수송 전용역 영업 '75.3.1 A, B선 신설 '75.7.30 6번선 신설
부지	38,840㎡	22,143㎡	1,600㎡	1,234㎡
구조	역사 688.23㎡, 벽돌조·슬리브 2층, 부대건물 1동	역사 86.69㎡, 목조·기와 단층, 부대건물 1동	역사 693.6㎡, 벽돌조·슬라브 3층	역사 101.79㎡, 목조·기와 단층
직원	22명	14명	9명	8명
구내	본선 1,210m, 측선 1,230m, 포용 116량, 입환 35량	본선 1,717.2m, 측선1,580.9m, 포용 76량, 입환 53량	본선 1,956m, 측선 1,537m, 포용 188량, 입환 132량, 기타 251m	본선 560m, 측선 1,170m
승강 및 하치장	승강장 2(481m), 화물홈 78m, 야적장 980㎡	승강장 1(145m), 야적장 5,350㎡	승강장 1(200m), 화물홈 10m, 하치장 (상층 147㎡, 야적장 320㎡)	야적장 20,000㎡
운전	무궁화 8, 통일 16, 비둘기 10, 화물 22회	비둘기 10, 화물 22회	무궁화 8, 통일 16, 비둘기 8, 화물 16회	화물 12회
수송	승 2,000명, 강 2,200명, 화물발 30톤, 착 110톤	승 75명, 강 58명, 화물발 450톤, 착 5톤	승 650명, 강 630명, 화물발 1,000톤, 착 10톤	화물발 2,750톤

자료: 철도청, 1986, 『한국철도요람집』, pp.523-525, 619.

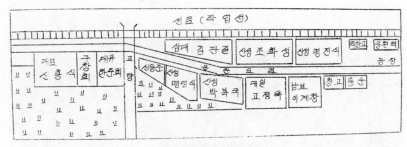

그림 30. 웅천역 저탄장 구역도
[자료: 김재한(1920년생) 제공]

섞여 있는 잡석을 골라내는 선별 과정을 거쳐 품위를 높인다. 지금은 선탄에
도 기계화·과학화의 바람이 불어 석탄과 잡석의 비중 차이를 이용한 중액선
탄(重液選炭)의 비중선별 방식이 적용되기도 하지만 당시로서는 전적으로 인
력에 의존해 작업이 이루어졌다. 초보적인 방식이나마 수작업을 통해 일차
로 정련된 석탄은 화물트럭에 실려 대천역, 웅천역, 남포역 등의 철도역 저
탄장으로 수송되었는데(표 19), 현재 석탄박물관 야외전시장에 보존되어 있
으며 한때 이낙규의 덕수탄광에서 운영된 차량은 미국 GMC가 제작한 1942
년형 화물차로서 5톤 트럭이었다(사진 38). 다른 탄광에서도 대체로 같은 크
기의 수송 차량이 대종을 이루었다. 그리고 웅천역 일대의 그림 지도를 통
해서 추측할 수 있듯이 무연탄 수송 역에는 일반적인 역 창고와 통운용 창고
외에도 선로로 이어지는 운탄도로가 조성되었고, 인근 농경지 일부를 할애
해 석탄을 저장하였다. 저탄장은 별다른 설비를 갖추지 않은 야적장에 불과
했으며 탄광 또는 광업소별로 지정된 구역을 이용하였다. 지도에도 대한석
탄공사 성주광업소의 조광권자인 신성산업 산하 하청업자, 즉 덕대들의 이
름이 적혀 있으며 다른 탄광이 함부로 침범할 수 없었다(그림 30).

사진 39. 옥마저탄장
(자료: 대한석탄공사, 2001b, 『대한석탄공사 50년 화보』, p.158을 기초로 편집)

보령 남부의 웅천역과 남포역을 이용하던 개화리와 달리 성주리의 석탄은 주로 바래기재를 넘어 대천역으로 수송되었다. 고갯길 자체가 험난해 차량 전복의 위험이 항시 도사리고 있었으며, 혹시 대형 사고라도 발생한다면 그것은 곧 광업자에게 막대한 손실을 초래할 것이기에 지형적 장벽을 극복하려는 노력이 계속해서 강구되었고, 축전차를 활용하는 구체적인 논의로 이어졌다. 치밀한 계획과 난공사 끝에 1966년에는 마침내 전차갱(길이 2.7km × 폭·높이 2.1m), 옥마역, 남포선이 준공될 수 있었다. 이제 선탄을 거친 무연탄은 축전차에 실려 옥마역 주변의 저탄장에 하역되고 옥마역과 남포역을 잇는 4.3km의 남포선을 거쳐 소비지까지 수송되었다. 저탄장이 자리한 구 종축장 일대는 날리는 석탄가루로 뒤덮여 항상 검게 물들어 있었다(사진 39; 40). 그러나 전차갱을 오간 축전차는 갱내에 가해지는 압력이 심해 레일이 자주 휘었기 때문에 잦은 탈선의 문제를 안고 있었다. 터널을 너무 좁게 굴착

한 나머지 탈선 사고가 발생했을 경우 정상화시키는 데 많은 시간과 비용이 소요되었으며, 트럭에 싣고 온 석탄을 축전차로 환적(換積)하는 과정에서 소요되는 추가 인력과 시간·금전적 비용의 약점을 지녀 1974년에 육로 수송으로 재차 전환된다.[3] 고갯길을 넘어 온 트럭은 대천역이나 옥마역에 도달하여 저탄장에 하역을 마친 다음 다시 산을 넘어 성주리로 돌아갔고, 철도역 근방에 저장된 무연탄은 다음 행선지가 결정될 때까지 대기하였다. 수요에 상응하여 저탄 기간은 길어지거나 단축될 수 있었다.

옥마저탄장과 남포역에 수합된 성주리산 석탄은 주로 서울 소재 연탄공장으로 판매되었다. 공장주들은 원료탄을 선점하고자 초기 개발자금을 선급하는 투자 행태를 보이기도

사진 40. 옥마전차갱과 남포폐선
위쪽부터 1966년부터 1974년까지 축전차가 운행되던 옥마갱, 옥마역 방향 전차갱 출구, 옥마저탄장에 수합된 석탄을 남포역까지 운반하는 데 활용된 옥마선(남포선)이다.

했는데, 성림탄광의 개발자금 3억 원을 지원한 대성연탄의 경우가 그러하다. 연탄 제조용 석탄은 보통 3,500kcal가 기준이었으므로 열량이 부족한 이곳의

3) 제보: 김재한(1920년생, 대천동 618-58), 정강월(1932년생, 성주면 성주7리 212-7), 복봉수(1941년생, 성주면 성주5리 183-4)

저질탄만을 그대로 사용하는 데에는
난점이 있어 고칼로리 탄과 섞어 사
용하였다.4) 옥마역과 대천역을 출
발한 성주탄 일부는 서울 은평구 수
색에 자리한 대한석탄공사의 저탄장
과 민간 연탄 공장으로 수송되었다
(사진 41). 수색저탄장은 민수용 석탄
의 수요 증가에 따라 절대량 못지않
게 중요한 사안이었던 계절적 수급
을 조절하기 위해, 특히 성수기인 겨
울철 난방을 대비한 소비지 하계 저
탄이 필요하다는 판단에서 1962년 7
월 30일에 설립되었다. 대한석탄공
사의 수색저탄장은 이후로 수색출장
소, 수색지사, 수색하치장, 수색사무
소 등으로 직제의 개편을 거치면서
수도권 서부지구, 특히 서울의 석탄
수급 조절에 중추적인 역할을 담당
했다(대한석탄공사, 2001a, p.485; 대한석
탄공사 사사편찬실, 2001).5) 그러던 중

사진 41. 수색 연탄 공장의 흔적
삼표연탄으로 출발한 (주)삼표의 계열회사인 삼표에너지 사
무소에는 'SINCE 1968 믿음과 정성 함께한 반세기'라 적힌
플래카드가 걸려 있다. 뒤로 보이는 아파트 자리에는 삼표연
탄 공장이 있었다. 인근에는 삼천리연탄과 삼표연탄을 가정
에 공급하던 연탄 배달점이 오래된 간판과 함께 남아 있다.

---

4) 『매일경제신문』, 1974년 10월 14일자, 4면; 11월 1일자, 4면; 제보: 정강월(1932년생, 성주면 성주
7리 212-7)
5) 수색사무소는 서울지역 석탄소비의 감소와 함께 출하를 중단하였고 1996년 12월 9일에 폐소된
다.

1971년 9월 10일에 경의선 수색역이 무연탄 화물 도착역으로 지정되면서 삼천리연탄, 삼표연탄, 대성연탄, 한일연탄 등의 공장과 저탄장이 역사 인근에 자리를 잡았다(은평구, 2011, pp.76-77).**6)**

탐탄으로 시작해 소비지 가공 공장까지의 수송으로 일관된 이상의 단계는 탄광촌의 물리적인 노동 과정을 이해하는 중요한 단서를 제공한다. 하지만 성주리 탄광촌의 전모를 살피려면 사회적 측면의 노동관계에 대한 이해 또한 요청되며, 작업장의 분업은 그것을 사실적으로 파악하는 객관적 근거가 될 것이다. 우선, 탄광 근로자는 본사, 영업소, 현장사무소에서 일반 사무 및 감독 업무를 수행하는 관리직과 석탄 채굴에 직·간접적으로 관여하는 노무직으로 구분된다. 신성산업 서류철에서 「노무원임금계산 및 지급명세서」, 「이직근로자명부」, 「신성산업 산하 근로자 임금인상 협정서」, 「고정부 기본금 인상조정 내역」 등을 일람한 결과,**7)** 채탄감독, 갱외감독, 보안계원은 현장에 머물며 인력 및 장비를 관리하였고 일반 광원은 선산부, 후산부, 간접부, 고정부 등으로 나뉘어 다양한 업무를 수행하였던 것으로 나타났다. 선산부는 굴진숙련원과 숙련채광원 등 갱도를 파고 석탄을 채굴하는 숙련노동자, 후산부는 굴진보조원과 보조채광원 등 숙련공을 보조하는 인력을 일컫는다. 경영자의 입장에서 탄광 개발에 투자된 유동자본을 회수하고 고정자본의 활용률을 높이기 위해서라면 채탄을 지속해야 하는데, 다시 말해 끊임없이 새로운 탄맥을 확보하고 새로운 막장을 준비하며 그곳에서 효율적인 채굴이 이루어져야 했다. 그런 의미에서 굴진부와 채탄부의 역할은 더없이 중요했고 치명적 위험에 노출되어 있는 두 가지 업무에 숙련된 기술자를 선정·배

---

6) 한일연탄 공장은 1980년대 후반에 폐쇄되었으며, 삼천리연탄은 1992년, 삼표연탄은 1999년에 각각 공장 가동을 중지하였다.
7) 복민수(1954년생) 제공

치하는 것은 어쩌면 당연한 일이었다. 간접부와 고정부는 운전기사, 보갱부, 보선공, 배관공, 전차공, 조차공, 갱내운탄공, 배수공, 제재공, 목공, 기계수리공, 권양공, 압축공, 갱외경석부, 선탄부 등 갱 안팎에서 각종 업무를 담당하는 근로자를 지칭한다. 굴진과 채탄에 비해 중요도는 떨어지지만 어느 하나라도 빠진다면 전 공정이 순조롭게 진행될 리 없었다.

이 가운데 선탄과 선탄부는 특별한 의미를 가진다. 석탄광업은 본질적으로 무연탄이라는 국지원료(localized material)에 의거한 산업으로서, 가공을 거친 완제품에 대한 국지원료의 무게 비율로 계산되는 원료지수(material index)가 1을 초과하기 때문에 시장이 아닌 원료산지에 입지하는 경향을 보인다(Bradford & Kent, 1977, pp.44-47). 원료와 함께 핵심적인 생산요소를 구성하는 노동의 경우 무연탄이 매장된 지역으로 거의 자발적으로 이동하고 노동비의 지역 간 차이 또한 무시해도 좋을 수준이기 때문에 자연스럽게 사업체의 입지는 원료산지에서 어느 정도 결정된다. 군집해서 분포하는 원탄 자체의 특성으로 집적의 이익을 기대할 수 있는 장점도 존재한다. 여기에 선탄이 결정적 요소로 가세하는데, 불필요한 잡석을 골라내 제품의 무게를 감소시키는 효과를 파생하여 최소운송비 지점으로서 원료산지의 입지를 공고히 해 주는 것이다.

소비지로 출하하기에 앞서 원탄으로부터 다량의 이물질, 즉 잡석을 골라내는 선탄 작업에는 주로 여성 인력이 배치되었다. 전통적으로 여성의 노동은 농업, 가내수공업, 가사 등 가정을 중심으로 이루어졌으며 양육과 노동의 이중적 역할을 수행하는 데 무리는 없었다. 그러나 산업사회는 가정과 노동의 현장을 분리시킴으로써 여성의 두 가지 역할 사이에 갈등을 조장하였으며, 종국에는 여성의 노동 기회를 축소시키고 기혼 여성을 노동 현장에서 퇴출시켰다(McBride, 1992, pp.64-66). 여성의 공간이 가정으로 축소된 데다 산업 구조가 중공업 중심으로 전환되면서 여성들이 참여할 수 있는 직종은 급격하게 줄어들 수밖에 없었다. 탄광촌 역시 육중한 장비를 다루는 남성의 공간이자 전형적인 여성 배제의 영역으로서 여성은 열등한 예비노동력이라는 젠더 코드에 입각해 직종의 제약을 받았다(McDowell, 1999, pp.126-127, 135). 선탄은 거의 유일한 예외였던 셈이다. 하지만 철암이나 화순처럼 수선(水選)과 중액선(重液選)으로 작업 효율과 탄질 개선에 효과적인 기계식 선탄법을 도입한 지역에서는 그마저도 용납되지 않았다. 그런 곳에서는 석탄광업이 철저히 남성화되고 여성들의 노동 기회는 탄광 인근의 요식업이나 유흥업을 통해 간접적으로 용인될 뿐이었다. 다행스럽게 성주리에서는 작업원의 손으로 원탄과 경석을 구별해 내는 전통적 방식이 고수되어 여성 노동의 참여가 어느 정도 보장될 수 있었지만, 그렇다고 취업의 기회가 자주 그리고 모두에게 주어진 것은 아니었다. 성주리 여성은 작업장 내에서 선탄이라는 거의 유일무이한 직종에만 배치될 수밖에 없는 수평적 차별과 아울러 관리직에 종사할 수 없는 수직적 차별을 동시에 감내해야 했다.

자본주의 생산 양식이 발전하면 여성 노동에 대한 수요가 커지게 마련이지만 탄광에서는 성주리의 경우와 마찬가지로 생산 부문으로의 진출에 적지 않은 제약이 수반되었다. 이를 두고 '가부장 우선(patriarchy first)' 가설에서는, 여성들이 산업활동에 참여하여 가계의 일부를 책임지는 상황에 이를 경우 노동시장에서 경쟁은 심화되고 임금수준은 저하되며 나아가 그동안 누려 온 남성의 가정 내 가부장적 권위와 특권을 위협할 것이기 때문에 남성 노동자를 중심으로 여성의 프롤레타리아화(proletarianization)를 적극 반대하는 것으로 설명한다. 가사에 분주한 여성은 보다 의존적이고 통제하기 쉬우며 가사노동은 그 자체로 남성들이 독점해 온 이용가치를 창출하는 원천으로 인식되었다. 반면 여성의 임금노동은 가정의 전통적 관계에 혼란을 야기한다고 비춰졌다. 남성 의존성을 약화시키는 것은 물론 가부장적 복종으로 일관된 가사를 등한시하게 만들고 자본주의 성립을 위한 여성의 기본 책무, 즉 노동력의 재생산에 압박을 가중시킬 것으로 예상되었다. 광부의 안정적 확보가 절실한 자본가는 따라서 아이를 출산하고 건강하게 양육하는 재생산 본연의 임무가 원활히 수행될 수 있도록 지하 막장의 중노동에 여성이 참여하는 것을 원천적으로 차단한다는 논리이다(Humphries, 1981, pp.3, 16, 23).

가족의 일원인 여성과 자녀가 탄광업에 관여하는 것이 성인 남성 노동자를 소외시키고 가부장적 권위를 일방적으로 훼손하는 것만은 아니라는 이론도 있지만, 이유야 어떠하든 결코 성적으로 중립적일 수 없었던 탄광공동체에서 여성 선탄공은 남성에 의해 사회적으로 구성되고 저평가되었으며 노임도 그에 상응해서 낮게 책정되었다. 젠더(gender)의 이분법이 '자연화'된 탄광촌에서 여성은 일상에서조차 남성의 시선을 의식해야 하는 약자의 처지를 강요받는다. 출근하는 광부의 앞길을 여성이 가로지르는 것은 철저히 부정되었으며, 아침 일찍 이웃을 방문하는 것도 금기시되었다. 광부와 그의 가족은 이처럼 주술적 성향이 농후한 속신(俗信)을 공유하였다. 일상에서 무사안녕을 기원하는 이런 관행은 생사를 넘나들며 가족의 생계를 책임진 광부에게 초월적 권위를 안겨 주었으나 돌아보면 여성의 희생을 전제로 한 것이었다. 그밖에 광원은 불길한 꿈을 꾸었을 경우 출근 자체를 포기하기도 하며, 갱내에 서식하는 박쥐는 자신의 처지를 대변하는 감정이입의 상징적 유기체로서 공생의 대상으로 여겼다고 한다.8)

성별 불문하고 열악한 환경에서 신체의 안위를 담보로 업무에 종사하는 광원들에게 장기간의 중노동으로부터 일시적이나마 해방을 맛볼 수 있는 휴일

---

8) 제보: 복민수(1954년생, 성주면 성주6리 200-1)

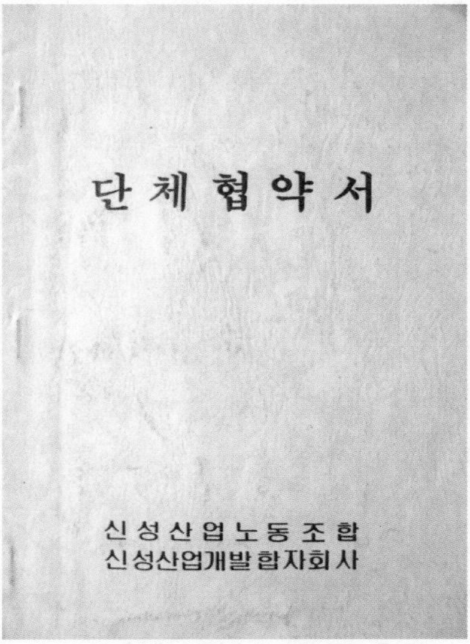
단 체 협 약 서

신 성 산 업 노 동 조 합
신성산업개발합자회사

그림 31. 신성산업 단체협약서
[자료: 복민수(1954년생) 제공]

은 초미의 관심사가 아닐 수 없었다. 사실 젠더의 문제에 깊숙이 관여하는 것 이상으로 시간을 활용한 노동의 통제 역시 자본의 축적을 위한 치밀한 전략 가운데 하나였음을 부정할 수 없다. 따라서 시간적 통제로부터의 일탈은 자본에 대한 노동의 저항이라는 의미를 함축하는데, 이곳 성주리 광원이 누릴 수 있는 휴일은 1988년 3월 17일에 작성된 『단체협약서』에서 자세히 확인할 수 있다(그림 31). 신성산업노동조합 위원장 김종화와 신성산업개발합자회사 대표사원 신원식 명의로 체결된 18쪽 분량의 단체협약서에는, 단체협약의 목적과 조합원을 규정한 제1장의 총칙 외에 조합 활동, 인사, 표창·징계, 임금, 근로조건·근로시간, 재해보상, 안전·보건·복리후생, 단체교섭, 노동쟁의 등 9개 조항으로 구성된 협약의 내용이 상세히 기록되어 있으며, 그중에서 휴일에 관한 규정은 제6장 제40조에 명시되어 있다.

구체적으로 일요일은 갱내 주 36시간, 갱외 48시간의 근로일수를 개근하였을 경우 '주휴일'로 산정해 기본급이 지급되며, 월별로 근로일수를 채웠을 경우 1일의 유급 '월차휴가'가 인정되었다. 국경일에 대해서는 신정(유급), 구정연휴 5일(유급 1일), 정월대보름(무급), 근로자의날(유급), 석가탄신일(무급), 추석연휴 4일(유급 2일), 광복절(무급), 회사창립일(8월 10일, 유급), 노조창립일(9월 10일, 유급) 등의 '휴일'이 보장되었다. 연간 근로일수의 90% 이상 출근했을 때에는 3일, 95% 이상에는 8일의 '연차유급휴가'를 본인 청구로 사용할 수 있었고, 여성 근로자에게는 월 한 차례의 유급 '생리휴가', 60일의 유급 '산전·산후휴가'가 주어졌다. 그 밖에 경조사로 인한 '특별휴가', 공적인 사유에 따른 '공용휴가', 7월 셋째 토요일 건강의 날에 부여되는 '하계휴가'가 유·무급으로 인정되었다.

그러나 이상의 규정은 폐광을 앞둔 시점에 타결된 것일 뿐, 산업화 시기의 성주탄광원은 생활에 여유를 찾기 어려웠을 것으로 보인다. 신성산업의 「퇴직금 계산 및 지급 내역」에 명시되기로 광원의 임금은 작업 성과, 즉 공수(工數)[9]에 기초해 산정되는 기본급을 비롯해 입갱 수당, 야간 수당, 휴일근로 수당, 연장근로 수당, 주휴 수당, 월차 수당, 기타 수당, 상여금 등을 합산하게 되어 있어, 근로자들은 대부분 휴일을 즐기기보다는 작업에 나서는 것이 가계에 보탬이 된다고 판단하였음이 분명하다. 탄광 근로자의 임금은 기본급과 각종 수당으로 구성되며 특징적으로 다른 산업 근로자에 비해 기본급이 차지하는 비중은 낮은 편이다. 기본급이 각종 수당뿐만 아니라 퇴직금과 상여금을 산정하는 기초였기에 광업소 측이 가능한 한 억제하려 했기 때문이다(김용환·김재동, 1996, pp.205-206).

사정이 이렇다 보니 작업 시간, 휴식, 노동의 형태·조건·관계, 주거, 복지 등의 현안, 특히 임금 문제는 고용주와 근로자의 관계를 긴장 속으로 밀어 넣는 첨예한 쟁점이 될 수밖에 없었다. 그러나 노동자가 취할 수 있는 선택의 여지는 많지 않았다. 시간, 노력, 장비의 투입을 최소로 유지하면서 채탄량을 늘려 수익을 창출하려던 영세 하청업자로서는 당연히 직원의 복지에 소홀하게 마련이었고 적정 수준의 임금을 보장할 여력은 커녕 의지조차

---

[9] 공수는 하루 작업량을 의미한다. 반나절 작업량은 반공수로 명명한다. 도급작업의 경우 단위와 조건은 별도의 협정에 따르게 되는데, 굴진도급에서는 통상 근로시간을 정하지 않고 1발파 1공수로 정하였다.

없었다. 문제는 성과에 입각해 수당을 지급하는 고답적인 전근대식 임금체계에 있었다. 작업량과 생산량에 비례해 임금이 결정되는 체제는 광부 본인의 인식에 근거하여 일한 만큼 대가가 부여된다는 내면화된 노동 규율을 자극해 굴진 거리와 채탄량을 증대시키는 한편, 막장의 노동을 현장에서 감독해야 하는 부담까지 덜어주는 효과적인 노동 통제 방식이기도 했다(남춘호, 2005, p.21; 정헌주, 2004, p.92).

하청 위주의 영세한 운영에서 보편적으로 나타나는 조광료(租鑛料)는 한층 자극적인 사안이었다. 석탄산업이 일찍 출발한 영국의 경우 광업권자와 채굴 계약을 맺은 업체는 단위무게(톤) 당 일정액의 수수료를 지급받고 광업권자는 지급한 수수료와 석탄 판매가의 차액을 수입으로 삼았으며, 조광권이 설정된 곳에서는 하청업자가 채굴한 석탄에 대해 톤당 일정액의 광산 사용료를 납부하였다(Hudson & Sadler, 1990, p.442). 성주리에서도 이와 유사한 관행을 확인하게 되는데, 성주광업소를 예로 들면 광업권자(鑛業權者, 대한석탄공사), 조광권자(租鑛權者, 신성산업), 덕대(德大, 하청업자)로 이어지는 삼원 체제에 기초하여 석탄의 채굴, 취득, 처분이 이루어졌다. 조광권을 취득한 신성산업이 광주(鑛主) 행세를 하며 사계약으로 광구의 일부를 영세 탄광업자에게 재하청하고, 채굴된 석탄의 20%를 광산 사용료 또는 덕대료 명목으로 징수한 뒤 그 가운데 절반을 대한석탄공사에 조광료로 납부하는 방식이었다.[10] 1973년 개정 「광업법」 제26장의 2에 '조광권' 조항을 신설하여(국가법령정보센터 「광업법」 참조) 그간 암암리에 시행되어 온 덕대제를 합법화함으로써 광산 운영을 양성화시켰다고는 하지만 조광권자가 재하청의 형식으로 한 광상에 여러 명의 덕대에게 실질적인 탄광 운영을 위임하는 관행은 명백한 불법이

---

[10] 제보: 정강월(1932년생, 성주면 성주7리 212-7)

었다.

1981년 7월 30일에 「광업법」이 '전부 개정'된 것을 원인으로 한 신성산업과 덕대업자 사이의 논쟁에서 재하청을 둘러싼 저간의 사정을 일면 확인할수 있다. 합자회사인 신성산업개발을 창설하였으나 경영상의 이유로 하청업자로 전락한 정마수를 대표로 내세운 성주광업소 덕대업자 30명은 신흥식의신성산업 석탄 생산량 가운데 90%는 덕대들이 채굴한 것이기 때문에 실제생산자들이 조광권을 취득할 수 있도록 조처해 줄 것을 진정했던 것이다. 청원 과정에서 신성산업이 덕대업자로부터 생산물의 20%를 분철료 및 기타 부대비용 명목으로 수령한 다음 그중 10%를 대한석탄공사에 납부하고 10%를'부당' 이익으로 취한다는 사실이 밝혀졌다.11) 오른쪽 신문기사는 당시 문제가 되었던 상황을 낱낱이 들추고 있다.

분광업자가 조광권자에게 납부하는 일명 분철료(分鐵料)의 부담은 조광권자가 광업권자에게 납부하는 조광료율이 높을수록 가중되기 마련인데, 왜냐하면 덕대들이 암묵적으로 분담을 강요받고 이는 다시 일선 광부의 희생을요구하였기 때문이다. 대한석탄공사 기획전략팀에 의뢰하여 제공받은 자료에 따르면 신성산업의 조광료율은 1974년부터 1978년까지 14.5%, 1979년에서 1984년까지 10%, 1985년에서 폐광이 되는 1990년까지 5% 수준이었던것으로 나타났다(표 20). 광구의 채굴 상황이 악화되고 석탄 수급과 관련해 국내외의 상황이 불리하게 전개되면서 조광료율 또한 점차 하향 조정되었다고볼 수 있다. 말단의 광부들이 체감하는 부담은 제시된 수치 이상으로 과중했을 것이며 상황은 민영 탄광이라 해서 크게 다를 바 없었을 것이다.

조광료율과 하청에서 비롯된 구조적인 문제는 임금 체불, 저임금, 복지 등

---

11) 『매일경제신문』, 1981년 11월 7일자, 7면

租鑛權 분쟁 잇달아
鑛業法 개정 後 鑛業權者·德大 간 이해 엇갈려
民營 이어 國營에 확대
聖住광업소 不當이득 진정에 當局 중재

德大의 조광권을 양성화하는 광업법 개정령이 시행된 이후 탄광업체와 德大업자 사이에 분쟁이 자주 일어 문제가 되고 있다. 7일 업계에 의하면 민영 탄광 중에서 東震의 어룡탄광을 비롯하여 溪林, 江東炭鑛 등이 조광권 분쟁을 벌이고 있고 최근에는 國營炭鑛인 石公의 聖住광업소에서도 분쟁이 있어 動資部가 조정에 나섰다.

聖住광업소 德大업자 30명(대표 鄭麻守)은 石公으로부터 조광권을 받고 있는 新盛産業(대표 申弘湜)이 10%밖에 생산하지 않고 있으며 나머지 90%는 德大업자들이 생산하고 있어 실제 생산자인 德大업자들이 조광권을 가질 수 있도록 조처해 줄 것을 관계 요로에 진정했다. 德大업자들은 이 진정을 통해 新盛측이 덕대업자들로부터 20%의 分鐵料 및 기타 부대비용을 받아 10%는 石公에 내고 10%는 부당이익으로 얻고 있다고 지적, 현행 광업법시행령 목적에 비춰 石公이 德大업자들에게 조광권을 주어야 한다고 주장하고 있다. 石公과의 조광권 계약이 내년 1월 29일로 끝나는 新盛産業은 石公과의 재계약을 체결, 승인을 신청했으나 동자부는 이같은 德大업자들의 진정에 따라 이 문제를 재검토하고 있다 … 지난 8월 20일 시행된 광업법 개정령은 德大업자들의 양성화를 위해 조광권을 인정하는 내용으로 德大업자가 조광권을 動資部에 신청하면 動資部는 탄광업체에 異議 여부를 물어 이를 조정토록 되어 있다. 전국 德大업자는 170여 명으로 전체 석탄 생산량의 15%가 넘는 연 300만 톤을 생산하고 있다. ─每日經濟新聞 1981年 11月 7日(土曜日) 7면

을 둘러싼 고질적 병폐로 잠복해 있다가 1987년 8월 17일부터 시작된 대규모 노사 분규에서 마침내 폭발한다.**12)** 임금 인상과 상여금 등의 요구사항을

표 20. 대한석탄공사 성주광업소 조광료율

연도	조광료율(%)	직원수(명)	연도	조광료율(%)	직원수(명)
1974	14.5	20	1983	10	38
1975	14.5	36	1984	10	35
1976	14.5	40	1985	5	33
1977	14.5	26	1986	5	32
1978	14.5	28	1987	5	30
1979	10	29	1988	5	30
1980	10	22	1989	5	29
1981	10	23	1990	5	
1982	10	33			

자료: 대한석탄공사 제공

관철시키기 위해 신성, 영보, 대보, 원풍, 덕수탄광 등의 광원들이 대천시 신성산업 본사, 덕수탄광 사무소, 대천역 등지에서 연일 농성을 벌였던 것이다. 광업이라는 단일 산업이 지역경제를 지탱할 경우 노동 경험은 유사한 반면 계층 구분은 그다지 확연하지 않아 노동자 내부에 분열 요소가 끼어들 우려는 크지 않다. 이 같은 집단 내부의 동질성은 산업 자체의 특성에 기인하지만 남성 광원과 광업권자의 사회정치적인 저의가 작동한 귀결이기도 하다. 다시 말해 강도 높은 탄광 노동의 속성상 생계를 짊어진 남성은, 가부장적 권위를 앞세워 여성에게 순종을 강요하는 사회적 차별을 통해 결과적으로 노동쟁의 같은 조직적 저항에 소극적일 수밖에 없는 여성 인력의 합류를 차단하고 가정에 묶어 두고자 한다. 그리고 노동 인력의 안정적인 공급을 걱정해야 하는 광주로서는 탄광 노동 외에 대안으로 취할 수 있는 업종을 극도로 제한하는 치밀한 전략과 정치적 수완을 부린다. 그리하여 상품으로서 노동을 둘러싼 다른 업종과의 경쟁을 최소로 유지한 상태에서 저임금 노동을

12) 『경향신문』, 1987년 8월 18일자, 6면; 8월 20일자, 7면; 8월 21일자, 10면; 『매일경제신문』, 1987년 8월 21일자, 11면

독점 매수할 수 있는 것이다. 이런 경제·사회·정치적 배경에서 파생된 광부 조직은 주체인 그들을 이간시킬 수 있는 교란 요소를 털어 내어 노동쟁의가 발생했을 때 강한 응집력을 토대로 치열한 저항에 나설 수 있는 발판이 되지만, 광주에게는 부메랑이 되어 돌아온다(Massey, 1995, pp.189-192).

광부는 목숨을 담보로 할 수밖에 없는 자신들의 처지와 신체적 위협을 가하는 열악한 작업 환경 때문인지 스스로를 사회 하층집단으로 규정하는 성향이 있다. 이런 체념적인 생활태도를 내재화하면서 때로는 사회에 대한 반감을 노골적으로 표출하는데, 임금을 둘러싼 갈등은 불만을 드러내는 가장 절실하고 직접적인 계기로 작용하였다. 요컨대 탄광촌은 생명과 신체의 안위를 담보로 목돈을 챙길 수 있는 기회의 땅이었지만, 술·도박·여자라는 3대 악풍을 사회적 낙인으로 감수해야 했던 배제의 공간인 동시에 노동 조건을 둘러싸고 긴장과 경합이 공존하는 저항의 현장이기도 했다.

2. 탄광촌의 일상 공간

현재 성주리에 들어서면 인기척을 느낄 수 없을 정도로 한산하고 적막하지만 석탄 경기가 호황을 누릴 때에는 광부들과 오가는 석탄차량으로 북적이던 지역이었다. 탄광촌은 광업이라는 새로운 취락 기능의 분화와 아울러 평야로부터 산지로의 수평적 이동, 저지에서 고지로의 수직적 이동에 수반되는 거주범위의 확대를 상징한다. 농업경제가 주를 이루던 상황에서 한동안 방치된 산간 계곡이 지하에 매장된 자원을 활용할 수 있는 근대적 산업기술의 개발로 경제활동과 주거의 공간으로 탈바꿈하게 된 것이다(오홍석, 1985, pp.157-158).

석탄을 연료로 사용하려면 탐광(探鑛), 채광(採鑛), 선광(選鑛) 등 일련의 공정을 거쳐야 하며 여기에는 일정 수준의 기술과 자본이 소요된다. 그리고 기술과 자본의 투입은 광상(鑛床)의 규모와 질 같은 자연적 토대는 물론 생산비용과 판매가격의 시장 상황을 종합적으로 고려한 상태에서 결정된다. 광산 개발을 위한 투자는 일차적으로 노동력, 물, 식료, 연료, 동력 등 광산 종사자의 거주를 확보하고 유지하기 위한 제반 토대와 설비를 갖추는 데서 시작되며 그로부터 서서히 광산촌의 공간패턴이 형성된다(川崎茂, 1974, pp.176, 179). 광산촌은 일부 예외는 있지만 입지상 산촌(山村)으로 분류되며 고립된 생활 공간으로 존재했던 과거의 화전민촌과 달리 계획적이며 집단적인 성격을 가진다. 성주리 탄광촌 역시 오랜 기간 원주민의 생활 근거지였던 자연촌(自然村)과 함께 탄광 개발에 따라 새로 등장한 광원촌(鑛員村), 계획적으로 설립된 사택촌(社宅村), 광산 노동자를 대상으로 한 서비스업종이 군집한 상업촌(商業村)이 혼재하였다. 탄광촌의 일상은 공유지나 도유림을 점유하여 단독 혹은 연립으로 조성된 광원 가족의 무허가 주택을 중심으로 영위되었다. 초기 이주자는 여관과 원주민의 하숙집에서 더부살이를 하거나 산 언저리 갱구 주변과 개울가 공터에 허름한 거처를 직접 만들어 탄광촌에 첫발을 내딛었다. 일부는 석탄 채굴 현장에 숙소와 식당을 겸한 광부의 합숙소를 이용하였다.

삼거리에 자리한 성주여관은 이주 초기의 광부들이 취업할 때까지 일시적으로 체류하던 중간 기착지의 중요한 역할을 수행하였다. 이 여관은 과거 7~8채의 가옥이 모여 있던 삼거리 한 곳을 차지한 주막이 모태인데, 남포면 원전리에서 태어난 이남순이 개화리에서 시집살이를 하다가 1958년 무렵 초가삼간의 주막을 인수한 직후 도유림의 목재를 이용해 6칸짜리 본동 좌우로 각각 3칸과 4칸의 부속채를 가진 'ㄷ'자 형태의 함석지붕 여관으로 확장·신

사진 42. 성주여관과 이남순

사진은 성주여관의 1970년대 말경의 모습이다. 여관으로 활용된 건립 초기와 달리 촬영 당시에는 월세방으로 전용하였다. 널마루에 모여 있는 세입자와 가족들이 보인다. 성주여관을 운영하던 이남순은 현재 89세이다[자료: 김명환(1947년생) 제공].

축한 것이다(사진 42). 12개의 객실을 보유하면서 일자리를 찾아 모여든 타지 사람을 상대로 영업을 개시할 수 있었다. 예상할 수 있듯이 거처를 구하던 주체는 탄광 재직 경험이 풍부한 강원도 태생을 포함해 전국 각지에서 몰려든 대체로 30~40대의 기혼자였는데, 그들은 홀로 이동하여 여관에 머물며 일자리를 찾다가 취업이 결정되면 탄광 주변에 거처를 마련하고 후에 가족을 불러오는 정착 행태를 보였다고 한다. 여관은 1970년대까지 성황리에 운영되었으며 말엽부터 사택이 늘어 수요가 감소하자 운영 방식을 바꾸어 월세로 임대하다가 1986년과 1990년대 초에 부속채를 순차로 헐어 내고 본채만 살림 공간으로 활용하고 있다.[13]

사택이 등장하기 전의 이주민 가옥은 산사면, 산기슭, 하곡 등지에 무작위로 들어선 남루하고 비좁은 임시 피난처와 다름없었다. 가족 구성원이 늘면 처마 아래쪽에 임시 차양을 내달아 추가 공간을 확보하는 즉흥적인 대처 방

<hr />

13) 제보: 김명환(1947년생, 성주면 성주6리 199-3), 이남순(1922년생, 성주면 성주6리 199-3)

사진 43. 광원주택

광원주택은 돌과 흙을 섞어 담을 만들고 양철 또는 슬래브로 지붕을 이었으며 규모가 작았다. 상단의 주택은 백운사갱 인근에 폐허로 남아 있는 초기 주택으로서 원형을 잘 간직하고 있다. 중단의 광원주택은 뱁재, 탑동, 삼거리에서 확인할 수 있다. 하단에는 먹방, 양지뜸, 성주7리 창터골에 있는 가옥이 보인다.

식으로 기초 생활이 이루어졌다. 탄광 개발 초기의 광원 주택은 현지에서 쉽게 얻을 수 있는 흙, 돌, 짚, 나무 등을 이용해 축조하였으며(사진 43), 이후로 흙벽에 검은 기름종이로 지붕을 덮은 루핑(roofing) 집이 도처에 들어섰다. 일부는 새마을운동을 거치면서 시멘트 블록 벽에 슬래브와 함석으로 지붕을 이은 가옥으로 대체되었으나, 여전히 방 2칸에 부엌이 딸린 허름한 거처에는 변함이 없었다(강홍준, 2001, pp.23, 28). 당시와는 많은 차이가 있겠지만 지금도 공유지에 자리한 주택은 권리금을 주고받는 형식으로 비공식적으로 거래되고 있으며 하천 부지의 경우 연 1만~2만 원 상당의 임대료를 보령시청에 납부하는 것으로 거주의 권한을 인정받고 있는 실정이다.**14)**

사진 44. 여관과 하숙집
첫 번째 사진에 성주여관의 본채가 보이는데, 좌우 양익의 부속채는 철거되었다. 마당에는 생활용수를 공급하던 우물이 보인다. 다음으로 창터골에 폐허로 남아 있는 가옥은 돼지우리로 사용되던 건물을 용도 전환하여 광부들의 숙소로 사용하였다. 세 번째 가옥은 양지뜸에 남아 있다.

탄광 경기가 활황 국면에 접어들면서 타지로부터 구직자들이 대거 몰려들었고 이에 과밀 인구를 수용할 만한 시설을 갖추지 못한 성주리는 만성적인 주택 부족에 시달리게 된다. 새로 개업하는 여관과 여인숙이 늘어났지만 문제 해결을 기대하기에는 수적으로 턱없이 부족하였다. 장기간 머물며 생활할 수 있는 공간에 대한 수요가 날로 커지는 가운데 대지와 주택을 보유한 현지인들도 늘어나는 주택 수요에 대응하고자 이곳저곳에서 가옥을 증축해 하숙집을 운영하기 시작했으며, 심지어 돼지우리로 사용되던 건물을 개조해 광부들에게 공급할 정도로 상황은 심각하였다(사진 44). 탄광촌이 자리를 잡아 가는 시점에는 탄광 종사자를 대상으로 생활용품을 할부로 판매하는 업자들의 여관 이용도 빈번했다고 하며,**15)** 시간이 지나면서 성주여관과 마찬가지로 이들 숙박업소는 단기 체류를 위한 목적에 부

---

14) 제보: 김태수(1944년생, 성주면 개화1리 114)
15) 제보: 최중철(1942년생, 성주7리 209). 제보자 역시 삼거리에서 신사택으로 향하는 중간 지점에 여관을 소유하였고 운영은 그의 아내가 담당하였다.

사진 45. 1960년대 말의 신사택
사택은 슬래브 지붕의 장방형으로 지어진 연립형 주택이었다. 석탄 먼지로 뒤덮인 검은 대지가 인상적이다(자료: 성주초등학교 제공).

응하는 대신 점차 월세방, 나아가 전셋집으로 용도가 전환된다. 현재는 기능을 상실하였으나 사택이 아닌 민간인 소유의 장방형 연립주택, 즉 '말집'은 대개 성주리로 이주한 외지인을 상대로 한 영업용 주택이라 보아도 과언은 아니다.

　제한적이나마 만성적인 주택 문제에 돌파구가 마련된 것은 사업체 주도로 건립한 사택이 등장한 이후의 일이다. 막사를 연상시키는 말집 형태의 사택은 개화리 북단 하천변에 들어선 것이 최초라 추정되는데, 성주탄광의 장순희가 대동갱을 개발하는 과정에서 축조하였다고 알려지며 '구사택'이라는 지명이 흔적으로 남아 있다. 당시 지어진 가옥 다수가 홍수에 소실되었지만 일부는 별다른 개조 없이 고스란히 남아 있어 주거생활의 일단을 엿볼 수 있다. 이후 성주탄좌개발주식회사를 인수한 대한탄광의 이회림 회장이 광업소

사진 46. 신사택(1980년대 초)
(자료: 보령석탄박물관)

사진 47. 신사택(1989)
(자료: 대천여고 황의호 교장 제공)

소속 기계실이 자리했던 현 성주8리에 사택을 건립하였다. 강원도 삼척의 옥
동광업소에 재직하다 성주탄좌 매입과 함께 성주리로 내려와 생산기술직 상
무의 직책을 수행한 김재한과 백광현 광업소장 주도로 1965년과 1966년 무
렵 한 동에 4가구가 거주할 수 있는 주택 총 50동이 건립되었다(사진 45; 46;
47; 48). **16)** 슬래브 지붕을 이은 장방형의 연립식 사택은 계획된 가로를 따라

---

16) 제보: 김재한(1920년생, 대천동 618–58). 대한탄광의 옥동광업소는 삼척과 영월 두 곳에 소재
하였다. 1958년의 『광구일람』에 제보자인 김재한은 부여군 외산면 소재 삼등탄광과 무량탄광의

사진 48. 대한탄광 신사택

이회림 대한탄광(주) 회장이 건립한 신사택(성주8리) 광원용 사택의 근래 모습이다. 마지막 사진에 수록된 건물은
공동화장실이다.

질서정연하게 들어섰으며 전체적으로 규율이 강조되는 컴퍼니 타운(company town)의 경관을 연상시킨다. 가옥 사이 후미진 곳에 남아 있는 폐기된 공동화장실과 구판장 등의 신사택 건축물은 집단적 공동체 생활을 엿볼 수 있는 경관 요소로서 그 자취는 지금도 완연하다.

1967년에 광업권을 인수한 대한석탄공사는 그해 11월 14일에 블록으로 지어진 슬래브 지붕의 사택 일체를 매입하였으며, 1971년 봄에는 직원들을 수용하기 위해 사택 14동을 건립하였다(윤성하, 1984, p.191). 그리고 이렇게 건설된 사택 일체를 조광권자인 신성산업이 인수하였으며, 전기료와 관리원 수당 등 기본 유지비용으로 2만~3만 원의 관리비를 납부한 자사 소속 광원들이 거주할 수 있도록 허락하였다. 대한석탄공사는 1984년에 직원들의 주

광업권자로 등록되어 있다. 그는 동갑내기 장순희가 3,000만 원을 투자해 매입한 동명탄광의 소장직을 수행하며 외산면 일대에서 석탄 증산의 능력을 과시하였다. 대천동에 있는 그의 보령시이북오도민연합회 사무실은 과거 충남지구탄광협회 사무실로 사용되었다.

사진 49. 신사택 내 대한석탄공사 가옥
대한석탄공사가 직원들을 위해 지은 와가이다. 직원 전용의 급수탑도 보인다.

거환경 개선 대책으로 사택 20동을 추가로 건설한다.**17)** 당시 지어진 가옥 측면에는 '84-10-6', '84-10-9' 등의 수치가 적혀 있는데, '84-10'은 1984년 10월이라는 건립 연월을 암시하며 끝에 붙는 수치는 성주광업소가 각 건축물에 부여한 일련번호로 보인다(사진 49). 직선도로를 사이에 두고 규칙적으로 들어선 신사택의 단층 64개 동 건물은 현재 148호의 다세대를 수용하고 있다(보령시지편찬위원회, 2010a, p.170).

규격화된 광원 사택은 자연재해로 인한 피해 복구의 일환으로 건설되기도 하였다. 1979년에 수재를 당한 광원을 위해 조성된 창터골사택과 유보사택이 좋은 예이다(보령시지편찬위원회, 2010c, p.157). 8월 5일 새벽에 284mm의 집중호우가 보령 일대를 강타하였으며, 그로 인해 가장 큰 피해를 입은 지역이 다름 아닌 성주리였다. 취약했던 151동의 주택이 무너지고 671명의 이재민이 발생하였다. 당시 국무총리였던 최규하 씨가 현장을 방문했을 정도로

---

17) 제보: 정규학[1929년생, 보령시 명천동(수청거리) 491-12], 복봉수(1941년생, 성주면 성주5리 183-4), 신흥섭(1936년생, 성주면 성주8리 226-1), 임정남(1944생, 성주면 성주8리 산39), 복민수(1954년생, 성주면 성주6리 200-1), 정강월(1932년생, 성주면 성주7리 212-7); 『매일경제신문』, 1984년 6월 22일자, 8면; 폐쇄등기부 증명서.

피해의 규모가 컸다고 한다. '8·5수해'는 위의 신문 기사처럼 예기치 못한 기
상 상황에 더하여 성주천 인근 40여 개 탄광에서 광산보안법과 산림법을 위
반해 가며 매년 10여 만 톤의 폐석을 계곡에 방기함으로써 초래되었는데, 성
주천의 천정천화가 진행되어 1972년에 쌓은 제방 70m 정도가 무너진 것이

사진 50. 창터골 수재민 사택

용마루를 기준으로 좌우 동형의 2가구 수용 주택으로 1979년에 지어졌다. 지붕의 경사가 급하고, 건립 당시에는 기와로 지붕을 이었으나 퇴락하여 4년 전에 함석으로 교체·수리하였다.

사진 51. 성림탄광 수재민 사택

성림탄광 유보갱에 근무하던 수재민을 위해 지은 사택으로서 폐기된 가옥 한 채에서 건립 당시의 기와지붕을 확인할 수 있다. 마지막 사진은 주민들이 공동으로 이용하던 화장실이다.

직접적인 원인이었다.18) 많은 광산촌민이 복구 작업에 동원되었으며 일부 탄광주는 사택을 건립해 수해를 당한 광원들을 수용하였다.

수해는 오카브 계곡에 자리한 덕수탄광과 먹방의 성림탄광 광원들을 강타했다. 계곡을 따라 허술하게 지어진 가옥은 대부분 붕괴되거나 유실되었다. 덕수탄광 수재민들은 거처를 잃은 채 임시로 천막촌을 형성해 머물다가 정부 지원으로 성주7리 창터골 도유림 부지에 수재민 사택이 건립되고 일괄적으로 가구당 농협으로부터 20년 상환 조건으로 150만 원의 융자를 받을 수

---

18) 『경향신문』, 1979년 8월 7일자, 6–7면; 1979년 8월 25일자, 6면

사진 52. 원풍사택

있는 혜택이 부여되어 입주가 가능하였다. 한 동에 2가구를 수용할 수 있는 사택 7동이 와가로 지어졌으며 1979년 10월 26일에 입주가 이루어졌다(사진 50). 상환을 마친 가구는 건물을 소유할 수 있는 권한이 부여되었지만 대지는 여전히 도유림 부지로 남아 있어 소유권의 귀속이 명확하지 않은 상태이다. 가구당 사용하는 부지에 따라 조금씩 차이는 있지만 지금도 도유림 사용에 대해 연 4만~5만 원의 세금을 납부하고 있다.**19)** 같은 시기에 지어진 수재민 사택은 현 백운대교를 건너 백운사로 향해 가는 도로변에서도 확인되었다. 물매가 급한 첨두형 지붕을 가진 양식이 창터골의 사택과 동일하다. 이곳 사택은 성림탄광 유보갱에 근무하던 광원들이 수해를 당하면서 이들의 재정착을 위해 지어졌기 때문에 '유보사택'으로 불린다(사진 51).**20)** 융자에 이은 입주 방식은 창터골과 동일하였으며 모두 10채의 건물이 파악되고 있다. 내부를 들여다보면 좌우로 9평 규모의 방과 응접실이 있고 안으로 더 들어가면 왼쪽에 방, 그리고 오른쪽에 부엌이 딸려 있다. 2층에는 다락방이 있다. 화장실은 집 바깥에 별도로 지어졌으며 주민 공동으로 이용하였다.

---

19) 제보: 김숙자(1951년생, 성주면 성주7리 산24–5), 이경식(1951년생, 성주면 성주7리 산24–5)
20) 제보: 최용덕(1942년생, 성주면 성주2리 35)

이례적으로 심원동 원풍탄광에 근무한 직원들의 사택은 성주리를 벗어나 있다. 성주터널을 빠져나와 보령시청을 지나기 전, 오른쪽 샛길을 따라가면 마주하게 되는 아파트형 연립주택으로서 보령시 명천동 212-1번지에 자리한다(사진 52). 인근에는 성주면 개화리 일대의 대보탄광 광주였던 신홍식이 건립한 대단위 대보사택이 있다. 지금은 송정주택으로 개명된 원풍사택은 철근콘크리트조 슬래브 지붕의 3층 연립주택으로서 층별 면적은 192.96m² 이다. 1986년 11월 10일에 건물에 대한 등기가 접수되었고 1986년 11월 27일을 기해 대천시 명천동 산26-2번지의 임야 6,669m²가 대천시 명천동 212-1번지의 대지 6,860m²로 등록 전환된 점으로 보아 사택의 준공은 11월 초가 될 것으로 추정된다. 등기 접수 당시 건물의 소유주는 성주면 성주리 산39번지의 태웅공업주식회사로 기재되어 있다. 태웅공업은 앞서 밝힌 대로 삼척 황지에서 태영광업소를 운영하던 김영생·김상봉 형제의 회사였으나 1984년 6월 27일에 경북 문경군 점촌읍 점촌리 202-19번지에 주소지를 둔 이현이 대표이사직을 승계한 바 있다.**21)** 과밀한 성주리에서 마땅한 부지를 확보하기 어려워 부득이 외딴 곳에 서게 된 사택은 현대식으로 견고하게 지어졌다. 한 동에 출입구가 두 곳 갖추어져 있으며 입구를 기준으로 좌우 각각 3세대씩 층별로 배치된 건물 세 동이 모여 전체적으로 36세대를 수용하고 있다. 연탄보일러용 연립주택으로서 옥상에는 동별로 2대의 물탱크가 갖추어져 있다. 사택은 광산 노무자와 직원들에게 제공되었으며 근무지인 심원동까지는 통근버스가 왕복 운행되었다고 한다. 원풍사택은 1989년 폐광 이후 층수와 향에 따라 1,300만~1,500만 원에 분양되어 민간 소유로 전환된다.**22)**

---

21) 서울중앙지방법원 중부등기소 발행 '태웅공업' 폐쇄등기부등본
22) 대전지방법원 보령등기소 발행 '대천시 명천동 산26-2번지' 폐쇄등기부 증명서; 제보: 이기두

성주리 탄광촌 내부에는 사택 외에도 업무의 구심점으로서 행정·탄광 업무·치안·통신 등 각종 서비스를 제공해 준 면사무소,23) 성주광업소, 보령 경찰서 성주파견소,24) 성주우체국,25) 충남도유림 성주보호구, 의용소방대 등의 관공서와 함께 미산농협성주분소, 새마을창고, 새마을구판장, 노동조 합사무실, 복지회관26) 등 일상을 영위하는 데 긴요한 각종 설비가 분포하였 다. 그리고 1987년 무렵 성주리 중심 지역의 지리적 패턴을 복원한 결과에 따르면 이들 대부분은 성주6리 삼거리를 축으로 분포하였다(그림 32; 사진 53; 54; 55). 두말할 필요 없이 이 가운데 가장 중요한 시설로는 면사무소에 앞서 탄광업무를 총괄하던 성주광업소를 꼽아야 할 것 같다. 여러 차례 강조한 것 처럼 성주면이 탄생한 것도, 성주리가 행정 중심지로 거듭날 수 있었던 것도 한결같이 배후에 석탄이 있었기 때문이다.

성주광업소 자리는 원래 논으로 이용되던 곳으로서 1965년 4월에 개화국 민학교 성주분실이 처음으로 설립되었다. 광산지대의 풍기 문란한 유해 환 경 때문에 성주사지 옆 지금의 성주초등학교 부지로 학교가 이전되면서 그 자리에 성주탄전을 인수한 대한탄광주식회사의 자회사로 유지된 성주탄좌

(1936년생, 보령시 명천동 대보주택 3동 101호). 제보자는 원풍사택 통장으로 근무하였다.
23) 성주출장소는 1986년 면 승격 후에도 한동안 면사무소로 활용되었다. 191-1번지에 자리한 현 면사무소는 1988년 12월부터 행정 업무를 시작하였다.
24) 탄광 개발이 본격적으로 진행되어 외지인이 대거 이주하면서 다툼과 분쟁이 잦아 통제가 필 요한 상황에서 1965년 4월 1일에 미산지서 성주파견소가 설치된다. 미산지서는 1995년에 미산 파출소로 개편되고 2000년 6월 1일에는 성주파견소를 흡수한다(보령시지편찬위원회, 2010a, p.572).
25) 1979년 3월 5일에 개국하여 성주면 일원의 우편, 보험, 환업무 등을 담당해 오고 있다(보령군 지편찬위원회, 1991, p.271).
26) 도비 1,200만 원을 투자해 건립한 근로자복지회관(새마을구판장)은 1977년 6월 21일에, 대통 령 특별지원금으로 건립한 복지회관은 1983년 1월 10일에 개관하였다(대한석탄공사 사사편찬 실, 2001, pp.225, 535). 복지회관 내부 1층에는 목욕탕, 이발소, 상점, 2층에는 회의실이 갖추어 졌다.

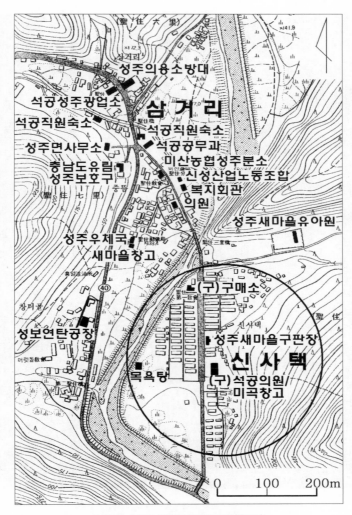

그림 32. 성주리 행정 중심지와 신사택(1987)

개발주식회사의 전담 부서가 들어서 운영되었다. 그 뒤 대한석탄공사가 대한탄광을 대신하여 부지 일체를 인수하고 그곳에 성주광업소장실과 차장실을 비롯해 기획과, 회계과, 노무과 등의 부서를 배치하였다. 도로 건너 반대

사진 53. 성주리 행정 중심지와 사택촌 항공사진(1989)

편 부지에는 현재 농협이 들어서 있는데, 원래 장순희의 성주탄광과 대한탄
광의 사무실 일부가 건립되었던 곳으로서 대한석탄공사 성주광업소는 이곳
에 자재과와 자재 창고를 두었다. 조광 운영이 결정된 뒤로는 정마수의 신성
산업 본사로 대체되어 성주광업소 사무소와 마주하게 되었는데, 이한무에게

사진 54. 성주리 행정 중심지와 신사택의 주요 설비

상단 왼쪽부터 성주면사무소, 도유림보호구 사무소, 성주우체국, 대한석탄공사 공무과, 미산농협 성주분소, 신성산업 노동조합사무소, 새마을구판장(1977), 복지회관(1983), 대한석탄공사 의원 겸 미곡창고 등을 볼 수 있다.

사진 55. 구 면사무소와 주요 관공서

사진 56. 대한석탄공사 간부 및 직원 숙소
위의 두 사진은 간부 숙소인 제1합숙소이다. 내부는 응접실을 중심으로 좌우로 복도가 이어지고 복도를 기준으로
위 아래로 방과 화장실이 배치되는 복열형 구조를 취하였다. 아래 사진은 직원 숙소로 쓰인 건물이다.

경영권이 이전된 뒤로도 줄곧 같은 위치를 고수하였다. 신성산업이 자리를
옮긴 것은 신흥식이 회사를 인수하고 본사를 대천에 두게 된 이후의 일이다.
그림 32의 지도에 보이는 면사무소 전방에는 대한석탄공사 공무과가 입지하
여 각종 기계기구의 제작 및 수리 업무를 돌보았으며 근접한 지점에 유류 창
고가 있었으나 1971년 홍수에 유실되었다고 한다.**27)**

소장, 부소장, 과장, 계장 등의 직제로 편재된 대한석탄공사 간부직원의
숙소 겸 식당은 제1합숙소로 불리었는데, 성주터널을 빠져나와 삼거리로 향
해 내려가는 도로 오른편 개울 건너에 자리하였으며 대한석탄공사 본사에

---

27) 제보: 정강월(1932년생, 성주면 성주7리 212-7), 복봉수(1941년생, 성주면 성주5리 183-4), 복
민수(1954년생, 성주면 성주6리 200-1), 임정식(1942년생, 성주면 성주6리 198-2)

사진 57. 대한석탄공사 목욕탕
성주천변에 들어선 대한석탄공사의
사원용 목욕탕은 탄가루를 뒤집어 쓴
직원들이 일과 종료 후 찾던 일상 공
간이다.

서 파견된 직원의 객실로도 활용되었다. 비교적 쾌적하고 조용한 환경을 배
경으로 건립된 합숙소는 관사를 겸하였으며 취사를 담당하는 여성 고용인이
방 한 칸에 머물며 조식, 중식, 석식을 준비해 직원들에게 제공하였다. 숙소
는 중앙의 응접실을 기준으로 좌우로 복도가 있고 각각의 복도 양편에 화장
실이 딸린 방이 배치되는 구조였다.**28)** 반면, 일반 직원의 합숙소는 성주광업
소 사무소 서쪽의 개울 건너편과 현 성주면사무소 입구 두 곳에 자리하였다.
개울변의 합숙소는 장방형, 면사무소 입구의 것은 'ㄷ'자형의 구조로 지어진
와가로서 건립 당시의 평면 형태를 그대로 유지하고 있다(사진 56). 탄가루가
난무하는 가운데 일과를 마친 직원들이 가장 먼저 찾던 공간은 아마도 따뜻
한 물이 준비된 목욕탕이었을 것이다. 신사택과 성주천 사이의 공지에 설립
된 대한석탄공사의 목욕탕은 현재 기능을 완전히 상실한 채 철거를 기다리
는 흉물이 되었지만 석탄 채굴이 한창이던 시절에는 많은 이들의 부러움을
사던 공간이었고 탄광 운영의 실상을 가장 생생하게 엿들을 수 있던 정보 수

---

28) 제보: 서연순(1952년생, 성주6리 429). 제보자는 1985년부터 성주광업소가 폐쇄되는 1990년
까지 간부직원의 식사를 준비하였다.

사진 58. 개화국민학교 성주분실과 성주국민학교

사진에는 1960년대 중반 무렵 삼거리에 자리했던 개화국민학교 성주분실과 1980년대 초 성주국민학교의 조례 모습이 담겨 있다. 성주분실 자리에는 뒤에 대한석탄공사 성주광업소가 들어선다. 성주국민학교 교단 너머에 보이는 덕수탄광 관할 탄광의 버력이 인상적이다(자료: 성주초등학교 제공).

렴의 장이기도 했다(사진 57).

사무 현장인 성주광업소를 벗어나 일반 광부들의 세계로 들어가면 보다 진솔한 이야기를 접할 수 있다. 여기서도 마찬가지로 노역을 마친 광원들은 예외 없이 목욕탕에서 검게 물든 몸을 씻어낸 다음, 습관적으로 술집에 모여 탄가루를 쓸어내린다는 돼지고기를 안주 삼아 외상술을 들이키고 신세 한탄을 늘어놓으며 삶의 고달픔을 달랬다. 주말이나 휴일에는 이발소를 찾거나 다방에서 여종업원과 동료들 사이에 섞여 담소를 나누곤 했다. 가장이 이렇게 남성의 공간을 배회하는 사이 주부들은 남성 지배의 사회로부터 부여받은 가사 부양의 책무를 다하기 위해 생활 필수품을 저렴하게 구입할 수 있는 새마을구판장을 드나들고, 급수탑을 오가며 물을 긷고,**29)** 가정의 평화와 안

---

29) 성주면에 상수도가 갖추어진 것은 1992년의 일로서 면 소재지 일대부터 식수가 공급되기 시작하였다. 2007년의 조사에 따르면 상수도 보급률은 40.4%로 나타났다. 성주정수장의 시설 용량은 하루 900㎥의 규모이다(보령시지편찬위원회, 2010a, pp.492-493).

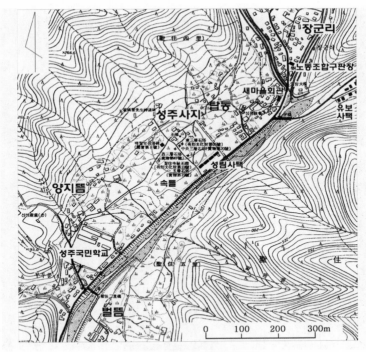

그림 33. 성주리 전통 중심지(1987)

녕을 위해 주일에는 교회로 향했다. 그리고 탄광촌 아이들에게는 새마을유아원, 성주국민학교, 놀이터 등이 교육 및 유희 공간으로 제공되었다. 특히 개화국민학교의 한 개 분실로 출발하여 마을이 커짐에 따라 분리·독립한 성주국민학교는 삭막한 환경에서 자라난 어린이들을 순화시키고 미래의 꿈과 희망을 향해 나아갈 수 있도록 자질을 배양하는 사회화의 도량으로서 탄광촌의 핵심적 위치를 차지하였다(사진 58). 중·고등학교는 바래기재 너머 대천 읍내에 몰려 있었기 때문에 장거리 통학이 불가피했으며 1970년대 중반까지만 해도 버스가 하루에 두 번밖에 운행을 하지 않아 석탄을 하역하고 돌아오는 트럭이나 축전차 기사에게 승차를 부탁해 귀가하는 일도 잦았다고 한다.

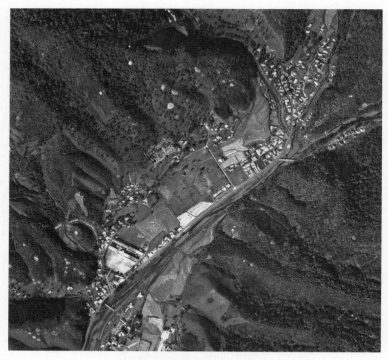

사진 59. 성주리 전통 중심지의 항공사진(1989)

탄광의 수와 채탄량이 증가하면 자연스럽게 입학생과 학급의 수가 늘어나고, 광부들의 작업일수와 채탄량이 감소하면 반대로 입학생과 학급의 수도 따라 줄었던 것처럼 성주초등학교는 출발 당시부터 석탄과 성쇠를 함께 하였으며 현재는 성주리의 출발점이자 전통 중심지인 성주사지 옆에 자리한다. 이곳의 오랜 역사를 반영하듯 학교 앞 성주천변에는 수령 200년 이상의 아름드리 느티나무 여러 그루가 줄을 이루고 서서 짙은 녹음을 드리우며 한여름 더위에 지친 주민들에게 편안한 휴식의 공간을 제공한다. 가로변에는 규모가 작은 가게, 싸전, 연쇄점, '대천여객자동차 주식회사 성주2구 정류소' 푯말이 부착된 정류장 등 낯익은 시골 풍경이 정겹게 펼쳐진다. 성주사지

사진 60. 성주사지 주변 전통 중심지의 경관
성주사지 인근의 전통 중심지로서 사진에는 성주초등학교와 마을의 역사를 대변해 주는 느티나무, 그리고 탄광촌이 성장 일로에 있을 당시 찾는 사람이 많았던 싸전·상점·버스매표소가 보인다. 아래 사진은 새마을회관, 다방, 노동조합구판장 등 일상생활의 현장을 담고 있다.

동쪽의 탑동에도 적지 않은 주민이 거주하며, 도로에서 조금 떨어진 곳에서는 이들이 생활하는 흙과 돌로 축조된 민가를 볼 수 있다. 취락의 전통이 짙게 배어 옛 정취를 고스란히 느낄 수 있는 이곳은 먹방의 성림탄광에 근무하는 광원이 적지 않았으며 그들의 대부분은 광주인 신홍식이 성주사지와 성주천 사이에 건립한 성림사택 4개 동에 모여 살았다(그림 33; 사진 59; 60). 백운사 방면으로 향하는 도로가 갈라지는 장군리 삼거리에도 이발소, 상점, 내실을 갖춘 새마을회관과 노동조합구판장이 들어서 일상생활에 편의를 제공하였다.

성주리에서 대천읍내로 가기 위해 사람들은 구불거리는 고갯길을 넘나들었다. 1960년대 중반까지는 성주리를 연결하는 버스 노선이 개통되지 않은 상태였기 때문에 도보로 바래기재를 오르내릴 수밖에 없었다. 그러던 중 논산, 부여, 대천의 교통 수요에 부응하고자 1965년에 금남여객자동차(주)가 설립되었고, 회사는 성주리 탄광촌과 대천을 잇는 노선을 개통한 데 이어 운

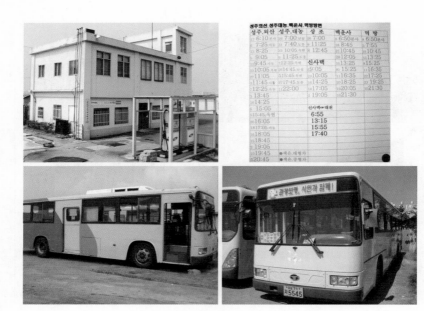

사진 61. 대천여객

행 횟수를 점차 늘렸다. 이후 금남여객은 1979년 12월 29일에 보령군 관내의 버스 운송 사업권을 대천여객자동차(주)에 매각하였다. 대천여객의 본사는 현재 보령시 명천동 603-1번지에 위치한다. 변함없이 옛 자리를 지키면서 구 대천역 인근의 터미널을 기점으로 삼거리, 먹방, 백운사, 심원 등 성주리 중심지와 골짜기 곳곳을 연결해 주고 있다. 대천여객 노동조합이 제공한 버스 운행 시간표를 보면, 대천과 성주리를 직접 연결하는 구간 외에도 서천군 판교면, 부여군 외산면, 보령시 미산면 도화담리·대농리·옥현리·봉성리, 성주면 개화리 등지와 대천을 오가는 버스가 새벽 6시 40분부터 밤 9시 30분까지 쉴 새 없이 성주리를 통과하고 있다(사진 61).

　버스의 운행이 일시에 빈번해지게 된 데에는 바래기재를 넘지 않아도 되는 사유가 생겼기 때문인데, 탄전개발합리화의 일환으로 고개 중턱을 관통하는

사진 62. 오카브와 성주터널

성주리에서 바래기재 정상을 향해 올라가는 도중에 만나게 되는 오카브는 계곡을 휘감아 도는 부위에 해당하며 개울이 흘러내리는 지점이기도 해서 5톤이 넘는 석탄을 적재한 트럭이 지나기에는 어려움이 많았고 사고도 잦았다. 1987년에 성주터널이 뚫리면서 대천과의 왕래가 수월해졌다.

성주터널이 개통되면서 두 지역 간 왕래가 한결 수월해진 것이다(사진 62). 원래 성주탄은 트럭에 실려 고개를 넘은 다음 출하역인 옥마역이나 대천역에 도달하였는데, 경사가 급하고 연장 또한 긴 이 노선은 이용에 여러모로 불편하였다. 급커브와 급경사 지점이 있고 비포장으로서 유지 관리가 곤란했던 까닭에 고갯길에서는 교통사고가 빈발하였고 강설 시에는 교통이 두절되어 광산자재 수송과 통근에 막대한 지장이 있었다. 결과적으로 운반비의 부담이 커질 수밖에 없었으며, 이런 상황에서 터널을 굴착할 경우 탄광과 연계된 그와 같은 문제가 해결됨은 물론 농수산물 유통도 원활해지고 따라서 지역사회 발전에 기여할 것으로 기대되었다. 타당성에 대한 확신에 입각해 4년간(1984.3.30~1987.12.31)의 공사에 돌입한 끝에 연장 710m, 차도 폭 7.2m의 성주터널이 개통되어 대천으로의 왕래가 한결 편해졌다(한국동력자원연구소, 1983, p.8). 대천시와 성주면 경계부의 터널 입구에 부착된 공사연혁 동판에 따르면 성주터널은 대전지방국토관리청 주관으로 덕수종합개발(주)이 시공하였다.

터널이 준공되면서 통근과 통학을 가로막던 장벽의 부담을 덜게 되었고 생활 필수품 조달이 훨씬 빨라졌으며, 광원들로서는 음주가무의 유흥 서비스

가 기다리고 있는 대천에 수월하게
닿을 수 있었다. 광원들이 월급을 손
에 쥐는 날이면 성주리를 출발한 차
량의 행렬이 끊이지 않을 정도로 대
천의 경제는 탄광촌 사람들의 씀씀
이에 크게 의존하였다. 돌아보면 산
업화 시기를 살아온 광원들은 연중
무휴 계속해서 돌아가는 노동시계를
멈출 수 없었다. 여가를 즐길 여유가
없었고 마땅한 소일거리를 찾기도
어려워 휴일에는 지친 심신을 휴식
으로 달래는 것이 전부였다. 고개 너
머의 백사장에서 외지인들이 즐기는
해수욕은 그들에게는 단지 사치에
불과하였다. 유일한 즐거움이라면
월급봉투를 받아 들고 동료와 무리
를 지어 술집이 즐비한 성주광업소
인근 삼거리에서 두부와 돼지고기를
안주 삼아 미산막걸리**30)**와 소주를
들이키며 회포를 풀거나, 버스·탄

사진 63. 성다방, 성주불고기집, 대천 24번지
성주리 최초의 성다방은 광원들의 만남의 광장이었다. 성주
불고기집은 폐에 쌓인 탄가루를 씻어 내리고 고단함을 달래
는 휴식의 공간이었으며, 대천 24번지(구시 9길)도 월급일
에 맞추어 자주 찾는 유흥의 거리였다.

---

30) 제보: 윤이섭(1934년생, 미산면 도화담리 195-16). 미산양조장 내에는 종국실, 작업실, 숙성실
이 갖추어져 있다. 탁주 판매는 탄광 경기가 좋았던 1970년대에 호황을 맞았으며 계절로 보면
여름이 성수기에 해당한다. 미산막걸리는 법적으로 보령군 관내 어디에서나 판매가 가능하였지
만 협회의 약정에 따라 판로가 면내로 제한되면서 주로 미산면 일대에 공급되었다.

사진 64. 미산막걸리

양조장은 면 단위로 한 곳에 허가된 주류 제조장이었다. 미산양조장은 성주리를 중심으로 주로 미산면 일대에 막걸리를 공급하였다. 한국전쟁 직후 미산면 평라리 337번지에 설립된 양조장은 보령댐 건설로 수몰되어 1993년에 도화담리로 이전하였다.

차·택시 등의 교통수단을 이용해 소비도시인 대천읍내로 들어가 아가씨들이 대기하고 있는 '24번지'의 유흥업소를 찾는 일이었다(사진 63; 64).

탄광 노동자에게 음주문화는 다양한 실제적·상징적 기능과 의미를 담고 있다. 술은 갈증을 채워 주고 부족한 영양분을 보충해 주었으며 노동을 촉진하는 자극제이자 신체적 고통을 잠시나마 잊게 하는 마취제의 기능을 수행하였다. 고용자로서는 노동을 촉발하기 위해 전략적으로 술을 동원하였는데, 중노동에 지치고 배고픈 노동자가 혹독한 작업을 지속할 수 있는 유일한 수단으로 적절히 활용했을 경우 생산량 증대의 효과까지 기대할 수 있었기 때문이다. 급료 일부를 주류로 대신하는 일도 드물지 않았으며 그렇게 하더라도 노동자의 반발이 크지 않았다. 술은 또한 최악의 조건에서도 광부들 사이의 관계에서 파생되는 사회적 요구에 불평 없이 부응하며 합심하여 노동에 임할 수 있는 매개로 작용하였다. 예를 들어, 술자리는 지위를 공개적으로 과시하고 용기와 담력으로 대표되는 남성성을 확인하는 시험대이기도 해서 술을 거부할 경우 작업집단으로부터 배제와 차별을 감수해야 하는 폐단도 있지만, 동료들과 함께 하는 일명 사회적 음주(social drinking)는 비형식적인 방식으로 연대를 다지는 소중한 기회를 제공하였다(Roberts, 1992).

탄광촌의 음주문화는 이처럼 노사 모두의 사회·경제적 필요에 의해서 묵인되거나 한편으로는 권장되었다. 성주탄광만 하더라도 적어도 개발 초기에는 그러하였다. 그러나 탄광의 생산 조직이 변하고 생산 과정이 기계화되면서 주류 소비에 대한 태도, 특히 고용자의 그것은 극명하게 달라진다. 근대적인 생산 체계에 필수적인 규율이라는 가치가 술과 음주문화에 정면으로 배치되었기 때문인데, 이제 주류 소비는 향락적이고 반사회적이며 따라서 제재의 대상이라는 논리로 대치된다. 직장 내 음주는 능률, 안전, 복종, 규율 등 제반 측면에서 고용자의 이해에 반하는 것이었기에 탄광과 같은 작업장에서 술은 일순간 배제의 대상으로 전락한다. 시간을 절약하는 합리적 방식으로 생산성 향상을 도모하려는 고용자에게 결근, 사고, 비능률, 불복종을 야기하는 음주는 직장 내 규율을 정립하는 데 큰 장애가 될 것은 분명하였다. 결국, 노동 과정을 통제하려는 고용자와 노동자 사이에서 노동 조건의 하나인 음주는 갈등의 원인이자 그러한 갈등을 겉으로 드러내는 계기가 되기도 하였으며, 실제로 만취 상태에서 고용자에게 폭력을 행사하는 것으로 불만을 표출하는 일이 적지 않았다.31) 그렇지만 노사 협상에서 강자와 약자의 구별은 명확하였다. 일례로 신성산업개발의 『단체협약서』 제4장 제22조는 징계 사유의 하나로 '작업장 내에서 음주와 도박 행위를 했을 때'를 명시하고 있다.

음주를 곁들인 유흥은 주로 급료가 지불되는 날을 전후해 이루어지지만 돈이 돌지 않는 평상시에도 지속되었다. 급하게 현금이 필요할 경우 현장소장에게 지불증을 요청하여 대부업자에게 제시하면 10%의 순이자를 공제한 잔

---

31) 제보: 김찬원(1933년생, 보령시 동대동 808-1), 박종무(1932년생, 보령시 대천1동 태영아파트)

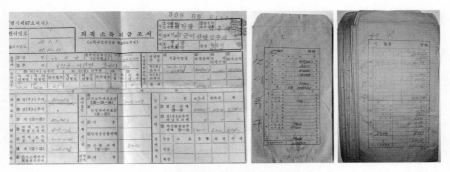

사진 65. 퇴직금 지급 조서와 월급봉투
왼쪽부터 이옥구가 성림탄광에서 신성산업으로 소속을 이전할 때 작성된 서류, 1990년 10월분 월급봉투, 손명수
소장 월급봉투 꾸러미이다. 퇴직 서류에는 신흥식 사장의 도장이 선명하다. 월급이 11만여 원으로 작았던 것은 신
성산업이 폐광 정리 단계에 들어섰기 때문이다. 손명수의 1985년 3월분 월급 62만 8,220원과 큰 대비를 보인다
[자료: 이옥구(1930년생), 손명수(1957년생) 제공].

액을 가불받을 수 있도록 용인한 조처 또한 유흥 자금을 조달하기 위한 방편
으로서 상습적으로 악용되었다.**32)** 현지에서는 월급을 노임(勞賃)이라 부르거
나 작업량을 계산해 급료를 산정한다는 의미의 일본식 표현을 빌려 '간죠(勘
定)'라 하는데, 현금 지급이 어려울 때면 쌀, 라면, 장화, 담배 등 현물로 지급
되는 일도 다반사였다. 1980년 12월 11일에 성림탄광에 입사하여 5년간 근
무하고 신성산업으로 소속을 옮겨 선탄부로 작업했던 여성 광원 이옥구의
월급봉투를 살펴보면 월차 소득의 산정 기준과 함께 현물 지급의 실상을 확
인할 수 있다. 급료명세서의 소득 항목에는 기본급, 입항 수당, 야간근로 수
당, 휴일근로 수당, 연장근로 수당, 주휴 수당, 월차 수당, 연차유급, 사택 수
당, 유급 수당, 그리고 공제 항목에는 소득세, 방위세, 주민세, 의료보험, 국
민연금, 노조비, 가불, 식대 등이 포함되어 있다. 이옥구의 경우 1990년 10
월에 기본 수당, 야간 수당, 휴일 수당, 주일 수당, 월차 수당 등을 합한 11만

---

32) 제보: 정강월(1932년생, 성주면 성주7리 212-7), 복민수(1954년생, 성주면 성주6리 200-1)

6,621원을 소득으로 취하고 있으나, 이 가운데 노조회비, 의료보험, 국민저축 등의 명목으로 7,924원을 공제하고 남은 10만 8,697원이 실수령액이었다. 탄가루가 검게 묻은 봉투에 연필로 적어 놓은 내용으로 미루어 이옥구는 6만 6,000원 상당의 급료를 현물인 쌀로 수령하였고, 잔액 4만 2,697원만을 현금으로 지급받았던 것 같다(사진 65).

홍미롭게도 소비의 공간에서 각광을 받았던 품목의 하나는 다름 아닌 장화로서, 일반인에게는 우천 시에 착용하는 평범한 신발이지만 광산촌 인근 상업지구에서는 가히 상징자본과도 같은 품목이었다. 침출수가 고여 있는 갱내를 자유롭게 오가고 작업 후에는 검은 탄가루를 물로 간편하게 씻어낼 수 있는 작업장의 필수품이었던 장화는 그와 동시에 일시에 홍청망청 지출할 수 있는 경제력을 대신 말해 주기도 하였다. '반짝거리는 구두를 신은 신사보다 장화를 착용한 광부가 유흥업소에서 환대받았다.'라는 진술은**33)** 탄광촌의 일상이 외부와 유리된 별세계에서 지역 특유의 방식으로 전개되었음을 일러 준다.

---

33) 제보: 최기돈(1937년생, 보령시 명천동 흥덕굴안길 16-4)

제6장..
탄광촌 사람들

1. 경영자와 관리 계층

　성주리는 에너지 자원의 개발과 함께 급작스럽게 등장했다가 정부 정책의 변화로 지하에 묻힌 자원의 채굴이 중단되면서 성장 또한 멈추어 버린 전형적인 광산 촌락이다(홍경희, 1985, pp.90-91). 산지의 편협한 하곡에 입지하여 거주 조건이 원천적으로 불리함에도 매장된 유용한 무연탄의 채굴을 위해 청장년층 남성인구가 몰려들면서 전례 없이 빠른 성장을 구가하였고, 동시에 자원의 고갈에 따른 채탄 조건의 악화와 사회 경제적 상황의 변화로 폐광이 현실로 찾아오면서 사양화 또한 숨 가쁘게 진행된 탄광 마을의 하나였던 것이다. 원주민의 초가, 광산 노동자의 불량 주택, 대단위 사택, 유흥업 및 숙박업소를 포함한 각종 서비스 설비 등이 광물의 채굴·저장·수송을 위한 기간산업 설비와 섞여 전통과 근대의 혼성 경관이 형성되었던 이곳 성주리에는 지금은 상상할 수 없이 많은 석탄인들이 오갔다.

　폐광이 한참 지나 석탄재가 말끔히 걷힌 요즘의 성주리에는 청정한 자연을 배경으로 과거와는 사뭇 다른 맥락에서 새로운 기회를 찾아 몰려든 낯선 얼굴들이 드물지 않게 목격된다. 한때는 헐벗어 황량했던 산과 계곡에 녹음이 회복되면서 여가와 관광을 위해 해를 거르지 않고 찾아드는 행락객을 상대로 숙식을 비롯한 여가 서비스를 제공하는 영세 사업가와 같이 저렴한 토지와 주택에 끌려 유입된 신규 이주민들이다. 그러나 우리의 관심은 잠재적 이익만을 염두에 둔 이들 일시적 체류자보다는 과거의 영화를 기억하며 자리를 뜨지 못하고 남아 있는 사람들에게로 쏠린다. 노다지를 꿈꾸며 먼 거리를 달려온 외지인 행렬은 갱도가 하나둘 매립되는 광경을 지켜보면서 원래 떠나왔던 곳이나 도시로 발길을 돌렸지만, 적지 않은 사람들이 아직도 자신의 젊음을 불사른 터전을 지키며 살고 있다. 개중에는 고향이기 때문에 애착을 가질 수밖에 없는 원주민이 있는가 하면, 태어난 곳은 아니나 정서적으로 이곳의 산천과 생활 방식에 익숙해진 까닭에 힘들게 지나온 시절에 대한 남다른 애정을 간직하며 살아가는 사람도 있다. 일부 고령의 저소득층은 신체적으로나 경제적으로 여력이 닿지 않아 다른 지역으로의 이주를 생각할 수조차 없는 딱한 사정을 안고 살기도 한다. 이처럼 잔류의 이유야 분분하지만 그들의 기억은 하나같이 석탄의 고장 성주리에 고정되어 있다.

탄광업은 노동 의존도가 대단히 높은 기간산업으로서 전국 팔도로부터 유휴 노동력을 견인함으로써 지역경제에 긍정적인 연계 효과를 불러왔다. 검은 노다지에 이끌려 성주리로 몰려든 사람들은 대한석탄공사 성주광업소 임직원, 민영 광업권자, 조광권자, 덕대, 현장관리자, 기술자, 전직 광부, 화물차 운전기사 등 탄광의 개발과 운영에 직·간접적으로 관련된 부류와 공무원, 교사, 의사, 은행원, 경찰, 요식업자, 종업원 그리고 이들의 가족 등 탄광촌 형성 이후에 자연스럽게 유입된 부류로 구성된다. 지역, 연령, 학력, 직업, 계층 등의 배경이 극히 다양한 이주자들이다. 태백과 화순 등지에 비해 출발이 다소 늦었던 성주탄전으로는 신규 취업자와 함께 전국에 흩어져 있는 광산에서 이미 금, 은, 철, 석탄 등을 캐 본 경력자의 진출이 두드러졌다. 산업화를 견인할 이들 인력이 성주리로 이주를 단행한 것은 취업의 기회가 열려 있고 노동에 대한 보상이 어느 정도 보장되어 생계 유지가 가능하다는 본원적 이유 때문이기도 하지만, 중장기적으로는 부의 축적을 통한 사회적 지위의 상승 욕구도 크게 작용하였을 것이다. 도시화와 공업화의 시작을 알리는 1960년대를 지나오면서 만연한 절대빈곤에 고통을 겪고 있던 농·산·어촌의 무산 계층, 도시 빈민, 실직자 및 구직자는 궁핍한 생활을 면해 보고자 돌파구를 찾고 있었고 때마침 '공무원 월급의 세 배를 받을 수 있다.'는 성주탄광은 신체적 안위를 담보로 함에도 기대를 걸어 볼 만한 곳이었다. 밭농사와 땔감 판매를 제외하고는 소득원을 달리 가지지 못한 현지인들에게도 그 사정은 크게 다를 바 없었다. 하나같이 석탄에 자신과 가정의 미래를 걸었다.

석탄산업은 지하의 부존자원을 채굴하는 비교적 단순한 작업으로 구성된다. 그러나 매장된 탄층은 부존 상태에 따라 수익을 보장하기도, 초기 투자에 다대한 손실을 초래하기도 한다. 탄층이 노두로 존립하거나 지표에 가깝게 묻혀있을 때 채굴은 수월해지며, 포켓형의 국지적인 존립 양상을 띠기보다는 연속적으로 다량이 집적해 있거나 품위와 열량 모두 높게 나타날 때 적지 않은 수익을 기대해 볼 수 있다. 매장 상태와 무관하게 지하에 묻힌 무연탄의 소재를 찾아내는 탐광과 발견한 석탄의 채굴에 필요한 설비를 갖추는 데에는 막대한 자본이 투여된다. 그만큼 사업 초기의 위험부담은 크지만 반대로 우량 탄맥을 확보하기만 하면 일시에 막대한 부를 축적할 수 있는 매력 또한 강하다. 따라서 탄광으로 투자자와 경영자는 물론 투기 자본의 발길이 이어졌고 의도야 어떻든 현지에서는 일자리의 제공자로 환대를 받았다.

투자자에서 막장 안의 땀 흘리는 광부에 이르기까지, 성주리에서 나고 자란 사람이나 외지에서 찾아온 이방인 모두 성주리 석탄광업사의 주류이고 이들이 몸소 경험한 생애와 머릿속에 간직하고 있는 기억은 과거를 돌아보는 가장 생생한 기록이 아닐 수 없다. 그러나 아쉽게도 모두의 뇌리에 박혀 있는 탄광촌 성주리의 역사는 너무나 가까이 있기에 오히려 무관심에 취약하였다. 문헌으로 정리되지 못한 것은 차치하더라도 우리가 의식하지 못하는 사이 석탄과 함께한 촌로들이 세상을 등지면서 짧지만 소중했던 성주리의 '가까운 과거' 또한 서서히 잊혀져 가고 있다. 탄광촌의 심상지리를 복원하는 유일한 길은 그간 너무나도 주관적일 것이라는 판단에서 염두에 두지 않았던, 석탄인들의 다하지 못한 이야기와 어렴풋한 기억뿐이라는 점을 잘

알고 있기에 안타까움은 해가 갈수록 더해진다. 필자가 탄광 사람들의 생생한 '무용담'을 청취하고자 했던 것은 바로 이 때문이다. 비록 간접적인 방식이나마 구술의 세계로 초대되어 탄광촌의 일상을 경험해 보는 것은 제3자인 연구자의 입장에서도 산업화 시기 성주리의 과거를 돌아볼 수 있는 마지막 남은 기회일 것이다.

지나간 시기의 주민 생활상을 재현하는 방법의 하나로 최근 구술사(oral history)가 재조명되고 있다. 포스트모던 담론의 등장에 이어 민족·국가·사회라는 거시적 주체로부터 지방·개인의 미시적 주체로의 관심 이동을 상징하는 미시사(微視史)의 발흥에 따라 구술(口述)을 사료로 인정하고 기억(記憶)을 연구 대상으로 용인하는 패러다임이 등장하였고, 그런 와중에 지배층이 전유해 온 기록 이면에서 침묵하며 억압된 기층 민중의 경험과 기억을 강조한 구술사가 태동할 수 있었다. 기억에 의거해 써 내려가는 방법으로서 위로부터의 공식적인 역사 반대편에 서고 불특정 다수를 주체로 설정한다는 비판에 직면하기도 하지만, 오히려 그런 측면이 제도적 틀에 매인 역사와 비교되는 장점으로 부각되면서 새로운 역사의 유형으로 가치가 재발견되고 있는 분야이다. 구술자의 증언을 토대로 면담을 주도한 역사학자가 개인 또는 집단이 기억하는 과거의 경험을 복원·서술하는 분야로서 구술사는 인터뷰, 녹음, 녹취 등의 기술적인 과정을 밟으며, 수합된 구술사료에 대한 해석과 비판의 단계를 거쳐 텍스트로 종합되거나 구술아카이브로 구축된다(윤택림, 2010; 윤택림·함한희, 2006).

본 연구에서 구술사가 지향하는 이상의 목표 일체를 달성하는 데에는 시간과 지면상의 제약이 적지 않다. 따라서 필자는 탄광의 경험을 가진 당사자들과의 면담을 통해 그들이 머리와 가슴속에 담아 두었던 성주리의 과거에 대한 기억을 불러오는 데 초점을 두고, 가장 먼저 성주리 현지와 한때 민영 탄

사진 66. 정강월·김찬원·박종무 사장

각각 신성산업, 덕성광업소, 덕흥광업소의 대표사원을 역임하였다. 김찬원과 박종무 사장은 충남지구탄
광협회장으로도 활동하였다.

광의 본사가 자리했던 대천에 거처를 두고 있는 전직 광업인들의 소재를 수
소문하였다. 보령을 떠나 대전이나 수도권의 대도시에 정착한 분이 적지 않
았고 주요 인물 가운데에는 이미 오래전에 세상을 떠난 분들 또한 많아 아쉬
움은 크지만 가깝게는 서울과 김포, 멀게는 부산을 오가며 당사자와 가족을
만나 그들이 간직한 기억에서 전해지는 목소리를 청취하였다.

　　제일 먼저 소개할 제보자는 기회를 찾아 성주리로 이주해 온 투자자 가운
데 한 사람인 정강월로서 지금까지 아내와 함께 성주7리에 거주하고 있다.
민영 탄광을 오랜 기간 직접 운영한 것은 아니지만 성주리 최대의 조광업체
인 신성산업개발(합)의 설립에 관여한 주인공으로서 본 연구를 위해 경험에
서 우러난 풍부하고 상세한 정보를 제공해 주었다(사진 66). 그는 16세에 고향
인 완도를 떠나 전주에 일시 체류하다가 휴전협정 뒤인 20대 초반에 친형의
경찰직 근무지인 대천에 정착하여 영화관을 운영하였고, 1973년에는 두 형
정정옥, 정마수와 자신을 포함한 3인이 중심이 되어 신성산업을 창립, 대한

석탄공사로부터 30여 개 갱에 대한 조광권을 취득함으로써 성주리 석탄산업
사에 한 획을 그었다. **1)** 신성산업은 개화사갱과 옥서6갱을 직영하고 나머지
는 하청을 주는 방식으로 운영하였지만 회사 안팎의 복잡한 사정으로 정상
적인 경영이 어려워지자 1975년에 회사를 양도하지 않을 수 없었다. 그는 이
한무를 대표로 한 덕대 공동 경영자에게 신성산업을 양도하는 대신 대한석
탄공사 성주광업소로부터 성주3갱, 백운사갱, 개화5갱을 지정받아 자금력을
갖춘 이기후와 공동 개발에 나선다. 이 가운데 탐탄에 실패한 개화5갱과 달
리 백운사갱과 성주3갱은 수평갱으로서 맥은 짧지만 다량의 석탄이 밀집한,
소위 '탄통'이 큰 곳이 꽤 있었고 탄질 또한 우수하였다고 한다.

이한무가 신홍식에게 신성산업을 양도할 때에도 정강월의 지정 운영 계
약은 원안 그대로 인정되었다. 문제는 백운사갱의 덕대인 이기후가 1976년
부터 1984년까지 9년 동안 50여 억 원을 투자해 양질의 탄광을 개발했기 때
문에 1981년 개정된 「광업법」의 덕대 양성화 규정에 따라 자신에게 조광권
이 인정되어야 하는데도 불구하고, 신성산업의 새로운 사주가 된 신홍식이
1984년 7월에 새마을운동 충남도지부장이라는 직책을 이용하여 전경환에게
청탁해 조광권을 부당하게 빼앗았으며 그로 인해 본인은 8억여 원의 빚을 지
고 있다는 취지의 진정서를 관계 기관에 제출하여 재산 반환을 주장한 데 있
었다. **2)** 그러나 정강월 또한 이해당사자로서 이기후에게 매월 일정액의 분철
료를 요구할 수 있는 계약상의 위치에 있었지만, 이를 둘러싸고 불화가 일면
서 5년간의 탄광 운영은 소송으로 종지부를 찍게 되며 재판을 기다리던 중에
합리화를 맞는다. 비록 꿈은 이루지 못했지만 폐광 이후에도 그는 정든 터전
을 떠나지 못하고 제2의 고향에 머물러 살고 있으며, 10여 년 전에 뇌졸중으

---

1) 제보: 정강월(1932년생, 성주면 성주7리 212-7)
2) 『동아일보』, 1988년 5월 23일자, 11면

로 거동이 불편해진 아내를 지극정성으로 보살펴 보령시로부터 평등부부상을 수상할 정도로 지역 내 유명 인사가 되었다.

성주리에서 그리 멀지 않은 웅천에서 태어난 김찬원은 청년기에 서천군 서면 신합리와 보령군 웅천면 황교리에서 정미소를 운영한 경험이 있다. 대천으로 이주한 뒤로 납탄 사업에 종사하다가 정마수의 신성산업으로부터 개화본갱을 하청 받아 덕대의 자격으로 운영하였다. 갱 자체는 '탄통'이 크고 탄질 또한 우수해 한 달 평균 2,000톤가량의 석탄을 생산할 수 있었다. 그러나 정마수의 회사가 경영권 분쟁을 둘러싸고 위기에 봉착하여 덕대 보증금을 회수할 길이 막막해지자 이한무 외 덕대 대표 7인의 일원으로 대책을 모색하다가 신성산업의 부채를 떠안는 조건으로 회사를 공동 인수하였다. 보증금을 환수하는 대신 광구의 조광권을 단체 명의로 인수한 셈이다. 무한책임사원으로서 회사 운영에 직접 관여하였으며, 회사의 실질적인 소유권이 신홍식 일가에게 이전된 뒤에도 유한책임사원으로 남아 1991년에 회사가 청산될 때까지 신성산업의 일원으로 활동하였다.

동시에 김찬원은 1982년에 4명의 덕대와 함께 이종덕의 덕수탄광으로부터 조광권을 취득해 덕성갱을 중심으로 덕성광업소를 설립하였는데, 이전부터 운영해 온 개화본갱과 신규 덕성갱에서 근무하는 자신의 종업원만도 270명을 헤아렸다고 한다. 대천읍 618-58번지의 광업소 사무소에는 대표사원인 자신을 포함해 소장 1명, 화약주임 1명, 여직원 경리 1명이 주재하였고, 사무소, 화약고, 기계실 등이 갖추어진 현장의 업무는 '항(갱)장'과 감독의 지시에 따라 총무가 총괄하였다. 뒤에 소개할 박종무에 이어 충남지구탄광협회장으로 재직할 때에는 김재한 상무와 함께 서천화력발전소와 수도권 소재 연탄 공장으로 발송할 발전 및 민수용 무연탄량을 광업소별로 배정하는 중요한 업무를 수행하였다.3) 석탄과 관련된 업무는 덕성광업소가 폐업하는

1989년까지 지속되었다.

대통령선거인과 평화통일정책자문회의 위원 등을 역임하고 58세 되던 1991년에 대천시에서 무소속으로 출마하여 4년 임기의 충청남도의회 의원에 당선된 박종무는 화려한 경력의 소유자다. 김찬원과도 친분이 두터운 그는 1970년대 후반에 충남지구탄광협회를 창립하여 1980년대 중반까지 협회장을 지낸 충남탄전 석탄업계의 유력 인사로 통한다(사진 67). 공주에서 출생한 그는 제대 후 태권도체육관을 운영하였으며, 보령의 초대 태권도협회장을 역임할 정도로 운동에 관심이 많았다. 자신을 "나무 한 그루 없는 민둥산에서 석탄을 캐낸 애국자"라고 소개할 정도로 산업화와 국토 녹화에 일조했다는 사실에 강한 자부심을 표명하는 그는 광구가 청라·미산·대천 3개 지역에 걸쳐 있던 세풍탄광에 덕대로 관여하면서 광산업계에 발을 내딛는다. 이후로 사업 지역을 미산·웅천·남포면에 걸친 충남탄광, 미산·웅천면의 시사탄광, 남포면의 원진탄광 등지로 확장하며, 성주리에서는 1982년부터 1989년까지 민영 덕수탄광으로부터 조광권을 취득해 덕흥광업소를 운영하였고,

사진 67. 박종무 사장 감사패

3) 제보: 김찬원(1933년생, 보령시 동대동 808-1)

1989년에는 잠시 우성탄광을 인수했으나 이내 폐광을 맞는다. 옛 주소로 대천리 298번지에 자리했던 사무소에는 사무직원 5명이 상주하며 업무를 관장하였다. 갱마다 소장이 배치되었으며 현장의 실무는 갱장, 감독, 검탄원 등이 담당하였다고 술회하였다.

면담 중에 그가 강조한 업적은 충남지구탄광협회장으로 봉직하던 1978년 무렵의 일로서 저열량 무연탄의 판로 문제가 심각한 상황에 이르렀던 시점이었다. 당시 한국전력공사의 발전용 탄은 로트(lot) 단위 검수 방법을 취하고 있었는데, 1,000톤 미만은 200톤, 1,000톤 이상은 500톤을 1로트로 산정하고 납탄 총 로트 중 일반발전소의 열량 기준치인 3,800kcal 이상에 미달된 로트가 30% 이상일 경우 1회 발각되면 2개월간 납탄 중지, 2회는 영구 중지의 무거운 징계가 내려지고 있었다.4) 충남탄전에서 채굴된 저열량 무연탄의 판로 개척에 부심하던 박종무는 그해 민간 부문 석탄광업자의 이익을 대변하기 위해 설립된 대한탄광협회(대한석탄협회의 전신)의 신규 회원으로 가입하면서 한국전력 산하 화력발전소로 납탄하기 위해 노력하였다. 협회 사무는 회장인 박종무 자신을 포함해 부회장으로 위촉된 영보탄광의 손승식과 성림탄광의 신홍식, 그리고 김재한 상무가 전담하였다. 서천화력발전소 건립 후 납탄량은 한 달 평균 7만 5,000톤 정도였는데, 회장 자력으로 처리할 수 있는 3만 5,000톤을 포함해 5만~6만 톤은 충남지구탄광협회 소속 민영 탄광 가운데 비교적 규모가 큰 탄광에 배정하였으며 잔여량은 소규모 탄광의 몫으로 할당하였다. 성주리의 탄광도 그의 노력 때문에 적지 않은 혜택을 누릴 수 있었다고 자부하지만, 탄광의 청산이 진행되던 막바지에는 웅천역에 적치해둔 무연탄 3만 톤의 판매가 거의 중단되고 저탄장에 쌓여 있던 무연탄이 빗

---

4) 『매일경제신문』, 1978년 2월 23일자, 7면. 뒤에 발전소 공급용 탄은 열량에 따라 차등가격제를 시행하는 방향으로 검수 및 처리 방침이 변경된다.

물에 인근 경지로 흘러들어 농민에게 배상을 하는 등 곤혹을 치른 적도 있다고 회상한다.[5]

석탄에 얽힌 그런 공과는 이미 지난 일이 되어 버렸기에 지금은 웃으면서 회상할 수 있는지 모른다. 사실 석탄이 자취를 감춘 지 오래고 광부들이 드나들던 갱 또한 매몰되어 버린 현재, 탄광 시대의 흔적을 확인할 만한 곳은 거의 없다. 보령시 청라면 의평리 삼거리 인근의 영보연탄이 영보탄광의 성주리쪽 사면 갱에서 캐낸 성주탄을 가지고 연탄을 제조하던 옛 모습을 변형된 상태로나마 간직하고 있는 정도이다. 성주산을 중간에 두고 성주리와 등을 맞댄 반대편 사면의 의평리에서 공장은 여전히 가동되고 있다. 규모는 과거에 비해 축소되었으나 1977년 설립 당시의 위치를 그대로 고수하고 있으며 공장의 대표인 김용섭 또한 성주리와 깊은 인연을 가지고 있다. 그는 경북 문경에서 중장비 업체를 운영하던 중 외삼촌의 친구로서 문경읍 고요리의 갑정탄광을 운영하다가 1984년에 원풍탄광·한보탄광의 광업권자가 된 이현 사장의 권유로 1989년 무렵 성주리로 이주한다. 처음에는 원풍탄광에 머물며 수송 업무를 담당하였는데, 막장에서 채굴되어 선탄을 거친 석탄을 오카브 너머의 옥마저탄장까지 운반한 다음 그곳에서 연 7,000~1만 톤 분량을 서천화력발전소로 납탄하고 나머지는 수원, 영등포, 수색 등 수도권 소재 연탄 공장으로 판매하였다. 하지만 불행하게도 도착한 지 1년여 만에 석탄산업합리화로 원풍탄광이 폐쇄되자 대천으로 이주해 중장비업에 뛰어들었고 이 역시 IMF로 불리는 외환위기의 여파로 지속하기 어려워지자 1998년에 어쩔 수 없이 낙향하여 3년 동안 강생연탄 공장을 운영하였다.

---

5) 제보: 박종무(1932년생, 보령시 대천1동 태영아파트); 대한광업협동조합, 1983, 『광구일람』, 삼화사; 『매일경제신문』, 1978년 11월 6일자, 6면. 자신이 경영하던 광업소와 탄광협회가 해산된 뒤 박종무는 1994년에 배관 및 냉난방 공사 업체인 (주)동광, 2001년에 토목시설물 건설 업체인 세원종합건설(주)을 보령시 동대동에 설립·운영하고 있다.

김용섭은 축적한 경험을 발판으로 2001년에 재차 보령으로 자리를 옮겨 김두성으로부터 영보연탄 공장을 인수하게 된다. 영보탄광 조업 당시에는 막장에서 나오는 무연탄을 주요 원료로 사용하였지만, 폐광 이후로는 전라남도 화순광업소 45%, 강원도 장성광업소 40%, 수입산 15%의 비율로 원료를 확보한 다음 화물트럭을 이용해 이곳까지 운반해 온다. 연간 3만 5,000~4만 톤 분량의 무연탄을 사용해 1,000만 장 가까운 연탄을 찍어내고 있으며, 대천, 청양, 부여, 홍성, 태안, 공주 등 6개 지역에 영보연탄 직매점을 두고 판매하고 있는데, 9월부터 이듬해 3월까지가 성수기로서 생산된 연탄의 85%가 소비되며 비수기인 4월에서 8월까지 나머지 15%가 가정용 연료로 사용되고 있다.6) 비록 맥락에서는 벗어나 있지만 '映甫煉炭工場'이라 적힌 썩어 가는 목재 간판과 영보탄광 시절부터 연탄을 찍어 내던 기계와 장비들은 탄광촌의 과거와 현재를 이어주는 유물(relict)로서 소중하게 다가온다.

한편, 광구 운영에서 경영자를 옆에서 보좌하며 광산 운영의 실무를 총괄하는 전문가의 역할은 특히 중요하다. 김재한은 전문 교육을 받은 엘리트로서 인생의 전환기에 성주리와 인연을 맺게 되는데, 그의 일대기는 우리나라 근대 광업의 역사를 축약해 놓았다 싶을 정도로 파란만장했다(사진 68). 평안북도 박천군 박천읍 서부동 130번지에서 출생한 그는 6년제 박천보통학교를 졸업한 뒤 중학교 과정인 2년제 박천공립학교 고등과에 진학하였다. 졸업 후 편입 시험을 거쳐 평양도립공업학교 광산과 3학년에 전입하여 2년 동안 지질, 전기, 채광, 선광 등의 과목을 수강하였고, 학업을 이수한 다음에는 조선이연광업주식회사(朝鮮理研鑛業株式會社) 평양 본사에 취직하였다.7) 회

---

6) 제보: 김용섭(1959년생, 보령시 청라면 의평리 238-1)
7) 1939년 4월 20일에 300만 원의 자본금으로 설립된 회사는 금·은·동·납·아연 등 광물의 채굴·제련·가공·매매 그리고 다른 사업 회사에의 투자 등을 사업목적으로 출범하였다. 회장 大

사진 68. 김재한(1920년생)과 기억의 편린

김재한은 장순희 사장의 동명탄광 소장으로 근무하면서 석탄 증산에 공을 세워 1979년 59세 되던 해에 석탄산업 훈장을 수상하였다. 축하 자리에 동석한 장순희의 모습이 보인다. 신성산업 상무로 자리를 옮긴 후 1980년 5월 덕수탄광에서 갱내 출수 사고가 발생했을 때 구조반을 진두지휘하여 두 명의 인부를 구조하여 이낙규 사장으로부터 감사패를 수여받았다. 충남지구탄광협회에서 상무로 재직하면서 받은 감사패도 보인다. 송요경 소유의 건물 3층에는 그가 출퇴근하던 이북오도민연합회 사무실, 4층에는 한때 박대원 사장이 신성산업 본사로 사용하던 사무실이 있다.

사는 평양에 본점, 도쿄와 서울에 출장소를 두었으며 목포와 평양에 광업소

河内正敏, 사장 林邊賢一郎, 상무 伊藤孝 외에 다수의 이사와 감사로 조직의 형태를 갖추었으며, 평양(平壤府 南町 37)에 본점, 도쿄(東京市 銀座 一町目二)와 서울에 각각 출장소를 두었다. 전국적으로 목포광업소와 평양광업소를 운영하였다. 평양광업소장은 경성출장소장을 겸하였다. 주식 6만 주를 소유한 715명의 주주 가운데 富士工業 7,980주, 理化學興業 3,000주, 平山源兒 1,500주, 朝鮮理研金屬 1,050주, 理研重工業 1,000주, 花木松太郎 1,000주 등이 대주주였다(中村資郎 編, 1941, pp.379-380).

를 운영하고 있었다. 조선이연광업은 자연과학을 진흥하기 위해 다카미네(高峰讓吉)의 제안과 왕실의 하사금, 정부보조금, 민간기부금을 재원으로 도쿄에 설립된 일제의 종합연구소인 이화학연구소(理化學研究所), 일명 '리켄(理研)'이 실질적으로 운영한 식민지 조선의 회사 가운데 하나였다.8) 4월에 입사하여 7월까지 짧은 기간 복무한 뒤에 사내 시험을 거쳐 견습사원 신분으로 도쿄 출장소로 전근하게 되는데, 발령 직후 리켄 산하의 3년 과정 전문학교인 신흥공업 채광과(採鑛科)에 입학해 지질학, 채광학, 전기, 공업 등으로 짜인 실무 중심 교육과정을 이수하였다. 졸업 후 이연광업(理研鑛業)의 군마현(群馬縣) 대도광업소(大道鑛業所)에서 3년간 근무하며 강철의 강도를 높이는 바나듐(vanadium)이 함유된 자철광을 채굴하였다.

귀국 후 김재한은 조선이연광업 목포광업소로 파견되어 압해도(押海島) 현장의 관리를 담당하였으며, 간석지 아래 30자(尺) 되는 지점의 감토(鹼土)라 불리는 사력층에 매장된 사금을 채굴하여 조선은행 목포지점에 예치하는 일

---

8) 『동아일보』, 1936년 1월 8일자, 3면; 1월 9일자 3면. 관련 기사에서 동경제대 이학부 학사로서 이화학연구소 스즈키연구실(鈴木研究室)에서 연구 중이던 김양하의 설명에 따르면 디아스타아제로 유명한 공학박사 겸 약학박사인 다카미네(高峰讓吉)가 미국에서 귀국하여 수입에 의존하던 자국 산업의 자생력을 기르기 위해 정부, 자본가, 학자 30명을 조사위원으로 선정하여 설립을 추진하였으나 자금난으로 어려움을 겪다가 세계대전이 발발하면서 공업제품 수입이 어렵게 되자 1917년에 실업가와 학자들이 농상무성과 협의하여 500만 원의 자본으로 시작하였다고 한다. 김양하는 연구소 내 대학과 전문학교 출신으로서 연구에 종사하는 인원이 350명에 이른다고 부러워하면서 우리나라에서도 과학 발전을 위해 연구소의 설립을 추진해야 한다고 주장하였다. 리켄(理研)은 조선이연광업주식회사(朝鮮理研鑛業株式會社)와 아울러 식민지 조선에 조선이연금속주식회사(朝鮮理研金屬株式會社)와 조선이연고무공업주식회사(朝鮮理研護謨工業株式會社)를 설립해 운영하였다. 철강·알루미늄·마그네슘·기타 금속의 제조 및 판매, 각종 화학공업품의 제조 및 판매, 다른 공업 회사에의 투자를 목적으로 1938년 9월 23일에 설립된 조선이연금속은 자본금 1,500만 원의 대기업으로서 진남포(鎭南浦府 三和町 37)에 본점, 서울(京城府 古市町 43)에 출장소를 두었으며 진남포와 인천에 공장을 설립·가동하였다(中村資郞 編, 1941, p.177). 조선이연고무는 1939년 7월 20일에 설립되었으며 자본금은 100만 원 규모였다. 본점은 인천(仁川府 松林町 20-2), 사무소는 서울(京城府 古市町 43)에 소재하였다(中村資郞 編, 1941, p.190).

에 종사하였다. 2년간의 근무를 마치고 평양에서 이전해 온 서울 소재 조선이연광업 본사에서 1년을 보냈으며,9) 1943년의 금산정비령(金産整備令)에 따른 일련의 사무가 마무리되는 시점에 평양 하마마치(濱町)의 평양광업소로 이동해 한 달 가량 대기한 뒤 평안남도 중화군 동두면의 중화광산(中和鑛山)에서 1년간 제강용 용제로서 군수산업에 중요했던 형석(fluorite) 채굴을 관장하였다. 이후 평안북도 운산군 북진면의 루쓰보(坩堝) 광업소에 적을 두고, 절연성이 좋아 도가니 제작에 필수적인 인상흑연을 채굴하던 평안북도 초산군의 한 광산에 대한 업무를 수행하는 가운데 해방을 맞는다. 그가 이처럼 조선이연광업 산하의 전국 광업소를 누비며 근무할 수 있었던 것은 경성고등공업학교를 졸업하고 당사에 근무하던 김기덕10)의 배려 때문이었는데, 김재한이 평양도립공업학교 재학시 초빙강사로서 사제의 관계를 맺게 된 것이 인연이었다고 한다.

해방이 되어 서울 가회동에 머물던 중 상공부의 영월탄광 기사장으로 재직 중인 김기덕의 소개로 충남 예산군 광시면과 홍성군 장곡면 천태리에 걸쳐 있던 고인문의 예산탄광(禮山炭鑛)에 파견되었고, 서울대학교 손치무 교수와 함께 수행한 지질 조사에서 450여 만 톤의 무연탄 매장량을 확인하였으며 그것과 관련된 기사가 『동아일보』 1948년 8월 5일자에 소개되기도 하였다. 석탄 부존이 확인된 뒤에 예산탄광 상무로 채용되어 탄광 개발을 주도하였는

---

9) 1943년 자료에는 조선이연광업주식회사의 본점이 서울(京城府 古市町 43–53)로 이전된 것으로 기록되어 있다(中村資郎 編, 1943, pp.370–371).

10) 1898년에 출생한 김기덕은 서울공대의 전신인 경성고등공업학교를 졸업하고 해군기사와 조선이연광업소 임원 등을 역임하였고, 해방 후에는 군정청 지질조사소장, 상무부 광무국장, 상공부 직할 영월탄광기사장, 대한광업노무협회 고문, 대한석탄공사 이사를 거쳐 1951년 3월부터 1955년까지 대한석탄공사 부총재를 지냈다. 1953년 3월부터 1961년 3월까지 대한탄광협회 회장의 직임을 수행하였다(대한석탄공사, 2001a, p.615; 대한석탄협회, 1988, p.601; 『경향신문』, 1948년 7월 30일자, 2면; 1949년 6월 21자, 1면; 『동아일보』, 1947년 2월 25일자, 1면).

데 이곳에서는 노천광으로 생산이 이루어지다가 심부화가 진행되면서 점차 갱내 채굴로 전환되었다고 한다. 한국전쟁이 발발하자 탄광을 뒤로하고 부산에서 피난 생활을 하던 중 1948년에 23886번으로 등록을 마친 부여군 외산면 소재 무량탄광(無量炭鑛)의 광업권자인 백남진의 권유로 92만 4,000평 규모의 광구 개발에 나섰으며 내친김에 사업 자금 2,000만 원을 은행에서 대출하여 광업권을 직접 인수한다. 1952년부터 상공부의 탐탄을 위한 갱도 굴진 보조금을 지원받게 되면서 개발에 탄력이 붙게 된다. 기계를 사용하지 않고 수작업으로 캐낸 무량탄광의 무연탄은 장순희의 성주탄광, 정만교의 보령탄광, 고인문의 예산탄광, 김회업의 당진탄광의 것과 마찬가지로 당인리 발전소에 납탄하였으나, 가열 후 식는 과정에서 발전 설비에 눌어붙어 기계를 훼손하는 문제점이 발견되어 조선전업주식회사가 충남탄을 쓰지 않기로 결정함에 따라 판로가 막혀 부도를 피해갈 수 없었다.

그는 40세 무렵 강원도 영월군 하동면 주문리로 이주해 이회림 사장의 대한탄광주식회사 옥동광업소에 자리를 잡고 김재훈 소장 아래에서 기술 담당 부소장으로 3년 남짓 근무하였는데, 공교롭게도 대한탄광이 성주탄좌개발주식회사를 인수하면서 성주리로 발령을 받아 자신이 활동했던 지역 인근으로 되돌아온다. 부임 후 장순희가 건립한 구사택 북쪽 하천변에 한 동에 4세대가 기거할 수 있는 사택 50동을 짓고 직원 합숙소와 부속병원을 건립하였으며 도유림을 개간해 옥마저탄장을 조성하였다. 개화신갱과 백운사갱을 개발하는 한편, 험난한 바래기재를 넘지 않고 석탄을 효율적으로 수송할 수 있는 방안으로 성주탄광 선탄장에서 저탄장으로 이어지는 전차갱을 완공하였다. 축전차가 지날 터널은 원래 성주탄좌개발이 착공하여 60m 정도 굴착이 진행된 상태였으나 작업 공정을 수월하게 하기 위해 경로를 조정하여 공사를 재개한 끝에 대한탄광의 손으로 완공을 할 수 있었다. 성주리로 파견된 이후

시행한 이 모든 사업은 박경렬 전무와 자신이 주도하였다고 술회하였다.

그러나 1967년에 대한탄광의 성주탄좌개발주식회사가 대한석탄공사로 매도되면서 김재한은 우승환의 경원광업주식회사(慶原鑛業株式會社)가 소유한 강원도 정선군 동면 고한리 소재 정암탄광(旌岩炭鑛)으로 이주하여 3년간 근무한다. 재직 중에 우승환 사장의 계획에 따라 가평에 일본이 남기고 간 폐금광을 다시 개발하려 했으나 1년이라는 시간만 허비하고 별다른 성과를 얻지 못했다. 이후로 경원광업의 정암탄광을 자신이 인수하여 채탄에 나섰으며 강원산업주식회사 정인욱 사장의 도움으로 강원연탄에 납탄할 수 있었지만 열량이 6,000kcal로 너무 높아 연탄 제조에 부적합하였기 때문에 경영 위기에 직면하게 된다. 게다가 우기를 맞아 출수 증가로 작업이 어려워지고 갱도가 전면 침수되자 두 달 가까이 배수에 매달리면서 노임 체불로 정상 경영이 어려워 도피 생활을 해야 할 정도였다. 경영주 때문에 직원들이 근무를 하지 못했을 경우 노임의 70%를 사업주가 부담해야 하는 「근로기준법」 조항에 따라 400여 명의 직원에게 피해 보상을 해야 했으나 필요한 재원을 마련하지 못해 광업정지 명령을 피해갈 수 없었다.

따라서 대천으로 재차 이주할 수밖에 없었다. 55세 무렵의 일이었는데, 당시 친구인 장순희의 소개로 이낙규를 만나 덕수탄광의 기술고문으로 위촉되었다. 재직 시에 미군이 남기고 간 GMC 트럭 4대를 부산에서 무상으로 가져올 수 있었고, 중간업자로부터 일본인 광업자가 사용하던 300마력과 100마력 출력의 권양기 각각 1대, 100마력 출력의 컴프레서(air compressor) 2대, 18파운드 중량의 레일, 4인치 구경의 파이프 등을 구매해 조달하는 한편, 회사의 10개년 장기 계획을 수립할 정도로 열정을 쏟았다. 그러나 생각한 만큼 처우가 따라주지 않고 임금 체불로 회사가 어려움을 겪는 한편 수립한 발전 계획이 채택되지 않자 몇 개월을 버티지 못하고 회사를 떠나게 된다. 이후 장순희가 성림탄광을 매각해 마련한 자본금 가운데 3,000만 원을 투자해 인수한 청라면 소재 동명탄광의 소장으로 위촉을 받는다. 동명탄광에 3년 가까이 근무하면서 막대한 양의 무연탄 증산을 달성하였으며 그 공적을 인정받아 석탑산업훈장까지 수상하였다.

호시절을 보낸 그는 철물상을 운영하여 자본을 축적한 박대원이 신성산업개발을 인수하면서 기술상무로 초빙되어 2년 동안 함께 회사를 운영하였다. 그러나 얼마 지나지 않아 박대원이 회사를 신홍식 일가에게 매각한 다음 도미하였고 김재한 역시 사내의 구파와 신파의 대립을 지켜보면서 신성산업에 오래 머물지 못하고 퇴직하였다. 신성산업에 머무는 동안 덕수탄광에서 발생한 출수 사고에 구조반을 편성하여 2명의 광부를 구출한 경험도 있다. 전국광산노동조합(全國鑛山勞動組合) 서부지역광우회(西部地域鑛友會) 회장을 겸임하면서 60세 넘어 마지막으로 정착한 곳이 화차업자들의 조합으로 출발한 충남지구탄광협회였다. 그가 이곳의 상무로 근무하는 동안 협회장은 박종무, 김찬원, 이춘우, 노재성 등으로 바뀌었고 합리화로 폐광이 진행되어 협회가 해산되는 장면도 지켜보았다. 고령에도 불구하고 김재한은 충남지구탄광협회 사무소 간판을 보령시이북오도민연합회로 바꾸고 한동안 업무를 돌보다 최근에서야 자택에 머물기로 결정하였다.11) 구술자가 아흔 셋의 수를 넘긴 상황이고 난청인 까닭에 고성으로 어렵게 질문이 진행되었지만 그의 생생하고 또렷한 기억과 엄밀한 진술에는 탄복을 금할 수 없었다. 채록한 김재한의 생애사에서 기록되지 않은 우리나라 석탄산업사와 성주리 탄광촌 역사의 한 장을 읽을 수 있다.

고등학교 학력 이상의 교육수준을 가진 고급인력은 주로 현장의 업무를 관

---

11) 제보: 김재한(1920년생, 대천동 618-58)

사진 69. 복봉수(1941년생) · 복민수(1954년생) · 김명환(1947년생)

사진 70. 복봉수 취득 자격증
화약강습회 수료증, 광산보안교육 수료증, 갱외 발파기계 취급 보안 관리 자격시험 합격증이다[자료: 복봉수(1941년생) 제공].

리하는 중추적인 업무를 수행하였다. 1941년에 벌뜸에서 출생한 복봉수는 면천복씨 동족의 일원으로서 교육을 중시하는 가문의 영향 때문인지 또래에 비하면 학력이 높은 편이다. 대천농업고등학교 재학 중이던 1959년에 백운사갱에서 처음으로 석탄과 인연을 맺었고, 1962년 졸업 후 농협구판장에 취직하였으나 오래 머물지 못하고 각종 자격증을 취득하여 성주탄좌개발주

식회사의 성주탄광에 재직하였다(사
진 69; 70). 1970년대 초반에는 신기
태 소유의 개화탄광과 대보탄광에서
화약주임, 총무, 보안과장, 노무과
장 등 다양한 부서의 직임을 담당하
였다. 당시 성주탄광을 지키지 못하
고 파산하여 신기태 소유의 광산에
서 덕대로 참여한 장순희로부터 여
러 업무를 총괄한다고 해서 '지역사
령관'이라는 별명을 얻었으며, 장순
희의 장남인 장경주와도 친분이 두
터웠다.

1976년에는 3년 계약으로 독일
로 파견되어 재계약 기간 1년을 합
해 총 4년간 뒤셀도르프 캄프-린트
포르트(Kamp-Lintfort) 탄광에서 근무
하였다(사진 71). 그의 기억에서 지하
990m의 수갱을 타고 내려가 펼쳐지
는 수십 킬로미터의 수평갱은 장관

사진 71. 복봉수
1965년에 충남도청에서 진행된 화약강습회, 독일 캄프-린
트포르트, 백동항 전방에서 촬영한 추억의 사진이다[자료:
복봉수(1941년생) 제공].

이었다고 한다. 복봉수는 하루 한 번씩 침대 시트를 갈아 줄 정도로 시설이
청결한 외국인 광원 숙소에 머물며 생활하였고, 기계화된 장비를 이용한 굴
진 업무에 종사하면서 모국에서는 기대할 수 없는 고액의 월급을 받을 수 있
었다. 1980년 7월에 귀국한 뒤로는 신성산업 소유의 개화1갱, 전차갱, 화장
골 화장5갱·6갱, 백운사갱, 심원골 백동8갱·9갱 등 10여 개 갱도를 관리하

사진 72. 복민수 수검표와 현장 근무지
수검표 사진을 통해 1975년부터 1982년까지 복민수 개인의 변천사를 엿볼 수 있다. 현장 근무지에서 촬영한 사진 배후에 폐석이 보인다[자료: 복민수(1954년생) 제공].

였고 퇴직한 지금은 짬을 내 진폐재해자협회 충남지회의 일을 돌보며 농사를 짓고 있다.12) 국내외를 오가며 일반 기술직에서 관리직에 이르는 다양한 직책을 경험하였지만 불행히도 한쪽 팔을 잃은 그에게 탄광에서의 경험은 애환과 만감이 교차하는 기억으로 남아 있다(사진 69; 70; 71).

복봉수의 사촌 동생인 복민수 역시 오래전에 정착하여 지역 내 유지로 살아온 동족 마을 출신답게 교육을 통한 성취 의욕이 높아 탄광에 진출한 이래 줄곧 관리직에 종사하였다. 1973년에 지역 내 명문학교인 대천농업고등학교를 졸업하고 동보탄광 묵방사갱 총무로 취업하여 1975년 10월까지 근무하였다. 그해 12월에 채광, 발파, 기계 분야의 전문 기술을 익혀 한국직업훈련관리공단에서 발급한 광산보안기능사 2급 자격증을 취득하였으며, 1979년에는 다시 화약류관리기사 2급 자격증도 보유하게 된다(사진 72). 전문 기술

12) 제보: 복봉수(1941년생, 성주면 성주5리 183-4)

을 인정받아 1978년 5월 13일부터 1990년 8월 31일까지 신성산업에서 주로 현장 소장으로 장기간 근무하였으며 폐광 마무리 작업까지 관리하였다.13) 여러 직종의 광원들을 관리하였기 때문에 탄광에 대한 지식이 해박하고 성주리 탄광 개발의 역사에 대해서도 정황을 정확히 알고 있어 본 연구를 수행하는 데 음양으로 많은 도움을 제공하였다. 특히 폐광 후 서류 일체를 폐기한 대부분의 관리자들과 달리 복민수는 다양한 문서를 아직도 보관하고 있다. 혹시 있을지도 모를 갱도 내 추락 사고를 대비해 갱과 갱도가 묘사된 일부 도면도 간직하고 있는데, 그가 소장하고 있는 서류와 도면을 들추어 보면서 필자는 일선 작업 현장의 상황을 사실적으로 이해할 수 있었다. 그의 제보 내용과 협조해 준 자료는 책 여러 곳에서 인용하였다.

또 다른 관리직 종사자인 김명환은 광산촌 특유의 높은 이주 성향을 대변하는 인물로서, 남포면 원전리에서 개화리로 시집갔다가 성주리 삼거리의 주막을 인수해 여관으로 운영한 이남순이 모친이다. 그는 개화리에서 태어나 1958년 무렵 가족을 따라 성주리로 이사하였고, 모친이 숙박업을 운영하는 가운데 개화초등학교, 대천중학교, 대천고등학교를 마쳤다. 고등학교 재학 중에는 옥마역으로 통하는 전차갱 공사에 참여하여 폐석을 실어 나르는 경험을 쌓았다. 졸업 후 덕수탄광에서 2~3개월 근무한 뒤 부친 김창열과 동업자 구창서가 백운원갱을 개발할 때 참여하기도 하였다. 이어 부친과 함께 미산면 도풍탄광 대명갱에 덕대로 참여하다 결실을 보지 못하고 1970년에 청양군 운곡면 신대리의 운곡탄광으로 자리를 옮겨 보지만 이 역시 흑연이 다량 섞여 파산을 면치 못하였다. 그 뒤로 정마수의 신성산업에서 1년, 사업체를 인수한 이한무 아래서 1개월 남짓 근무하였고 1975년 무렵 미산면과

---

13) 제보: 복민수(1954년생, 성주면 성주6리 200-1). 제보자가 제공한 신성산업개발(합) 「이직근로자명부」참조.

사진 73. 대한석탄공사 성주광업소 임직원

성주광업소에는 1989년까지 적게는 20명에서 최대 40명까지 연평균 30명의 직원이 근무하였다. 사진에는 1970년대 후반 성주광업소 앞에서 촬영한 임직원의 모습이 담겨 있다. 원 안에 제보자인 임정식이 보인다[자료: 임정식(1942년생) 제공].

부여 외산면에 걸친 보성탄광의 개화신갱 총무로 전직하여 1989년 합리화까지 자리를 지켰다. 퇴직 후 한동안 석광(石鑛)에 종사한 바 있다.[14]

　일부 민영 탄광을 제외하면 성주리의 광구 대부분은 대한석탄공사의 권한 아래 놓여 있었다. 광부들은 탄광의 실질적 운영을 담당한 신성산업개발로부터 월급을 받고 고용에 관한 통보를 받았지만 그 역시 대한석탄공사의 조광업체에 불과하였다. 광업권자로서 대한석탄공사는 14개 광구의 업무를 관장하기 위해 성주광업소를 설립하였으며 사무를 위해 소장 이하 관리직원을 배치하였다. 당시 근무하던 임직원은 폐광과 함께 사무소가 폐쇄되면서 모두 성주리를 떠나고 유일하게 최중철과 임정식만 남아 있다. 군 제대 후 최중철은 경북 영풍군 봉현면을 떠나 성주리에 정착해 있던 친형의 권유로

---

14) 제보: 김명환(1947년생, 성주면 성주6리 199-3)

1962년 무렵 이곳으로 이주하였다. 대한탄광 성주탄좌개발에 취업하여 막장에 바람을 넣어 주는 송풍배관 업무를 담당하였으며, 탄좌가 대한석탄공사로 매각된 뒤에도 공무과 전기계에 배속되어 동일 업무를 계속 수행하였다. 그의 자택은 과거 여관으로 사용된 건물로서 운영은 아내의 몫이었다.**15)**
사무직이나 기계를 다루는 실무는 아니었지만 임정식도 성주광업소에서 오랫동안 근무하였다. 소장의 운전기사로 근무한 그는 문경군 가은면에서 태어났으며 군 제대 후 대한석탄공사 은성광업소 지하갱도의 지주로 사용되는 갱목을 광업소 소유의 산판(山坂)에서 수송하는 트럭 기사의 조수로 취업하여 탄광과 인연을 맺게 된다. 당시 광업소 부소장으로 재직 중이던 보령군 웅천 출신의 황민성이 신설 성주광업소 소장으로 승진 발령을 받으면서 그의 권유로 1966년에 이주를 결심하게 되었고 1990년에 퇴직할 때까지 26년 동안 줄곧 소장 기사로 근무하였다(사진 73).

  일반 업무에 관한 사항은 상세히 기억하지 못하지만 임정식은 광업소 각 부서의 배치에 대해서는 비교적 정확한 그림을 그릴 수 있도록 도움을 주었다. 그에 따르면 성주광업소 건물에는 소장실과 차장실(1972년 이후 부소장실)을 비롯해 예산·측량·통신·보안 등의 업무를 담당한 기획과, 경리 업무를 처리하던 회계과, 인사 담당 노무과가 배치되었고, 현재 농협 건물이 들어선 광업소 반대편 부지에는 물자 조달을 담당한 자재과가 있었다. 그리고 삼거리에서 남쪽으로 조금 내려간 지점에 기계·설비의 운영, 유지, 보수를 담당한 공무과가 자리하였다고 한다. 아내인 김복수에게는 남편이 가져다주는 월급 외에도 한 달 동안 사용할 수 있는 식권이 요긴했는데, 이를 구판장에서 생활용품과 교환할 수 있었기 때문이다. 식량이 바닥나면 신사택에 있는

---

15) 제보: 최중철(1942년생, 성주7리 209)

대한석탄공사 미곡 창고에 가서 외상으로 구매한 다음 월급에서 공제하는 일도 빈번했다고 회상하였다.16) 대한석탄공사 소유의 광산이 문을 닫고 최종적으로 광업권이 소멸됨으로써 임정식도 직장을 잃었지만 다이너마이트 소리가 진동하던 시절을 아쉬워하며 옛집을 지키고 있다. 그가 창고로 사용하고 있는 가로변의 별채는 험악한 탄광 사회의 치안을 위해 설치되었던 미산지서 성주파견소 건물이어서 또 하나의 역사를 새겨 두고 있다.

2. 성주리 탄광촌의 주역

관리직종에 종사하는 소수의 인원을 제외하면 대부분의 탄광촌 사람들은 일선에서 맨몸으로 탄을 캐고 운반하는 일을 수행하였다. 그리고 그들이 성주리를 찾게 된 구체적인 동기와 지내 온 생활은 만나는 사람마다 구구절절한 사연으로 남아 있다. 신사택에 거주하며 성주8리 이장으로 근무하는 임정남은 파독(派獨) 광부17)에 뜻을 두고 유경험자이어야 한다는 지원 조건을 충족시키기 위해 1976년 무렵 출생지인 고창군을 떠나 강원도 장성으로 이주하여 채탄 경력을 쌓지만 이듬해 모집이 중단되자 꿈을 접고 성주리로 내려왔다(사진 74). 고향에 비교적 가깝고 자신의 경험을 살릴 수 있는 직장이 될 수 있을 것으로 믿었기 때문이다. 하지만 남은 것은 오랜 기간 열악한 환경에서 근무한 광부들이 겪게 되는 진폐의 신체적 고통뿐이었다. 명절에는 두

---

16) 제보: 임정식(1942년생, 성주면 성주6리 198-2), 김복수(1945년생, 성주면 성주6리 198-2), 김의열(대한석탄공사 기획조정실장).

17) 1961년 4월 11일 독일 지멘스(Simens) 사와 체결한 광부 파견 각서를 계기로 1965년 5월부터 해외개발공사가 담당하면서 국가사업으로 추진되었는데, 1977년까지 7,936명이 취업에 성공하였다. 파견 광부 훈련소는 도계에 있다가 1975년에 장성으로 옮겨갔다(정연수, 2010, p.29).

사진 74. 임정남(1944년생) · 황구하(1929년생) · 이갑수(1942년생) · 이옥구(1930년생)

고 온 일가친척을 찾기도 하지만 달리 이룩한 것이 없어 귀향을 결심하지 못하고 눌러앉게 되었다고 한다. 이웃한 황구하는 삼척군 장성읍을 떠나온 고향 선배와 친구의 권유로 이주를 결심한, 전형적인 연쇄 이동의 사례에 해당한다. 이주 당시에 이미 진폐 증상이 있고 나이가 많다는 이유로 옥보갱, 옥서갱, 화장갱, 덕흥갱 등 규모가 작은 속칭 '쫄딱구덩이'를 전전하였다며 힘들었던 지난 시절을 회상하였다.[18]

석탄이 아니더라도 광맥을 캐 본 경험이 있는 사람들은 지하에서 일하는 것이 천직인 양 기회가 주어지면 그곳이 어디가 되었건 마다하지 않는다. 오히려 본인들이 적극적으로 일자리를 찾아 옮겨 다닌다. 청양군의 구봉광업소에서 금을 채굴하던 이갑수의 처지가 그러했는데, 그는 일제강점기 이후 오랜 개발로 채산성이 떨어지자 문을 닫은 고향의 금광을 떠나왔으며 1971년에 심원탄광에 정착한 뒤로 폐광을 맞을 때까지 전문 굴진부로 일했다. 막

---

18) 제보: 임정남(1944년생, 성주면 성주8리 산39), 이갑수(1942년생, 성주면 성주1리 532), 황구하(1929년생, 성주면 성주8리 44)

장에서 캐내던 광물은 금에서 석탄으로 바뀌었지만 탐광 및 굴진 경험이 풍부한 그에게 낯선 환경에 적응하는 데에는 큰 어려움이 없었다고 한다. 합리화로 비록 일터는 잃었지만 풍광이 수려하고 물이 맑은 심원계곡 안쪽에 음식점을 차려 놓고 여름철 행락객을 맞아 영업을 하는 것으로 생계를 해결하고 있다. 다행스럽게 진폐의 중증은 피할 수 있어 공기 좋은 곳에서 보내는 지금의 생활에 만족하고 있다.

자신을 '산업전사'로 소개할 정도로 자부심이 충만한 김일준은 일자리를 찾기 위해 홍성군 장곡면을 떠나 1970년대에 구사택에 정착한 뒤 성주6리의 신성산업 광구로 출근하며 보조공으로 일했다고 한다. 정신적으로나 신체적으로 모든 여건이 힘들었던 것이 사실이지만 폐광 당시 일자리를 더 이상 찾을 수 없다는 사실에 망연자실하던 당시와 비교하면 일할 수 있었던 시절에 대한 기억은 나쁘지 않다고 술회하였다. 합리화가 시간을 두고 순차적으로 진행되었던 만큼 1990년에 근무하던 탄광이 문을 닫자 그는 아직 가동 중이던 부여군 홍산면 홍은리의 한 탄광으로 자리를 옮겨 근무하였고, 이 마저도 얼마 지나지 않아 폐광에 들어가면서 석탄과의 인연을 접게 된다. 지금은 가축을 치고 농사를 지으며 생활하고 있다.

인근에 거주하는 김태수는 이곳까지 먼 길을 걸어 왔다. 황해도 안악군에서 출생하였으며 어린 시절 해방과 한국전쟁의 풍파를 헤치며 충남 보은군으로 월남하였던 것이다. 당시로서는 젊은 남성들이 한 번쯤은 거쳐 갔을 강원도 황지로 이주해 석탄을 캐면서 탄광 경험을 축적하였고 그 뒤로 보은군 마루면의 대성탄좌 보은광업소와 이곳 성주리의 원풍탄광 등을 전전하다가 우여곡절 끝에 1980년 무렵 개화리에 정착하였다. 지하 막장과 지상을 오가며 "하늘을 두 개 쓰고 일했다."는 그는 신성산업 개화사갱에서 1년을 근무하다가 부여군 외산면의 탄광으로 이직하였으며, 이후 재차 성주리 소재 덕수탄광으로 직장을 옮겨 기계부로 종사하였다. 다른 사람들과 마찬가지로 그가 이처럼 잦은 이직을 고려할 수밖에 없었던 가장 큰 이유는 물론 급료의 차이에 있었으며, 그 밖에도 사무직과 노무직 간의 갈등을 포함해 주로 처우 및 노동 강도에서 더 나은 조건을 찾으려 했기 때문이라 한다. **19)** 높은 이직률은 성주리 거의 모든 탄광이 안고 있었던 고질적인 문제의 하나였다.

한편, 남성 중심의 공동체에서 여성들에게 광원이라는 직책은 특권으로 느껴질 정도로 참여의 기회를 획득하는 것 자체가 힘들었다. 그나마 선탄은 약자인 여성과 청소년이 얻을 수 있었던 거의 유일한 업종으로서 가사를 보조하기 위한 목적에 크게 부응하였다. 청양군 남양면 용마리에서 태어난 이옥구는 부여로 시집갔다가 29세 되던 1959년 무렵 성주리로 이주하여 점포를 차리고 잡화와 술을 판매하던 중 35세 되던 해에 남편과 사별하고 1남 4녀를 홀로 부양하였다. 가장을 잃어 가세가 기울면서 생계유지는 물론 자녀의 교육비를 마련할 방도를 찾기 어려웠다. 탄광 일에 관여하게 된 직접적 계기는 취업할 경우 자녀 한 명에게 지급되는 장학금의 혜택 때문이었다. 그녀는 1980년 12월 11일부터 1985년 12월 11일까지 신홍식의 성림탄광에 취업하여 선탄부로 근무하였으며 이후 신성산업으로 소속을 달리한 뒤에도 폐광까지 5년간 동일 직종에 종사하며 가계를 부양하였다. 장성한 아들까지 탄광 일에 가세하면서 빈곤을 면할 수 있었기 때문에 탄광과 사주는 이옥구에게 재활의 은인으로 기억되고 있다. **20)**

이옥구의 경우처럼 자녀의 학자금 보조는 광원이 누릴 수 있는 커다란 혜택이 아닐 수 없었다. 장학 사업은 1974년 4월 16일의 대한탄광협회 긴급이사회에서 광원의 처우 개선을 위해 정식으로 제기되었고, 12월 18일에 석

---

19) 제보: 김일준(1945년생, 성주면 개화1리 105), 김태수(1944년생, 성주면 개화1리 114)
20) 제보: 이옥구(1930년생, 성주면 성주3리 50)

표 18. 장학기금 출연(1974~1986)

년 \ 탄광	영보			신성	덕수		성림	삼풍	원풍	한보	심원
	합동	태광	태전		덕성	덕흥					
1974							293				
1975									183		
1976							2,551	1,808	200		58
1977				14,219			3,998	2,065	932		
1978							125		1,046		17
1979				8,449			3,927	1,450	402		
1980				2,719			3,502	2,171	2,582		
1981				28,380			4,305	2,235	4,125	454	
1982					860	285	3,776	2,059		1,107	
1983	337	1,613	135	11,853	949	120	3,938	2,349	4,776	2,433	
1984	597	4,475	700	29,288	1,553	301	3,110	1,164	2,841	466	
1985	515			17,175	1,166	434			344	112	
1986	1,574	3,261	494	12,780	1,999	1,139	3,130	1,468	7,159		

주: 출연액 단위는 천 원

자료: 송태윤, 1987, 『한국석탄장학회사』, 한국석탄장학회, pp.382-387

탄장학회 창립총회가 열린 후 12월 23일의 제1회 이사회에서 장학회의 명칭을 한국석탄장학회(韓國石炭獎學會)로 개칭하여 오랜 기간 내실 있게 운영해 왔다(송태윤, 1987, pp.148, 151, 154). 영보탄광 합동·태광·태전광업소, 신성산업, 덕수탄광 덕성·덕흥광업소, 성림탄광, 삼풍탄광, 원풍탄광, 한보탄광, 심원탄광 등 성주리에 광구를 가진 여러 탄광도 장학금을 출연하였으며〈표 18〉 기부액은 대부분 광원 자녀의 학업을 보조하는 데 활용되었다. 각 탄광에서 장학 사업에 나서게 된 데에는 나름의 이유가 없지 않다. 근로자들은 생명을 담보로 한 위험한 작업에 나서는 데 반해, 탄광은 석탄 경기의 부침과 충남탄전에서 생산된 무연탄의 품질에 대한 평가에 따라 수익의 고하가 결정되기 때문에 처우는 만족스러울 수 없었다. 사정이 그렇다 보니 한시적으로라도 더 나은 조건을 제시하는 광업소를 인지하게 되면 거리낌 없이 이직을 결정하던 상황이었다. 자녀의 교육에 대한 애착이 남다른 것은 탄광촌이라 해도 다를 바 없었고, 사업주는 장학 사업을 명목으로 이직률을 낮추어 보려 노력하였던 것이다.

하루하루를 연명하는 것이 초미의 관심사였던 탄광촌의 일상에서 가계에 내실을 기하기란 여간 어려운 일이 아닐 수 없었다. 임금 체불이 다반사인 상황에서 수입이 일정하게 보장된 것이 아니었고, 목돈이 수중에 들어오더라도 그간 밀린 외상값을 지불하고 생계를 위해 음식료품을 구매하고 나면 저축할 여유가 생기지 않았다. 한마디로 정상적인 생활이 어려웠다고 하겠다. 손명수는 이에 비추어 비교적 건실하게 생활한 탄광인 가운데 한 사람으로 소개할 만하다. 이미 그의 어머니는 벌뜸에서 장군봉 아래의 탄광까지 출퇴근하며 가사를 돕고 있었는데, 그는 1971년에 성주국민학교를 졸업하고 중학교 진학을 앞둔 시점에 학비 마련을 위해 키운 돼지가 죽어 버리자 학업을 포기하고 14세 되던 1972년에 처음으로 선탄에 관여하였다. 잡석을 골라내는 것뿐만 아니라 그것을 폐기장에 버리는 일도 그의 몫이었다. 21세 되던 1979년에는 성림탄광 막장에 본격적으로 투입되어 1989년까지 10년 가까이 굴진에 종사하였다. 물을 쓰지 않고 굴진하여 분진이 많이 발생하는 '가타쿠리'의 열악한 작업 환경에서도 하루에 3~4공수21) 분량의 작업을 수행하였다고 한다. 그가 기억하기로 지상의 상황과 무관하게 막장 내부의 온도와 습도는 일정하게 유지되어 작업에 지장을 줄 정도는 아니었으며, 다만 비가 내리면 지하로 수분이 침투하기 때문에 지연되는 일이 종종 있었을 뿐 채탄은 연중 이루어졌다. 다른 사람들과 마찬가지로 채탄량은 외부의 기후보다는 '탄통'의 규모와 질에 좌우되었다고 지적하였다. 휴일 작업에는 추가 수당

---

21) 공수는 작업 성과를 일컫는 현장의 용어로 발파 한 차례, 막장의 버력을 모아서 버리는 작업 한 차례, 채탄 8시간의 작업량이 각각 1공수에 해당한다.

이 지불되었고. 작업할 때 담배는 암암리에 묵인되었지만 가스가 나오는 갱에서는 엄격한 통제가 가해졌다. 그의 가족은 먹방교 인근에서 월세로 생활하면서 저축을 계속하였고 보증금 70만 원의 전셋집으로 거처를 옮겨 5~6년간 생활한 뒤, 성림탄광이 폐광을 맞기 1년 전인 1991년에 그동안 모은 2,000여 만 원을 가지고 상경해 풍납동에 정착하여 가게를 개점, 운영하면서 안정적으로 생활하고 있다.**22)**

　부친 임세기(1929)와 모친 이미지보(李美志保, 1938) 슬하에서 자란 임종수의 고향은 청양군 남양면 온암리이다. 외할머니는 일본인이라 한다. 4남 4녀의 대가족 집안에서 위로 누이를 둔 장남으로 출생하였으며, 초등학교 2학년인 1966년경 성주리 백운사 인근으로 이주하였는데, 금광에 근무한 경력을 가진 부친은 김민환이 덕대로 있던 백운사갱에서 채탄에 종사하였고 모친은 도보로 대천을 오가며 생선을 매입한 다음 성주리로 돌아와 행상하는 것으로 생계를 도왔다. 1972년 먹방으로 이사할 무렵 제보자는 성주국민학교를 졸업하였으나 중학교 진학을 포기하고 장군3갱, 홍진갱, 대원사갱에서 폐석을 고르고 실어 나르는 일당 200원의 선탄공과 채굴한 무연탄과 폐석을 실어 내는 속칭 '스테바(捨て場)'의 일을 도맡았다. 성림본갱인 유보사갱에서는 무게 2톤이 넘는 광차를 갱도에서 끌어내고 빈 광차를 다시 갱도로 운반하는 조차공으로 일했다. 중도에 포기한 학업은 학력수준이 높았던 광원들이 일과 후 먹방 마을회관에 모여 진행하던 야학에 참여하는 것으로 대신해야 했다. 부친과 본인이 탄광에 나가 일하는 사이 모친과 여자 형제들은 그동안 저축한 자금으로 마련한 방 2개에 식당과 주방이 딸린 한바(飯場, 현장 식당)를 운영하였다(사진 75).

---

22) 제보: 손명수(1957년생, 성주면 성주5리 10)

사진 75. 임종수와 가족
상단에는 먹방 흥진갱 한바집 앞에서 촬영한 임종수의 모친의 모습과 1973년경의 야학 모임, 하단에는
성림본갱 폐석을 배경으로 한 1979년의 임종수, 1980년에 성림본갱 인근 광원주택을 배경으로 형제들과
함께 한 사진들이다[자료: 임종수(1957년생) 제공].

　합숙소의 방은 10여 명이 투숙할 수 있는 정도였으며 식당은 20명이 동시
에 식사할 수 있는 규모였다. 식단은 밥과 김치찌개를 위주로 광부들이 분진
을 씻어 내기 위해 섭취했던 돼지고기와 닭고기 종류로 차렸으며 식사 시간
에 권양기를 이용해 갱도 안으로 도시락을 만들어 보내 주는 방식을 취하였
다. 부친은 식자재를 조달하며 주방 일을 거들었다. 식대는 급료일에 현금으
로 일시에 수납하였는데, 밀린 식대를 수납하는 월급날에는 돈 관리를 걱정
할 정도로 성황을 이루었다. 외상 장부에는 일반 광원과 합숙자, 항장, 감독
등의 이용 기록이 보인다. 새로 취업한 광원이 전임 광원에 식사를 접대하는
'신입래'의 기록도 확인할 수 있다(사진 76). 그는 "광산촌에 들어온 이후로 배
는 곯지 않았다."라고 지난날을 긍정적으로 회상하였다. 1979년의 수해를 겪

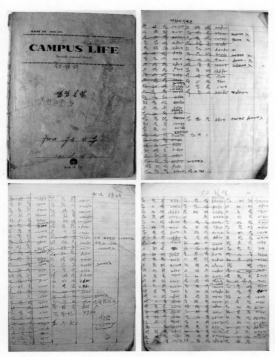

사진 76. 성림탄광 수금 장부
1981년 3월 이후 임종수 모친의 식당을 이
용한 광원들의 주류 및 식대 외상 장부로서
납입자와 미납자를 구분해 놓고 있다[자료:
임종수(1957년생) 제공].

으면서 가옥이 유실되자 가족은 1981년에 탄광 일과 한바 일을 접고 대천 흥
덕굴로 이사하여 싸전을 운영하다가 다시 본업인 식당을 개업하였으며, 임
종수 자신은 부모와 사별한 뒤 식당을 정리하고 지금까지 18년 동안 화훼 판
매업으로 생활하고 있다.23)

　지금까지 자의 반 타의 반으로 성주리와 인연을 맺으며 석탄 더미를 일터
삼아 살아온 사람들의 이야기를 들어 보았는데, 지내 온 여정을 마지못해서
라도 이야기로 풀어낼 수 있는 사람은 그런 대로 과거에 대해 관대한 편에
속한다. 개중에는 가슴 아픈 사연을 가슴에 묻고 은신하려는 이들도 많이 있

---

23) 제보: 임종수(1957년생, 보령시 화산동 600-3)

다. 그들에게 성주리는 아쉬움 가득한 기억 속 탄광 마을에 지나지 않는다.

양지뜸에 거주하는 전직 광부는 한사코 이름 밝히기를 꺼렸다. 대구에서 태어난 그는 울산 신정동에서 식당을 경영하다가 사기를 당해 사업을 중단하고 동서의 권유에 따라 공주로 거처를 옮겼으며, 1978년 무렵 아내와 남매를 이끌고 가족 전체가 성주리로 들어왔다고 한다. 이주 초기에 성주국민학교 인근의 루핑 집에 월세로 머물며 덕수탄광에 근무하였고, 10여 년간 저축한 65만 원으로 방과 부엌을 갖춘 주택을 매입하였으나 광산 사고로 주택을 매각하고 공주로 이주해 6년 반 동안 여인숙을 운영하였다. 탄광 정리기를 앞둔 시점에 재차 성주리로 이주해 명성산업 조성옥 사장의 태광광업소에서 6개월 정도 채탄하였는데 작업 중에 굴러 떨어진 폐석에 허리를 다쳐 귀향하지 못하고 현지에 눌러앉게 되었다고 한다. 그는 자신을 실패한 인생으로 낙인찍으면서 지인에게 밝혀지는 것이 두렵다며 끝내 실명을 밝히지 못했다. 성주리 탄광의 막장 인생에 대한 조금은 원망스러운 감정은 그가 내뱉는 푸념에서 어느 정도 느껴 볼 수 있었다.

검은 먼지를 날리며 분주하게 비포장도로를 왕래하던 탄차도 일상적인 광경에 빠질 수 없었다. 탄광과 운명을 함께한 것은 트럭을 몰던 기사들도 크게 다르지 않았다는 말이다. 충남 청양군 남양면 백금리에서 출생한 정규학은 부모에 이끌려 7세가 되던 해 대천으로 이주하였다. 훈장으로 봉직한 부친 슬하에서 자랐으나 어려운 시대를 만난 탓에 대천봉산국민학교를 졸업한 것이 교육의 전부였다(사진 77). 운전은 보령경찰서에 근무하면서 익히기 시작해 21세 되던 해에 면허증을 취득하였다. 당시 친밀한 이웃이자 장순희의 성주탄광 소장으로 근무하던 최세환에게 부탁하여 UN에서 지원한 5톤급 운크라 트럭을 몰 수 있는 기회를 얻을 수 있었다. 성주탄을 수송하면서 지켜본 탄광사무실에는 소장을 비롯해 항장과 굿반수**24)** 등 여러 직원이 근무하

사진 77. 정규학(1929년생)·이인영(1935년생)·송유신(1955년생)

였다고 한다. 개발 초기의 성주탄광에서는 수평갱을 파고 들어가 화약을 이용해 발파한 뒤 발전기를 돌려 전등을 밝히고 정과 망치 등을 사용하는 수작업으로 채탄이 이루어지고 있었다. 작업도 갑·을·병의 3교대로 이루어지는 대신 아침에 출근하여 저녁 무렵 퇴근하는 운영 방식으로서 아직은 체계를 갖추지 못한 상태였다.

원탄이 광차에 실려 나오면 선탄장에서 잡석을 골라낸 후 트럭에 싣고 대천역이나 웅천역으로 수송하였다. 대천역으로 향하는 트럭은 험한 '성주고개(바래기재)'를 넘어야 했으며 경사가 급한 지형적 장애 때문에 역전까지는 40분 이상이 소요되었다. 고갯길은 험난할 뿐만 아니라 무거운 화물을 실은 트럭이 통과한 까닭에 훼손도 잦아 성주탄광 측은 도로 보수원을 배치해 수시로 정비 작업에 나섰다. 대천역의 조선운송주식회사, 일명 조운(朝運)이 운영

---

24) '굿'은 광맥을 찾기 위해 파 들어간 구덩이를 일컫는 용어이며 '굿반수'는 굿이 무너지지 않도록 갱목을 부설하는 책임자를 지칭한다.

하던 야적장의 하치 능력이 한계에 다다를 경우 부득이 웅천역을 이용하지 않을 수 없었다. 역전 야적장에 저치된 무연탄은 삽과 지게 같은 단순한 도구에 의해 화차에 실려 서울로 향했다. 성주탄광의 운전기사들은 일과가 끝나면 탄광사무실 옆에 자리한 차고에 트럭을 주차하고 삼거리 공터에 지어진 기사 전용 사택에 머물렀으나 정규학은 인근에 별도로 거처를 정하고 생활하였다. 운크라 트럭을 운전해 성주탄을 수송한 지 3~4년 되는 시점에 그는 불의의 교통사고에 연루되어 해직되었다. 이후로 대천양조장 전무가 구입한 GMC 트럭을 이용해 성주탄을 1년 남짓 더 수송하다가, 자신처럼 한때 운크라 트럭 3호차를 운전했으며 외국산 대형 트럭을 구입해 개화리 뒷산에서 채석한 청석(靑石)으로 제작한 당구대를 서울 용산으로 운반하던 맹창식과 합류한다. 2년 뒤에는 차주와 함께 파주군 천현면 법원리에 하숙하면서 임진강에서 채취한 골재를 미군 기갑사단에 운반하다가 제3공화국 비상 상황이 발발하여 대천으로 귀향하였다. 그 뒤로 중앙화물회사에 취업하여 잡화 수송에 종사하다가 보령군 보건소 차량을 거쳐 군청의 도로 보수용 6톤 트럭을 운전한 뒤 58세로 퇴직하였다.

　석탄을 실어 나르는 일에 오랫동안 관여한 것은 아니지만 성주탄광에서의 경험은 뇌리에 깊게 남아 있다고 했다. 대천역 저탄장에 탄을 내리고 복귀할 때면 대천장에 나왔다가 볼일을 마친 '장꾼'들이 직원의 이목을 피해 역에서 멀리 떨어진 지점에 기다리고 있다가 빈 트럭이 나타나면 환호성을 올리며 승차를 부탁하였다. 만차 상태에서도 가끔은 대천으로 나오려는 주민들을 태워 주기도 하였는데, 특히 선탄장에서 작업하던 인부들은 낯이 익어 거절할 수 없었다. 당시 운전기사는 인기가 좋았다면서 그가 베푼 인정에 주민들은 술과 돼지고기로 푸짐하게 화답하였다고 회상한다. 정규학의 기억 속에 사장인 장순희는 종종 직원들과 인부들을 모아 돼지를 잡아 주고 가끔 만날 때에는 주머니에 가지고 다니던 현금을 꺼내 나눠 주던 관대하고 활수한 인물이었다.**25)** 탄가루가 거리를 자욱하게 덮고 있던 시절이지만 사람들로 붐비던 그날을 못내 아쉬워하였다.

부여군 규암면 반산리에서 태어나 지금은 삼거리에서 상점을 운영하고 있는 이인영 역시 탄광 개발 초기에 화물 트럭을 운전하였다. 8세 되던 해에 대천으로 이주했다가 몇 년이 지나 성주리로 들어왔고 모친은 삼거리에서 가게를 운영하였다. 18세에 운전면허를 취득한 그는 장순희의 성주탄광에 비치된 GMC와 ISUZU의 5톤 운크라 트럭을 운전하여 석탄을 실어 날랐다. 그 뒤 자리를 옮겨 이낙규의 동일화물에 4년간 근무하며 석탄을 대천역까지 수송하였는데, 적재한 무연탄을 저탄장에 부리고 나면 성주리로 향하는 주민들이 기다렸다는 듯이 몰려와 승차를 부탁하였다. 탄광에서 일하는 광부 가족에게는 '특혜'를 베풀었으며 학생들을 태워 주면 부모들은 푼돈을 모아 운전기사인 자신에게 주거나 쌀과 고기로 대접하였다. 옷이 시커멓게 더럽혀지기는 했지만 많은 사람들이 오가던 장날에도 탄차는 요긴한 '공짜' 이동 수단이었다. 한때 친구를 따라 상경하여 용산의 직행버스 회사에서 근무하다가 명절 쇠러 잠시 고향에 내려왔을 때 금남여객 소장으로부터 부탁을 받고 4년 남짓 버스를 운전하였다. 하루 여섯 차례 성주리와 대천을 왕복하는 버스였는데 이용하는 승객이 많아 차 문을 열어 놓고 험준한 성주고개를 오르내려야 할 때도 있었으며 브레이크 파열로 위험한 순간을 맞기도 했다. 금남여객을 나온 다음에는 먹방 안쪽의 홍진갱과 유보갱 등지에 덕대로 참여해 보았으나 호기는 이미 지나간 상태여서 캐낸 탄의 판로를 찾지 못하고 임금 체불을 거듭하던 중에 합리화를 맞았다. 탄광을 떠난 뒤 화력발전소에서

---

25) 제보: 정규학[1929년생, 보령시 명천동(수청거리) 491-12]

6년 남짓 근무하였고 대천에서 택시 3대를 구입해 운영하다가 일선에서 물러나 지금은 가게를 지키고 있다.26) 지나온 시간만큼 다양한 많은 경험들이 그의 기억을 채우고 있었다.

계곡 안쪽으로 파고들어 개발한 탄광에는 대부분 갱 입구 근처에 숙소와 식당을 겸한 한바가 딸려 있었다. 송유신은 덕수탄광 덕흥광업소에서 모친, 여동생과 함께 광부들에게 식사를 제공하였다. 부여군 은산면 은산리에서 딸 다섯에 아들 하나인 가정에서 삼녀로 태어났으나 불의의 사고로 딸 셋이 요절하여 장녀 역할을 감당해야 했다. 초등학교 3학년 되던 1966년 무렵 성주7리 창터골로 이주하였으며 부친이 58세 되던 1980년경 생계를 위해 탄광 입구의 합숙소에서 식당 일을 시작하게 되었던 것이다. 3개의 방을 가진 숙소와 별도로 부엌이 딸린 단칸방에서 광산 근로자의 식사를 조달하였는데, 국밥과 소주를 주로 판매하였으며 과자와 빵 같은 간식도 비치하였다고 한다. 점심시간에는 숙소에 머물거나 출퇴근하는 광원은 물론 인근 갱에서 찾아온 광원들을 포함해 20명 남짓한 인원이 식당을 찾아 가장 분주한 시간이었다. 3교대로 진행되는 막장 작업의 특성상 식사 주문이 밤낮으로 이어지기 때문에 주방 일 또한 그에 맞추어 모녀 세 명이 교대로 수행하지 않을 수 없었다. 광원들의 식대는 월급일에 광업소 사무소의 경리로부터 일괄 지급받았다고 한다. 그녀는 대천의 택시기사와 혼인하여 슬하에 남매를 두었으나 피치 못할 사정으로 29세 되던 해에 이혼하였고 가족의 생계를 위해 다방에 근무하던 중 고객의 폭행으로 대수술을 요하는 상처를 안고 친정으로 돌아와 1989년 폐광까지 식당 일을 돌보았다. 영업을 더 이상 계속할 수 없게 된 지금도 그녀는 석탄가루가 쌓여 있는 과거의 합숙소에 기거하고 있다.27)

---

26) 제보: 이인영(1935년생, 성주면 성주6리 196-6)
27) 제보: 송유신(1955년생, 성주면 성주6리 8)

사진 78. 정인훈(1945년생)

대천의 신성산업 본사 인근에서 이용업에 종사하고 있는 정인훈은 성주리와 지리적으로 많이 떨어져 있으나 성주탄을 캐던 일부 광부들과 특히 신성산업 임직원의 이발을 담당하였던 점에서 탄광촌의 먼 일원으로 간주할 수 있다(사진 78). 그는 보령군 남포면 제석리에서 출생하였다. 머리를 깎는 일은 입대 전에도 해 왔지만 독자적으로 이용업에 나서게 된 것은 복무를 마친 직후 1970년 11월에 자격시험을 통과해 1971년 1월 14

일에 이용사면허증을 발급받게 되면서부터였다. 1977년에는 신성산업 본사 앞에 '구시이용원'이란 이름으로 점포를 마련하여 신홍식 사장을 비롯한 사내 임직원은 물론 장 보러 나온 행인들과 얼굴이 '시커먼' 광부들을 손님으로 맞게 된다. 1970년대에는 종업원 3명을 두고 식사 시간도 없이 분주하게 영업할 정도로 탄광 경기가 좋았다고 한다. 이발소 내부에는 '커트 8,000원, 스포츠 10,000원, 면도 4,000원, 세발 2,000원, 드라이 4,000원, 염색 10,000원, 초중고 7,000원'이라 적힌 요금표가 부착되어 있다. 1970년대 후반의 이발 요금이 150원이었다고 하니 세월이 많이 흘렀음을 느끼게 되는데, 당시 탄광은 갑·을·병 3교대로 근무가 이루어졌기 때문에 광부 손님은 주말과 평일 구분 없이 매일 이어졌다. 1985년에는 회사에서 조금 더 떨어진 현재의 위치로 이사하였으며 지금까지 27년간 영업을 계속해 오고 있다. 점포는 인접한 신성산업개발(합)에 착안하여 '신성이용원'으로 개명하였다. 그리 멀지 않은 곳으로 이전하였고 주변에는 경쟁 이발소도 없어 신홍식 사장은 매일

아침 그의 업소에 들러 머리를 정돈하고 하루 일과를 시작했을 정도로 내왕이 잦았다. 그러나 대천의 지역경제가 탄광과 직결된 만큼 이발소 영업도 폐광의 여파를 피해 갈 수 없었다. 물론 미용실 등 유사 업체로 고객층이 대거 이탈한 것도 원인의 하나이지만 석탄산업의 사양화로 인한 타격은 직접적이었다고 회고하면서, 그 또한 주점마다 자리가 없어 광부들이 선 채로 술잔을 기울이던 시절이 그립다고 했다.**28)**

이상으로 탄광 마을 성주리와 직·간접적으로 연계를 맺게 된 몇몇 사람들의 기억을 더듬어 보았다. 성주리처럼 인구의 유동성이 큰 지역은 성원 간의 친밀도, 지역에 대한 관심도, 나아가 지역사회의 통합도가 낮은 것으로 알려진다. 실제로도 비교적 호의적인 전문직이나 판매·서비스직 종사자들과 달리 광원들의 지역사회에 대한 관심과 통합 정도는 가장 낮은 것으로 조사되었다(김두식·한성덕·김남선, 1991, pp.137-138). 성주리의 경우 원주민의 석탄광업 진출도 활발하였지만 광원 대다수는 타지에서 유입되었다. 이들 이주 광산 근로자는 전통 취락 주변부에 체류하다가 현지인과 융화되는 중간 단계를 거쳐 수적인 우위를 바탕으로 점차 주류 집단으로 성장하는 과정을 밟았을 것으로 사료되지만, 단기적으로는 다양한 출신과 배경을 가진 사람들이 한꺼번에 몰리면서 사회적 이질성의 증대와 전통 관습의 해체라는 부작용을 초래하였다(권태환·김두섭, 2002, pp.198, 200). 주로 저소득층이 모여든 까닭에 인심이 각박하여 정을 붙이기가 좀처럼 쉽지 않았고 다툼도 많았으며 그만큼 발을 딛고 있는 지역에 대한 애착도 덜할 수밖에 없었다. 1970년의 성주국민학교 생활 동태 조사 결과를 통해 탄광촌의 세태를 가늠해 보면, 학생들은 거친 말과 사투리를 구사하고, 자기중심적이어서 봉사정신이 박약하며,

---

28) 제보: 정인훈(1945년생, 대천동 209-46)

애향심이 부족한 것은 물론, 비위생적이고 근검절약 정신이 희박한 것으로 지적된 바 있다(윤성하, 1984, p.197). 그럼에도 불구하고 땀과 애환으로 가득한 일터를 배경으로 탄광촌 사람들이 기억을 축적해 감에 따라 장소애의 깊이도 점점 더해졌다.

석탄산업합리화를 거치면서 주민 대다수가 일자리를 찾아 타지로 썰물처럼 빠져나갔지만 폐광 후에도 고향이나 외지로 발길을 돌리지 않고 잔류한 이주민 또한 적지 않다. 이들은 기회를 찾아 이곳에 들어왔고 젊음을 다해 석탄을 캤으며 경제력을 지탱해 주던 갱도가 폐쇄된 이후에도 자신의 땀과 열정을 쏟아 부은 현장을 떠나지 못하고 있다. 일부는 금전적 여력이 닿지 않아 어쩔 수 없이 남게 되었을 것이며, 또 다른 일부는 진폐증이 그들을 움직일 수 없게 만들었을 것이다. 그것이 아니라면 분명 내재화된 성주리에 대한 장소애가 그들의 발목을 붙잡고 있을 것이다. 몸과 마음에 상처를 안고 있음에도, 이곳의 환경과 생활에 너무나도 익숙해져 다른 지역으로 가는 것이 오히려 두렵고 부담스럽게 느껴졌던 것 같다. 성주리의 전통 취락으로서 원주민 비율이 비교적 높을 것으로 예상되는 벌뜸의 경우만 하더라도 50가구 중 20%에 불과한 10가구만이 현지와 연관을 가지고 있을 뿐이다.**29)** 지역 전체적으로 연고도 없이 거센 물결에 떠밀려 들어와 막장을 경험하고 또 그에 대한 기억을 간직한 사람들이 아직도 마음속의 탄광촌을 지키고 있는 것이다.

---

29) 제보: 복봉수(1941년생, 성주면 성주5리 183-4)

제7장..
지워지지 않는 기억의 흔적

1. 합리화, 폐광의 또 다른 이름

산업 발전의 전시장으로 미화된 성주리 탄광촌이지만 걸어온 발자취를 돌아다보면 그다지 순탄치 않은 여정이었다. 성주탄좌개발주식회사의 설립으로 전도유망한 성장을 기대했으나 판매난과 자금 부족으로 적자 경영과 임금 체불의 악순환을 벗어나기 어려웠으며 난국을 타개하기 위해 잠정적으로 대한탄광주식회사와의 공동 관리를 거쳐 결국 대한석탄공사에 인수되었던 것인데, 이후로도 적자 누적에 따른 압박은 좀처럼 개선될 여지가 보이지 않아 경영합리화를 이유로 일시적인 휴광까지 감수하지 않을 수 없었다(대한석탄공사, 2001a, pp.160-161). 성주광업소는 1974년에 다시 개광한 이래로 20년이 지난 1994년에 완전히 정리될 때까지 대한석탄공사 직영보다는 위탁 경영의 일종인 조광권 설정을 통한 실질적인 민간 개발의 형식을 취하였다. 그리고 이 같은 구조적 취약성은 성주리의 기간산업이었던 석탄광업의 사양화를 재촉한 원인의 하나였다. 실제로 1973년에 공식화된 조광권의 법제화는 생산성이 낮은 영세 탄광이 난립하게 만드는 결과를 초래하였다고 할 수 있는데, 전국적으로 민수용탄이 최대에 달한 1986년의 경우 354개 민영 탄광 가운데 연산 30만 톤 이상의 대규모 업체는 10개에 불과한 반면, 89%에 해당하는 315개 업체는 10만 톤 미만의 중소 탄광으로서 민영 총 생산 1,903만 5,000톤의 33%인 633만 6,000톤을 생산하는 데 그쳤다(석탄산업합리화사업단, 1997, pp.138-139). 영세 탄광 위주의 상황은 성주리도 마찬가지였다.

1980년대 후반 들어 지역 안팎의 상황이 적대적으로 바뀌면서 성주리를 포함해 탄광 지역은 어디가 되었든 앞날을 걱정해야 하는 처지에 놓인다. 자생력이 빈약한 탄광의 도산을 막기 위해 탄가 인상이 강구될 법도 하지만 서민 생활에 미칠 파장이 작지 않아 부득이 석탄산업조성사업비를 통한 막대한 정부보조로 대체되었으며 이는 장기적으로 에너지 다원화를 정책적으로 타진하게 만드는, 석탄의 입장에서는 부정할 수 없는 악재로 작용하였다. 심부화에 수반되는 임금 상승은 성주탄의 생산원가를 높였고 경쟁 연료인 석유의 수급 안정화와 국제유가의 하락은 가격 경쟁력을 떨어뜨렸다. 부존량 고갈에 따른 탄질 저하는 수입탄과의 가격 격차를 지속적으로 축소시켜 성주산 석탄의 입지는 좁아들 뿐이었다. 그뿐만 아니라 고용 현장에서 석탄광업은 3D업종으로서 부정적으로 인식되었고, 산업 구조의 고도화는 유류 및 가스 사용 기계기구의 개발을 촉발하였으며, 소득수준의 향상은 대단위 아파트 단지의 건설을 유도하여 저렴한 청정에너지를 선호하게 만듦으로써 성주리 지역경제의 근간인 석탄은 점차 외면받기 시작한다.**1)** 한 걸음 더 나아가 노동 조건과 임금 등 광원의 처우를 둘러싼 빈번한 노사 분규, 높은 재해율, 점증하는 진폐 환자 등은 성주탄의 수급에 불안을 안겨 주었고 전반적으로 탄광업체의 채산성을 크게 약화시켰다(대한석탄공사, 2001a, pp.103-104; 석탄산업합리화사업단, 1990, pp.75, 258, 277; 1997, pp.138-139; 임보영, 2008).

성장과 산업화 담론이 분배와 환경 담론으로 대치되는 시대적 전환기에 석탄광업은 위기에 봉착한다. 성주리뿐만 아니라 전국의 거의 모든 탄광이 적자 경영의 늪에서 신음하였으며 따라서 취약한 석탄산업 전반의 체질을 개선하기 위한 전폭적인 구조 조정이 절실하였다. 그리고 이런 위기 상황은 비단 우리나라에만 국한된 일은 아니었다. 석탄산업의 발상지인 영국도 1980년대 들어 '시장 효율성(market efficiency)'과 '소비자 선택권(consumer choice)'이

---

1) 정부의 환경규제 정책과 관련 입법 같은 제도적 요인으로 미국 석탄산업이 영향을 받은 사례는 Clements(1977)에 의해 심도 있게 분석되었다. 대기오염을 방지하기 위해 1970년에 제정한 「청정대기법」 수정안(Clean Air Act Amendments)의 경우 고량의 황을 함유한 무연탄 생산지는 쇠퇴하고 반대로 함유량이 적은 지역이 새롭게 개발되는 결과를 가져왔다고 한다.

사진 79. 대한석탄공사
대한석탄공사는 의정부 소재 석탄자원센터에 입주해 있다. 13층의 빌딩 내에는 기술연구소 분석실(B1), 감사실·기술연구소·본사지부(6층), 대교육장·소교육장·사업개발실(7층), 사장·감사·기획관리본부장·사업본부장 사무실(10층), 경영지원실·경영지원팀·재무관리팀·고객지원팀·홍보실·노사협력팀·비상계획관(11층), 기획조정실·생산기획실(12층), 노동조합·경영정보(13층) 등의 부속실이 있다.

라는 수사를 동원한 정치 공세가 가중되는 가운데 1985년 무렵 세계적으로 석탄 가격이 폭락하자 경제성이 떨어지는 탄전을 폐쇄하는 것이 합리적인 에너지 정책이라는 사회적 공감대가 형성되었던 것이다. 값싸고 신뢰할 만한 에너지로 다각화를 추구해야 한다는 여론은 석탄의 위상을 계속해서 깎아내렸다(Hudson & Sadler, 1990, pp.436-437). 성주리의 사례는 국내외 석탄산업 전반의 사양화 추세를 대변한 것에 불과하다.

한때 막강한 국가경제의 견인차로 군림하며 지역지리 변화를 유도해 온 대한석탄공사가 이제는 주변부로 내몰리는 상황에서 석탄산업의 위상 변화를 실감하게 된다. 1950년 11월 1일에 창립되어 당시로서는 거의 유일한 에너지원이었던 석탄을 채굴하여 안정적인 가격으로 공급해 준 거대기업(Big Business)으로서 대한석탄공사는, 산업국가 건설을 목표로 강력한 추진력을 발휘한 제3공화국 거대정부(Big Government)의 전폭적인 지원을 받으며 국토의 모습은 물론 국민생활을 크게 바꾸어 놓았다. 그리고 이 강력한 공기업이 펼치는 일련의 사업은 행정부에 종속된 거대법원(Big Court)의 지원으로 법적·제도적 정당성을 획득하였다. 대한석탄공사의 영향력은 전화 사업(電化事業)과 산업철도 부설을 통한 생산성 증가에 비례하여 간단없이 증대되었다. 지역지리의 변화에 미치는 정부, 대기업, 법률, 제도 등의 역할, 특히 강력한 국가주의 아래에서의 그 파장에 대해서는 역사지리학자의 면밀한 진단이 내려진 바 있는데(Earle, 1999), 산업화 시기 대한석탄공사는 그 총체라 해도 과언은 아니다(사진 79).

하지만 그런 대한석탄공사라 해도 시대의 흐름을 피해 갈 수는 없었다. 위상의 격하는 공사 사옥의 지리적 입지 변동에 어느 정도 반영되어 있다고 보인다. 대한석탄공사는 현재 '석탄산업에 종사한 모든 분들의 노고를 위로하고 국가 발전에 기여한 공적을 영구히 기리기 위하여' 전국광산노동조합연맹이 재원을 마련해 2006년 7월 4일 준공한 석탄자원센터(Coal Resources Center)에 전국광산노동조합연맹, 탄광복지재단법인, 한몽에너지개발(주) 등과 함께 입주해 있다. 위치는 경기도 의정부시 의정부2동으로서 과거에 비하면 핵심지에서 주변부로 밀려난 형국이다. 대한석탄공사는 조선석탄배급주식회사 사무실을 이어받아 중구 남대문로2가의 한국신탁은행 건물 4층에서 창립을 맞았다. 한국전쟁 중에는 남대문 사옥(1950.11~1951.1, 1953.7~1954.12)을 빠져나와 부산 대교동의 대한석탄공사 부산지사 2층을 임시 사옥(1951.1~1953.7)으로 사용하였다. 전쟁이 끝난 뒤 남대문로로 일시 복귀했다가 중구 저동2가의 한국흥업은행 중부지점으로 자리를 옮겨 저동 사옥(1954.12~1960.2) 시절을 열었고, 짧지만 중구 양동의 대한생명빌딩에 입주하여 양동 사옥(1960.2~1963.1) 시기를 보냈다. 그리고 창립 이후 처음으로 서대문구 서소문동 구 농림부청사에 단독으로 서소문 사옥(1963.1~1974.6)을 보유하기도 했다. 한때 정부의 국영 기업체 지방 이전 방침에 따라 강원도에 장성 사옥(1974.6~1975.10)이 설립되고 실질적인 업무를 서대문구 합동의 새마을슈퍼마켓 서울사무소에서 수행하는 이원 체제가 취해지지만 오래가지 못하고 여의도 사옥(1975.10~1998.12)이 마련된다. 영등포구 여의도동의 국립도서관 예정 부지에 건립된 사옥의 재원은 서소문 사옥을 매각해 상공부 및 산하 국영 기업체의 종합청사 부지로 매입한 강남구 삼성동 부지를 재매각하여 확보하였다. 1976년부터 1990년대 초까지는 적어도 표면적으로는 대한석탄공사의 전성기로서 장성·도계·화순·함백·은성·성주·나전·영월·화성 등 9개 광업소를 비롯해 미국·부산·인천·광주 등 4개 지사, 묵호·수색·석항·와룡·대구 등 5개 사무소, 임무소, 태백훈련원, 기술연구소 등의 거대 조직을 갖추었다.

그러나 합리화에 대한 준비와 이행에 들어선 1980년대 후반에는 이미 공사 운영에 적자가 누적됨으로써 구조 조정이 불가피하였고, 그에 따라 여의도 본사 인원의 감축과 아울러 1998년에는 경영합리화 차원에서 건물과 토지의 매각을 위한 입찰을 공고하지 않을 수 없었다. 매각과 함께 대한석탄공사는 인근의 한국증권거래소 신관 14층(1998.12~2003.2)에 사무소를 내걸고 긴축 경영에 나선다. 그 뒤에 석탄비축장을 두고 운영하던 상암동 사옥(2003.2~2007.6)을 열었으나 SH공사가 추진 예정이던 상암2지구 택지개발구역에 포함되어 부득이 의정부 사옥(2007.6.18~)으로 이전할 수밖에 없었다. 조직에서도 장성광업소(태백시 장성동), 도계광업소(삼척시 도계읍), 화순광업소(화순군 동면), 인천사무소(인천시 서구), 호남사무소(김제시 용지면), 석항사무소

(정선군 신동읍), 기술연구소(의정부시 의정부동)의 체제로 축소되었다. 2011년 11월 26일에는 원주시 반곡동의 혁신도시 부지에서 대한석탄공사 본사의 이전을 위한 원주 신사옥 착공식이 거행되었다.**2)** 서울 중심부에서 멀리 떨어진 곳이다.

대한석탄공사 본사 및 사업소의 구조 조정을 비롯해 석탄광업 전반의 개편을 위한 제도적 장치이자 정책적 출발점은 1986년 1월 8일에 제정된 「석탄산업법」(1986.1.8)으로서, 그간 임시법으로 존속된 「석탄개발임시조치법」, 「석탄광업육성에 관한 임시조치법」, 「석탄수급조정에 관한 임시조치법」 등 소위 '석탄3법'을 통합하여 채산성이 떨어지는 탄광을 정리할 수 있는 효력을 갖추었다. 석탄광 정리와 폐광이라는 구조 개혁을 통해 생산기반을 재정비하고 석탄산업의 합리화를 기하겠다는 의지가 담긴 법이라 하겠다(석탄산업합리화사업단, 1990, p.348). "석탄자원의 합리적인 개발과 효율적인 이용을 위하여 석탄산업을 건전하게 육성·발전시키고 석탄 및 석탄가공제품의 수급 안정과 유통의 원활을 기함으로써 국민경제의 발전과 국민생활의 향상에 이바지함을 목적으로 한다."라는 표면적인 입법 취지는 1988년의 개정법률 제4장의 2 '석탄광업의 폐광정리'와 관련된 조항이 추가되면서 의도가 보다 명확해진다(「석탄산업법」 참조).

부실 탄광의 자율정비, 건전 탄광의 육성, 생산 규모의 적정화 등을 통한 석탄산업의 자생력 제고의 과업을 추진할 전담 기관으로 「석탄산업법」 제31조에 의거하여 1987년 4월 3일에 석탄산업합리화사업단이 발족한다.**3)** 석

---

2) 대한석탄공사, 2001a, pp.240-244; 「강원일보」, 2007년 6월 14일자; 「경향신문」, 1998년 6월 29일자, 16면; 「동아일보」, 1962년 12월 29일자, 2면; 「매일경제신문」, 1974년 8월 22일자, 6면; 1975년 8월 18일자, 4면

3) 석탄산업합리화사업단은 2006년 6월 1일 해산되어 광해방지사업단으로 계승되며 광해방지사업단은 2008년 6월 29일에 한국광해관리공단으로 개칭된다. 한국광해관리공단은 종로구 수송

사진 80. 한국광해관리공단(석탄회관)

한국석탄장학회가 145억 원을 투자해 종로구 수송동 80번지의 구 숙명여자중고등학교 자리에 건립한 석탄회관은 1982년 12월 29일에 착공, 1985년 1월 11일에 준공식을 가진다. 3층과 4층의 석탄산업합리화사업단 사무실은 현재 한국광해관리공단이 사용하고 있다. 건물 입구에는 충남 보령에서 출생한 조소작가 이일호의 1985년작 '광부가족상'이 설치되어 있다.

탄산업의 구조 조정은 앞선 1981년에 대한석탄협회가 설립한 석탄광정리사업단(후에 석탄광지원사업단)에 의해 준비된 일도 있지만(대한석탄공사, 2001a, p.109), 강력한 법률의 지원을 받으며 폐광을 관리해 나갈 수 있게 된 것은 석탄광지원사업단을 흡수한 석탄산업합리화사업단이 설립된 이후의 일이다. 종로구 수송동의 석탄회관 3층과 4층에 입주한 사업단은 당시 동력자원부 산하의 기관으로서 초대 이사장에 박상건 동력자원부 전력국장이 취임하여 에너지공단 부이사장으로 발령되는 1992년 8월 18일까지 핵심적인 업

동의 석탄회관에 입주해 있는데, 한국석탄장학회가 연건평 2만 1,000㎡의 부지에 지상 12층, 지하 4층 규모로 건립하였다. 임대 수익금은 전액 탄광 근로자 자녀의 장학금으로 출연할 예정이었다. 석탄회관에 들어서 있는 석탄 관련 기관으로는 한국광해관리공단(3~4층), 한국광해관리공단노동조합, 대한석탄협회, 한국광해협회, 한국연탄공업협회(5층), 한국광해관리공단 기술연구소(6층), 한국광해관리공단 국가기술자격검정실, 한국광해관리공단 중회의실(8층), 한국광해관리공단 기술연구소(11층) 등이 있다.

무를 처리하였다(사진 80). 석탄산업합리화사업단은 매장량, 생산량, 탄질 등을 종합적으로 고려해 판정한 부실 탄광을 대상으로 광업권, 조광권, 계속작업권을 자율적으로 소멸·등록하도록 유도하였다(석탄산업합리화사업단, 1990, p.353). 노사 합의에 따라 자진해서 탄광 개발권의 소멸 등록을 마친 사업자와 퇴직 근로자에 대해서는 별도로 조성한 석탄산업안정기금에서 폐광대책비를 지급하였는데, 여기에는 근로기준법에 규정된 퇴직금 최저기준액의 75%, 2개월분 범위안의 임금, 평균임금 1개월분의 실직위로금 등의 생활안정자금을 포함해 석탄광업자를 대상으로 한 광업시설의 이전·폐기를 위한 지원비와 폐광의 광해 방지 비용 등이 들어 있었다(석탄산업합리화사업단, 1990, pp.354-356, 362). 아울러 퇴직 근로자를 위한 실업 대책을 마련해야 한다는 조항도 법안에 명시하였다(「석탄산업법」 참조).

비경제성 탄광의 자율정비 지원, 경제성 탄광의 건전 육성, 생산 규모의 적정화 실현 등을 통해 석탄산업의 자생력을 제고하겠다는 뚜렷한 목표에서 시작된 구조 조정은(석탄산업합리화사업단, 1990, p.353) 광산업체의 연쇄 폐업의 형태로 성주리 지역경제에 직격탄을 날렸다. 광업권 소멸로 인한 성주리 광산의 폐광은 1989년 6월 29일의 덕성광업소를 시작으로 1994년 10월 28일의 심원탄광에 이르기까지 연차적으로 진행되었다. 그림 34는 합리화로 인해 폐광이 진행 중인 1992년 시점에 충남지구 탄광협회에 보고된 잔존 탄광의 석탄 생산 실적표를 보여 준다. '폐광', '휴광', '합리화 폐광' 등 붉은 글씨로 적힌 문구에서 사태의 긴박감을 느낄 수 있다. 성림탄광은 8월에 3,300톤의 무연탄 채굴 실적을 남기고 폐광 수순에 접어든 것으로 나타나며, 한정자가 대표이사로 등록된 심원탄광의 경우 1993년에 대표자를 남편인 김태헌으로 변경하여 발전용 및 연탄제조용 민수탄으로 공급하였음을 알 수 있다. 심원탄광은 23명의 갱내 작업인부가 채굴한 3,500kcal의 저열량 무연탄 1,200

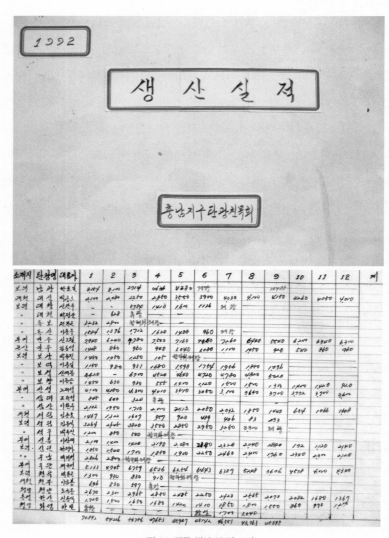

그림 34. 광물 생산 실적(1992)

충남지구 탄광친목회(일명 탄광협회)에 보고된 1992년 시점의 월별 무연탄 생산 실적이 나타나 있다[자료: 김재한(1920년생) 제공].

여 톤을 서천화력발전소로, 700여 톤을 동보연탄에 판매한 것으로 보고하고

있다(그림 35).

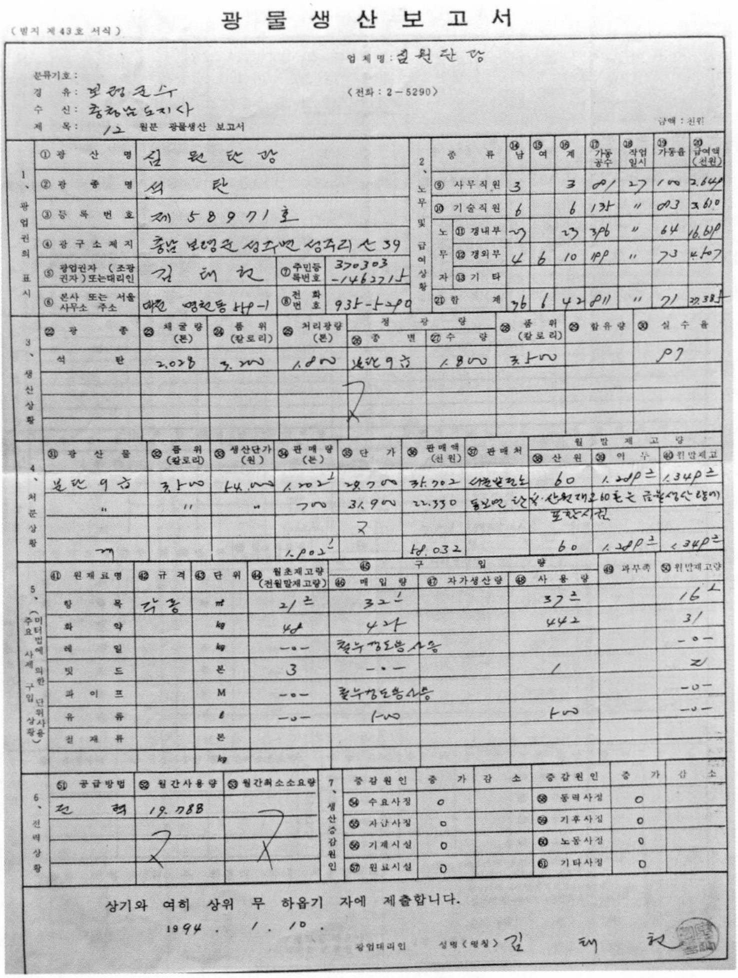
(별지 제43호 서식)

광 물 생 산 보 고 서

업체명: 심원탄광

분류기호:
경 유: 보령군수
수 신: 충청남도지사
제 목: 12 월분 광물생산 보고서

(전화: 2-5290)

금액: 천원

1. 광업권의 표시

① 광산명	심원탄광
② 광종명	석탄
③ 등록번호	제 58971 호
④ 광구소재지	충남 보령군 성주면 성주리 산 39
⑤ 광업권자(조광권자) 또는 대리인	김태헌
⑦ 주민등록번호	370303-1462715
⑥ 본사 또는 서울사무소 주소	대천 명천동 84-1
⑧ 전화번호	935-5290

2. 노무 및 급여상황

종류	⑭ 남	⑮ 여	⑯ 계	⑰ 가동공수	⑱ 작업일시	⑲ 가동율	⑳ 급여액(천원)
⑨ 사무직원	3		3	81	27	100	2,640
⑩ 기술직원	6		6	135	〃	83	3,610
노무자 ⑪ 갱내부	23		23	396	〃	64	16,610
노무자 ⑫ 갱외부	4	6	10	199	〃	73	4,407
노무자 ⑬ 기타							
㉑ 합계	36	6	42	811	〃	71	27,383

3. 생산상황

㉒ 광종	㉓ 채굴량(톤)	㉔ 품위(칼로리)	㉕ 처리광량(톤)	정광량 ㉖ 종별	정광량 ㉗ 수량	㉘ 품위(칼로리)	㉙ 함유량	㉚ 실수율
석탄	2,028	3,200	1,800	분탄9급	1,800	3,200		89

4. 처분상황

㉛ 광산물	㉜ 품위(칼로리)	㉝ 생산단가(원)	㉞ 판매량(톤)	㉟ 단가	㊱ 판매액(천원)	㊲ 판매처	월말재고량 ㊳ 산원	㊴ 이주	㊵ 월말재고
분탄 9급	3,200	14,000	1,202²	29,700	35,702	석탄공사	60	1,28P²	1,34P²
〃	〃	〃	700	31,900	22,330	동보연탄	※산원재고60톤은 금월생산량에 포함시킴		
계			1,902²		58,032		60	1,28P²	1,34P²

5. 주요자재 구입 사용상황

㊶ 원재료명	㊷ 규격	㊸ 단위	㊹ 월초재고량(전월말재고량)	구입량 ㊻ 매입량	㊼ 자가생산량	㊽ 사용량	㊾ 과부족	㊿ 월말재고량
항목	각종	㎥	21²	32¹		37²		16¹
화약		㎏	48	424		442		31
레일		㎏	-0-	철구갱도용사용				-0-
빗드		본	3	-·-		1		2
파이프		M	-0-	철구갱도용사용				-0-
유류		ℓ	-0-	100		100		-0-
철재류		본						
		㎏						

6. 전력상황 / 7. 생산증감원인

(51) 공급방법	(52) 월간사용량	(53) 월간최소소요량	증감원인	증가	감소	증감원인	증가	감소
한전	19,788		(54) 수요사정	0		(58) 동력사정	0	
			(55) 자금사정	0		(59) 기후사정	0	
			(56) 기계시설	0		(60) 노동사정	0	
			(57) 원료시설	0		(61) 기타사정	0	

상기와 여히 상위 무 하옵기 자에 제출합니다.

1994. 1. 10.

광업대리인 성명(명칭) 김태헌

그림 35. 심원탄광 광물 생산 보고서

성주리 마지막 탄광인 심원탄광이 폐광을 9개월 앞둔 시점에 충남지구탄광협회에 보고한 1993년 12월의 무연탄 생산 실적이다[자료: 김재한(1920년생) 제공].

성주리 소재 덕수(경원), 영보, 원풍, 우성(한보), 성림, 심원 등의 탄광과 소속 광업소의 폐광은 1989년, 1990년, 1991년에 주로 이루어졌으며 1994년 10월 28일에 광업권 소멸이 등록된 심원탄광을 끝으로 완전히 자취를 감추

표 21. 성주리의 폐광산

탄광	대표	면적 (ha)	등록번호(조광번호)	개광	광업권 소멸	근로자 수(명)	광업자 수(명)	폐광 대책비 (백만)
덕수 덕성광업소	김찬원	43.4	30097(1283)	1985.01.21	1989.06.29	593	250	1,005
영보 원보광업소	이남규	66.7	25451(750)	1982.04.30	1989.07.13	164	69	250
영보 태광광업소	조성옥	58.81	25451(612)	1982.03.03	1989.07.14	1,183	467	1,732
대보 성보광업소	구창희	32	32127(996)	1983.03.05	1989.07.26	36	121	166
덕수 덕흥광업소	박종무	77.1	30097(1282)	1985.01.21	1989.08.04	349	307	749
원풍탄광	이춘우	250	24326	1952.01.24	1989.08.17	1,068	606	1,749
경원(舊덕수) 동림광업소	김재현	60	30097(1741)	1988.01.08	1990.06.08	316	86	486
원풍 건일광업소	이춘우	250	24326(1379)	1985.10.15	1990.08.03	119	79	245
영보 태전광업소	김상건	82	25450(940), 25451(939)	1983.01.17	1990.09.30	253	68	350
대한석탄공사 성주광업소 신성산업개발	신현주	2,566	23828(790), 24181(789), 24191(791), 24192(787), 24212(786), 24213(788), 24755(784), 27500(968), 27501(969), 27647(794), 27648(796), 29200, 31224(792), 31225(793)	1974.01.30	1990.11.16	8,379	1,768	11,243
삼풍 삼보광업소	조경형	40	30411(1542)	1986.07.25	1991.01.03	432	105	655
우성탄광 (舊한보탄광)	박종무	68	33040	1961.04.07	1991.08.02	103	270	387
영보 대봉광업소	박연식	44.3	25451(1691)	1987.07.20	1991.12.17	514	57	612
경원탄광 (舊덕수탄광)	최재영	192	30097	1961.02.09	1991.12.21	1,705	279	2,094
성림탄광	김종식	167	24560	1953.05.28	1992.11.30	1,075	182	1,528
심원탄광	김태헌	80	58971(등록번호 25309로 부터 이전등록)	1984.07.05	1994.10.28	33	9	295

주: 폐광대책비=근로자지원금(퇴직금 최저기준액의 75%, 2개월분 내의 임금, 평균임금 1개월분의 실직위로금, 이사
구직비, 생활안정금, 특별위로금, 재해위로금, 전업훈련비, 학자금)+광업자지원금+산림복구비+광해방지비
자료: 석탄산업합리화사업단, 1995, 「석탄광 폐광지원내역서」; 광업등록사무소 지적별 광업권 출원 상황표; 광업원부;
조광권원부.

지적별 광업권 출원 상황표

<이 출원상황표는 수시로 전산처리 하고 있습니다.>　　　　2010-11-05 오후 13:11:02　현재

대천	지적 40 호		
등록	등록일자: 1947-12-27　등록번호: 23828　등록면적: 998ha	소멸일자: 1993-09-17	
	등록광종: 흑연 석탄	소멸사유: 폐업소멸	
출원	출원일자:	출원번호:	
	출원광종:		( )
	출 원 인:		
공익사항: (2010/11/05 현재, 공익사항은 변동 될 수 있으며 관할청과 합의 후 결정됨)			
출원제한:			

그림 36. 성주리 최초의 등록 광업권 소멸 상황표
장순각과 이석준이 1947년 12월 27일에 998ha 규모의 광구에 대해 23828번으로 등록한 광업권은 1993년 9월 17일에 소멸된다(자료: 광업등록사무소).

사진 81. 대한석탄공사 화순광업소
화순광업소는 전남 화순군 동면 복암리에 자리한다. 1905년에 박현경이 광업권을 등록하면서 출발하였다. 1989년 한때 70만 톤까지 생산한 일도 있으나 합리화 이후 복암갱과 동갱에서 연간 23만 톤의 석탄이 채굴되고 있다. 한시적으로 성주지소를 관할하였다.

게 된다(표 21). 지역 최대인 대한석탄공사의 조광업체 신성산업개발은 정리 당시 신홍식의 인척인 신현주가 대표로 등록되어 있었으며 2,566ha의 면적에 설정된 14개 등록번호 가운데 한 곳을 제외한 나머지 13개 모두 조광구였음을 알 수 있다. 1947년 12월 27일에 지역 최초로 등록된 23828번의 광업권은 폐광된 지 3년이 지난 1993년 9월 17일을 기해 완전히 말소된다. 그야말로 성주리 탄광역사의 종지부를 찍은 의미심장한 결말이었다(그림 36). 탄광에 마지막까지 남아 있던 인원은 1,768명의 광업자와 8,379명의 근로자였으며 폐광대책비로 112억 4,300만 원 상당이 지급됨으로써 1990년 11월 16일에 정리를 마쳤다. 대한석탄공사 성주광업소 자체는 1990년 10월 26일의 직제 개정을 통해 화순광업소 성주지소로 일시 개편되지만 그마저도 오래가지 못하고 1990년 11월 6일을 기해 폐소된다(사진 81).

지식경제부 광업등록사무소로부터 확보한 성주리의 「지적별 광업권 출원상황표」에는 광업권 소멸 사유로 '석탄산업심의위원회 의결로 취소 소멸', '폐업(석탄산업법) 소멸', '폐업 소멸' 등이 거론되어 폐광의 직접적인 원인이 다소 모호하게 표현되어 있다. 짐작하건대 생산성에 평균탄질을 곱하여 산정하는 채탄성과가 낮고, 주가행심도(主稼行深度)가 300m 이상으로서 통기·배수·운반 등에 동력을 많이 소모하고 고정비용이 커서 경영이 악화되었으며, 석탄의 유황 함량이 1%를 넘어 민수용과 발전용에 부적합하거나, 조광권의 존속기간이 만료되는 등의 사유가(석탄산업합리화사업단, 1990, pp.357-359) 개재되었을 것으로 사료된다.

연간 40여 만 톤의 석탄을 생산해 온 신성산업조차 주유종탄 정책과 고임금 등으로 경영 상태가 악화되어 1986년 이래 해마다 10억 원 이상의 적자를 기록하는 상황이다 보니, 구조 조정은 시간의 문제였고 어쩌면 예견된 수순만을 남겨 둔 상태였는지 모른다.[4] 크게 주목을 끌지 않았으나 탄광 노동자의 높은 이직률 또한 사업자로 하여금 잦은 이직에 대비해 필요 이상의 인원

---

4) 「동아일보」, 1989년 6월 23일자, 13면

을 채용하게 만듦으로써 경영을 악화시켰던 것으로 보인다.**5)** 한 해 입사 및 퇴사한 근로자 총수와 평균 근로자수를 대비할 때 광부들은 다른 업종에 비해 높은 노동 이동률을 보이는 것으로 파악되었으며, 특히 근로조건이 비교적 양호한 업체보다는 영세한 소규모 업체에서 유동성이 더욱 컸을 것으로 추정된다. 탄광의 입사자 대부분이 유사 직종에서 근무한 경력을 가지고 있다는 사실을 감안할 때, 퇴사한 광부들은 직종을 완전히 바꾸기보다는 광산촌에 머물면서 조건이 더 나은 동일 업종을 찾아 이곳저곳을 배회했을 것이다. 그러나 이런 관행이 작은 빌미가 되어 누적된 결과로 나타난 폐광은 그와는 완전히 다른 문제였다. 더 이상 적을 둘 곳이 없어지는, 이제는 탄광촌 밖으로 내몰리는 상황이었다.

폐광이 피할 수 없는 현실로 다가오면서 사업자, 이직자, 광산 지역 등에 대한 지원이 이어졌다. 사업단 방침으로 이직자에 대해서는 법 규정에 준하여 임금, 퇴직금, 실직위로금 등의 생활안정자금을 지원하는 한편, 창업과 전업을 보조하는 취업지원책이 강구되었다(그림 37). 창업을 구상하고 있는 이직자에게 1인당 500만 원을 장기 저금리로 융자하고, 사업자에게는 1985년부터 1987년까지의 연평균 생산량에 기초하여 톤당 8,100원씩 보조하였다(석탄산업합리화사업단, 1990, pp.354-356, 362). 그러나 계획된 조치가 폐업에 직면한 주민들에게 만족스러웠다고 보기는 어려울 것 같은데, "사업주에게는 광원들의 퇴직금 중 75%와 임야훼손복구비를 100% 보조해 주는 외에 톤

---

5) 제보: 복민수(1954년생, 성주면 성주6리 200-1). 1980년대 초반 신원식이 대표로 등록된 신성산업의 이직률은 1980년 14%(종업원 870명, 이직자 120명), 1981년 12%, 1982년 12%, 1983년 9%, 1984년 7%, 1985년 5%로 보고되었다. 한국석탄장학회의 사회 기여 측면을 부각시키기 위해 제시된, 하향 조정 의혹이 있는 통계임을 감안한다면 전반적으로 이직률이 높았음을 알 수 있다. 이종덕의 덕수탄광 이직률은 1980년 19%(종업원 108명, 이직자 15명), 1981년 13.9%, 1982년 11.3%, 1983년 10.8%, 1984년 9.5%, 1985년 8.1%로 보고되었다(한국석탄장학회, 1987, pp.281, 284).

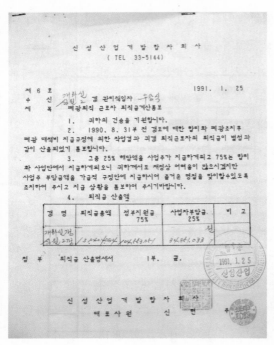

신 성 산 업 개 발 합 자 회 사
(TEL 33-5144)

제 6 호   1991. 1. 25
수   신   상림 갱 관리책임자 우승성
제   목   폐광퇴직 근로자 퇴직급계산통보

    1. 귀하의 건승을 기원합니다.
    2. 1990. 8. 31부 전 갱도에 대한 합리화 폐광조치후
폐광 대책비 지급규정에 의한 작업결과 귀갱 퇴직근로자의 퇴직급이 별첨과
같이 산출되었기 통보합니다.
    3. 그중 25% 해당액을 사업주가 지급하게되고 75%는 합리
화 사업단에서 지급하게되오니 귀하께서도 재정상 어려움이 많으시겠지만
사업주 부담금액을 가급적 구정안에 지급하시어 즐거운 명절을 맞이할수있도록
조치하여 주시고 지급 상황을 통보하여 주시기바랍니다.
    4. 퇴직급 산출액

갱 명	퇴직급총액	정부지원금 75%	사업자부담금 25%	비 고
개화신가갱 속칭 2갱	13,040,094	104,463,04	34,861,033	신

청 부   퇴직급 산출명세서   1부. 끝.

신 성 산 업 개 발 합 자 회 사
    대 표 사 원   신   현

그림 37. 폐광퇴직자 퇴직금 통보 서류
조광권자인 신성산업이 개화신갱과 심원2갱
의 관리책임자에게 폐광에 따른 퇴직금 가
운데 정부지원금(75%)을 제외한 사업자부
담금(25%)을 근로자에게 지급하라는 통보
문이다[자료: 복민수(1954년생) 제공].

당 8,200원씩 폐광대책비까지 주면서 광원들에게는 이사 및 구직활동비로
한 사람당 30만 원만 보조하고 생활안정자금으로 500만 원 한도 내에서 융
자금을 알선하기로 한 것은 광원들의 생계를 내팽개친 것"이라는 불만도 터
져 나왔다.6) 예를 들어 500만 원 융자 시 재산세 납부액 3만 원 이상의 보증
인 2명을 세우도록 요구하였는데, 그처럼 거액의 재산세를 납부할 만한 주민
은 거의 없었기 때문에 유명무실한 조처가 되고 말았던 것이다.

    불만과 아쉬움 속에 우여곡절을 거치며 단행된 합리화 사업으로 성주탄을
생산해 온 광산은 순차적으로 문을 닫게 되며, 그와 함께 회사 본사, 직영 탄

6) 「동아일보」, 1989년 6월 23일자, 13면

사진 82. 성림탄광의 마지막 광부들
폐광을 1년여 앞둔 1991년 11월에 입갱 직전 촬영한 단체사진으로서 대전 소재 중도일보사의 「중도포커스」라는 기획 책자에 수록된 것이다. 사진 제공자는 앞줄 왼쪽에서 두 번째에 앉아 있다. 갱으로 이어지는 레일과 주변에 흩어져 있는 폐석이 인상적이다[자료: 유동범(1964년생) 제공].

광 및 광업소의 현장사무소, 광원주택, 관리사택, 기계실, 화약고, 목욕탕, 한바 등의 설비도 대부분 철거되었다. 다행히 잔존한 일부 설비라 해도 이미 퇴락하였거나 기능을 상실한 채 방치되어 그 안에서 과거의 영화를 감지할 만한 어떤 흔적도 찾아볼 수 없다(사진 82; 83; 84; 85). 폐광의 여파는 여기서 멈추지 않고 지역 전체를 오랫동안 짓눌렀다. 폐업을 강요당한 지 20년이 지난 시점이지만 성주리는 여전히 공동화로 인한 생활의 어려움을 감내하지 않으면 안 되는 상황이다. 거론할 수 있는 모든 것들이 빠져나가 기대할 만한 것은 거의 없는 암담한 처지이다. 인파로 북적대던 거리는 한산하고 저녁 무렵의 적막감은 이전에 경험해 본 적 없는 낯선 현상으로 다가온다. 남아

사진 83. 먹방의 폐건물
성림탄광의 석탄 채굴 및 하역을 위한 기간설비로 추정
되는 구조물이다.

사진 84. 명성산업 사무소와 덕흥광업소 현장사무소
보령시 명천동 560번지에 남아 있는 사무소 건물은 성주리 먹방에서 영보탄광 태광광업소를 운영하던 조성옥 사
장의 명성산업 본사로 사용되었다. 현재 부지는 택배회사가 사용하며 사무소 건물에는 일반 세대가 생활하고 있
다. 오른쪽 사진은 성주리에서 거의 유일하게 남아 있는 광업소 현장사무소이다. 성주6리의 덕수탄광 덕흥광업소
사무소에는 소장, 경리, 감독 등의 직원 5~6명이 출퇴근하며 탄광 운영 업무를 수행하였다.

있는 것이라곤 구멍 뚫린 산, 그리고 어두운 막장에서 광맥을 캐다 병상에

드러누운 사람들과 그들의 아픈 기억이 전부이다.

사진 85. 동대동 구 대천화약상사 성주탄전에 발파용 화약을 공급하던 김영곤의 속칭 '화약상회'는 2004년 무렵 폐쇄되었으나 6년이 지난 2010년에 대천화약상사(대표 김종설)로 사업을 재개하였다. 동대동 산48-1번지에 자리하며 보령시 관내 대규모 공사에 필요한 발파용 화약, 뇌관, 전기기폭장치, 도폭선 등의 저장소로 활용되고 있다.

2. 남겨진 사람들

성주리 탄광촌의 형성이 그랬던 것처럼 몰락 또한 급작스러웠다. 한때 6,582명에 달했던 인구는 합리화를 거치면서 폐광 실직자들이 일자리를 찾아 일시에 빠져나가 3분의 1로 크게 줄었다. 지역의 발전상을 말해 주던 성주초등학교의 경우 1968년에 9개 학급으로 설립인가를 취득한 이래 1983년 무렵 28학급으로 늘어날 만큼 석탄광업의 호황을 공유하였지만, 1998년에 7학급으로 축소된 데 이어 2005년에는 산간 오지의 소규모 학급 단위 학교를 의미하는 '벽지학교'로 전락했다(성주초등학교 홈페이지). 석탄 먼지 날리는 가운데서도 생동하던 마을은 일시에 성장 동력을 잃고 침체의 늪에 빠졌다. 성주리는 깊은 적막감과 모든 것을 잃어버린 데서 초래된 허망함에 사로잡혀 있다.

신성산업 개화본갱이 자리했던 곳에 등장한 보령석탄박물관은 아쉬운 대로 잊혀져 가는 탄광의 아련한 기억을 상기하자는 뜻을 담은 경관으로 다가온다(사진 86). 주변 환경과의 부조화가 두드러진 검은색 석탄 덩이 형태의 이

사진 86. 보령석탄박물관과 야외전시장의 광산장비
신성산업 사무소가 자리했던 개화갱에는 국내 최초로 석탄박물관이 들어섰다. 그 옆으로 야외에 전시된 윈치, 축전차, 인차, 광차, 경석적재기, 집진기, 국부선풍기, 난로 등의 기계 장비가 보인다.

박물관은 석탄산업합리화사업단이 15억 원의 국비지원을 받아 2년여 공사 끝에 1995년 5월 개관하였다. 같은 유형의 기념관 가운데 전국에서 처음으로 지어졌다는 사실도 중요하지만 그보다는 탄광 근로자의 고단한 삶의 기억을 정지된 시간 속에 붙잡아 둠으로써 성주리가 한때 석탄산업의 현장이었음을 어렴풋이나마 암시해 준다는 점에 의의를 부여할 수 있다. '근대 산업 발전의 원동력으로 공헌한 석탄산업의 역사성을 보전하고 탄광 근로자의 공로를 기념하기 위해 지어진' 박물관 내 실내전시관에는 광물로서 석탄의 생성에 대한 일반적인 소개에 이어 굴진과 채탄에 활용된 장비가 진열되어 있으며, 모의 갱도와 연탄 제조장을 설치해 현장 체험의 기회를 부여하고 있다. 박물관 옆 야외 공간에는 권양기, 에어호이스트(윈치), 축전차, 광차, 인차, 대차(갱목운반차), 화약운반차, 로카쇼벨(경석적재기), 분쇄기, 난로, 블로어(송풍기), 국부선풍기, 집진기, 개폐기, 정류기, 물탱크, 에어탱크, 발동기, 분탄수송차량 등 석탄 채굴과 운반에 동원된 각종 장비가 전시되어 있다.

관광객과 지역 학습을 나온 학생들이 형식적으로 거쳐 가는 박물관이나 생명력을 잃은 전시장과 달리 개울 건너 전시장을 마주 보는 지점에 서 있는 석탄산업희생자위령탑은 우리를 더욱 강렬한 힘으로 끌어당긴다(사진 87). 성주리가 씻을 수 없는 상처까지 안고 있다는 슬픈 사실을 전하고 있기 때문이다. 산업화 과정에서 희생된 광부의 영혼을 달래기 위해 설립된 위령탑은 외부인에게는 원인 모를 숙연함을 안겨 주고, 현지인에게는 지난 세월의 기억을 환기시키는 '기억의 장(lieux de mémoire)'을 자처하고 있다. 막장에서 석탄을 캐고 있는 두 명의 광원이 조각된 석탑 기단 바로 위에는 추도문이 다

사진 87. 위령탑
위령탑은 산업화 시대 탄광촌의 소중한 가치를 기억하는 상징경관으로 중요하다.

음과 같이 새겨져 있다. 석탄인들에게는 가슴 뭉클한 감회를 불러일으킬 것
이다.

"희생된 영령들을 추모하며
가난을 몰아 내고자 검은 탄 더미 속에서 산화하신 영령들이여
이 땅에 산업의 주역으로 이바지하신 고귀한 뜻을 기리며
님들의 영혼을 위로합니다."

그러나 관광객의 시선(tourist gaze)을 의식한 박물관과 위령탑은 특히 연탄
을 경험해 보지 못한 세대를 대상으로 광부들의 처절했던 삶의 애환을 담아
온전히 전달하기에는 부족해도 한참 부족해 보인다. 박물관에 들어선 관람
객은 누가 일러 주지 않아도 한 줄로 늘어선 대열에 합류하여 단지 화살표가
향하는 방향을 따라갈 뿐, 이곳에서 일했던 광부들은 실체 없는 그림자에 불
과하다. 위령탑 앞에는 찾는 이도 많지 않을 뿐더러 조문하는 대신 단지 왔
다갔다는 것을 추억하기 위해 카메라를 연신 눌러 대는 사람들 몇몇이 고작
이다. 땀과 눈물로 얼룩진 현장을 누비며 고통 속에 하루하루를 연명하던 산
업 희생자는 오직 가족과 동료의 마음속에서만 아프게 회상될 뿐이다.
  탄광 사고는 갱도와 막장에서의 낙반(落磐), 지표수와 지하수의 침출, 누전
과 과열로 인한 화재, 탄층에서 발생하는 가스에 의한 중독과 질식, 기계의
오작동, 폭발 등 다양한 원인으로 초래된다. 성주리에서 처음으로 보고된 사
고는 1951년 11월의 일로서 낙반으로 7명이 목숨을 잃었던 것으로 전한다(대
한석탄공사 사사편찬실, 2001, p.65). 1956년 3월 21일 밤 9시경에는 갱내 일부가
붕괴되어 지하 막장에서 채탄 중이던 인부 11명이 매몰되었으나 다행스럽게
도 사고 발생 48시간이 지나 전원 무사히 구출되었다.**7)** 성주탄광을 인수한

뒤의 크고 작은 사건 사고를 집계한 대한석탄공사의 자료에는 1967년부터 1976년까지 성주광업소에서 26명이 사망하였고 이후로는 사망자 없이 1984 년까지 206명의 중상자가 발생한 것으로 기록되어 있다(대한석탄공사, 2001a, pp.701, 705).8)

기관에서 공식적으로 발표한 수치에 반영되지 않은 사상자는 더 있을 것으로 생각되는데, 대한석탄공사가 집계한 통계에서 누락된 1977년만 해도 3월 30일 오후 4시쯤 신성산업 탄광 갱내 지하 70m 지점에서 채탄 작업 중이던 현장감독과 광부 2명이 탄 더미에 깔려 숨지는 사고가 발생하여 당시 신성산업 사장으로 있던 이한무와 덕대가 업무상 과실치사 혐의로 입건된 일이 있었다. 민영 탄광도 사고로부터 자유로울 수 없었다. 예를 들어 다음 쪽 신문 기사가 보도하는 것처럼 1980년에 덕수탄광의 왕자신갱에서 채탄 중이던 광부 5명이 폐갱 속에 차 있던 물이 쏟아져 지하 150m 지점에 갇혀 있다가 2명만이 구조되고 나머지 3명은 사망한 사고가 있었다. 중상자 1명으로 보고된 1984년만 해도 8월 16일에 발생한 덕수탄광의 가스 폭발로 3명이 사망하였고, 9월 16일에는 인접한 덕흥광업소의 폭발 사고로 사망자가 4명 발생하였으며, 11월에 또 다시 왕자신갱 지하 790m 지점에서 갱내에 차 있던 가연성 가스가 폭발하여 무너져 내린 탄 더미에 선산부 5명이 깔려 숨지고 후산부 3명이 중경상을 입었다(석탄산업합리화사업단, 1990, p.446).9) 감추고 싶은 진실

---

7) 『동아일보』, 1956년 3월 27일자, 3면; 1956년 4월 1일자, 3면
8) 연도별 사상자 수치는 다음과 같다. 1967년(사망 6, 중상 16), 1968년(사망 3, 중상 30), 1969년 (사망 4, 중상 38), 1970년(사망 3, 중상 30), 1971년(사망 1, 중상 34), 1972년(사망 3, 중상 38), 1973년(사망 2, 중상 3), 1975년(사망 1, 중상 2), 1976년(사망 3, 중상 5), 1982년(중상 7), 1983년 (중상 2), 1984년(중상 1).
9) 『경향신문』, 1977년 3월 31일자, 7면; 1980년 5월 21일자, 7면; 1984년 11월 5일자, 11면. 덕수탄 광은 (가) 주요 배기 갱도의 기류 중에 가연성 가스 함유율이 0.25% 이상, (나) 채탄 작업장의 기류 중에 가연성 가스 함유율이 1% 이상, (다) 통풍시설의 운전을 1시간 정지한 경우에 함유율이

埋沒광부 百29시간 만에 救出 2명

保寧 덕수炭鑛 사고 오줌 등 받아먹으며 버텨

保寧군 嵋山면 聖住리 덕수탄광(광주 李洛圭)에 갇혀 있었던 5명의 광부 중 吳세창씨(36)와 南민영씨(23) 등 2명이 매몰 5일 만인 25일 하오 3시쯤 극적으로 구조되어 대천읍 서울의원에서 가료 중이다. 이날 구조된 2명은 지난 20일 상오 7시쯤 갱구로부터 8백여m 지점(수직거리 1백 51m 지하)에서 다른 3명의 동료 광부와 함께 채탄작업을 하던 중 갱구 천장에서 갑자기 쏟아져 내린 물 때문에 갱내에 갇혀 있다가 구조반에 의해 1백 29시간 만에 구출된 것이다. 吳씨 등에 따르면 「펑」하는 소리와 함께 화약냄새가 나면서 갑자기 갱내에 물이 차기 시작, 물이 없는 갱도를 따라 더듬어 올라가 최고수위 지점보다 약 2m 위 막장에 대피했다는 것이다. 이들은 또 2m 아래 발밑까지 물이 차올라와 죽는 줄 알았으나 사고 후 12시간 뒤부터 수위가 떨어지기 시작, 살 수 있다는 자신을 갖고 갱목껍질과 오줌을 받아먹으며 5일간을 견뎌왔다고 말했다. 3백 50마력짜리 양수기를 동원, 철야로 물을 퍼냈던 구조반원들은 이들 2명의 광부를 발견한 즉시 대기 중인 앰뷸런스로 이들을 大川 서울병원으로 후송했다. 吳씨 등 2명은 5일간이나 갱내에서 살아 나오기 위해 어두운 갱내 벽속을 헤맸기 때문에 손과 발에 상처가 나 피투성이가 되었는데 구조되는 순간 정신을 잃고 실신했다. 광산구조반은 나머지 3명의 구조를 위해 양수 작업을 계속하고 있다.

－京鄕新聞, 1980년 5월 26일자, 7면

을 둘러싼 수치의 정확성이야 어떻든 고향으로 돌아가지 못한 빈한한 사자는 신원을 알려 줄 비석도 없이 그들이 일생 동안 상대해 온 작은 돌덩이를 표식 삼아 개화리 공동묘지에 초라하게 묻혀 있다(사진 88).

3% 이상의 가연성 가스가 통행 갱도 또는 채탄 작업장에서 검출될 때, (라) 갱내에서 가연성 가스가 폭발 또는 연소한 사고가 있었던 탄광의 어느 하나에 해당하는 갑종탄광으로 분류된다(국가법령정보센터 「광산보안법 시행령」).

사진 88. 사자의 공간

개화리 공동묘지에는 갱내 사고로 인한 사망자 일부가 묻혀 있다. 신원을 확인할 수 있는 묘비조차 갖추지 못하고 초라하게 형태만 남아 있는 정도이다. 잘려 나간 돌에 글귀라도 새겨 놓은 정도면 그래도 사정은 나은 편이다.

　한 치 앞도 내다볼 수 없는 위험한 환경에서 산에 구멍을 뚫고 초조하게 작업할 수밖에 없는 광원, 덕대, 광업권자는 누구라 할 것 없이 마을의 수호신이 품었을 노여움을 위무하기 위해 노심초사하였고 산신제는 무사안전을 기원하는 자리로 활용되었다. 성주천을 사이에 두고 성주사지를 마주하고 있는 산봉에서 내려온 능선 사이의 골짜기 안쪽에는 "龍 光緖六年庚辰十一月初一日酉時立柱上樑艮坐坤向 虎"라 적힌 상량문을 가진 산신당이 있다(보령군지편찬위원회, 1991, p.407; 보령시지편찬위원회, 2010b, pp.871-877; 사진 89). 대들보에 적힌 광서 6년은 고종 17년으로서 1880년에 해당한다. 이곳에서는 매년 정월 초아흐레에 주민들이 한데 모여 액운으로부터 마을의 안녕을 지켜 달라는 치성을 드리기 위해 당주, 제관, 축관이 중심이 되어 산신에게 대대로 제를 올렸다. 시대가 바뀌어 광산이 난무하는 상황에서 산신제는 탄광의 번영과 광부의 안녕을 기원하는 의례로 새로운 맥락에서 재해석되었다. 사건 사고가 빈번했기 때문에 제사에 임하는 태도는 아마도 과거에 비해 더욱 절실하고 진지했을지도 모른다. 산을 상대하는 광산주는 제사 준비를 위해 재정적으로 후원을 하였고 젯날에 직접 참석하거나 간부직원을 보내 안전과 사업의 번창을 갈구하면서 소지를 올렸다.**10)** 민간 신앙으로 전해 내려

---

10) 제보: 복봉수(1941년생, 성주면 성주5리 183-4)

온 산신제는 산에 깃든 영혼을 훼손해 온 인간이 그나마 자연에 대해 취할 수 있는 형식적인 속죄의 의식이었다.

치성에도 불구하고 비명횡사한 광부들은 적지 않으며 살아남은 사람이라 해도 모두가 지난 삶을 되돌아보고 싶은 마음은 아닐 것이다. 난청, 폐결핵, 안질 등의 질병으로 일반

사진 89. 산신제당
당집 내부에는 호랑이를 대동한 산신이 그려진 산신도가 파손된 액자에 구겨진 채 나뒹굴고 있었다. 연초에 어김없이 산신제가 거행되었으나 폐광 이후에는 이완되고 있는 실정이다.

인들보다 크게 단축된 기대 수명조차 채우지 못하고 여생을 힘겹게 보내야 하는 암울한 현실 때문이다. 특히, 석탄가루로 뒤덮인 폐로 인해 숨조차 제대로 쉬지 못하고 진폐병동에 누워 지내는 사람들은 과거를 회상하기는커녕 오히려 기억 속에서 지워 버리고 싶어 한다. 광산 근로자에게 전형적으로 나타나는 진폐증(塵肺症)은 체내에 석탄 분진이 쌓임으로써 폐가 굳어져 호흡이 곤란해지고 합병증까지 유발하는 저주의 병으로 알려진다. 「진폐의 예방과 진폐 근로자의 보호 등에 관한 법률」에서 진폐는 공식적으로 '분진을 흡입하여 폐에 생기는 섬유증식성 변화를 주된 증상으로 하는 질병'으로 규정되고 있다. 돌아보건대 성주리 지하 곳곳에 숨겨진 막장은 검은 석탄 먼지가 가득한 폐쇄 공간으로서 피하고 싶어도 어쩔 수 없이 대면해야 하는 공포의 작업장이었다. 괴탄이냐 분탄이냐에 따라 분진의 양에 차이는 있지만 밀폐된 공간에서 가쁘게 호흡하는 광부의 폐로 석탄가루가 흡인되는 것을 막을 방도는 어디에도 없었다. 덥고 습한 지하에서 작업할 때에는 지급된 방진마스크도 무용지물이었다. 착용할 경우 숨을 더 가쁘게 하고 몸으로 느껴지는 열기

를 배가시켰기 때문이다. 집진기를 동원하여 분진을 흡착하는 데에도 한계가 있었다. 인부들로서는 탄가루를 그대로 들이마시고 시간이 지나면 괜찮아지기를 바라는 것 외에는 아무것도 할 수가 없었던 것이다.

가장의 책무를 다하기 위해 막장을 드나든 세월이 쌓여 갈수록 광원들의 폐에는 연륜처럼 탄가루가 들러붙었다. 폐광과 함께 남은 것이라고는 소리 없이 찾아온 고통뿐이었다. 치료를 위해 한때는 대천읍사무소를 옆에 두고 보령경찰서와 마주한 서울병원(이일수 원장)을 주로 이용하였다. 이 병원은 앞서 1980년 5월의 덕수탄광 갱내 사고 기사에서 확인한 것처럼 치료 시설이 없는 성주리에서 탄광 사고로 환자가 발생했을 때 가장 먼저 찾던 기관이기도 했지만 재정 악화로 2005년 무렵 폐원하였다. 그 뒤로 진폐증 진단이 내려진 환자는 치료를 위해 보령아산병원과 한사랑병원 등에서 요양 중인데, 직접 방문한 바로 내원객의 눈길이 닿지 않는 상층부에 마련된 진폐 병동 입원실에서 '산재'라는 딱지를 달고 산소탱크에 의지한 채 전립선약, 기관지확

사진 90. 서울병원
1977년에 설립된 서울병원은 대천동 172-3번지에 자리하며 의료보호 제2차 진료기관으로서 38병상을 갖추고 신경외과, 흉부외과, 내과 진료를 담당하였다. 근로복지공단에서 지정한 산업재해보상보험 요양담당 의료기관으로서 탄광 사고자들이 가장 먼저 찾던 병원 가운데 한 곳이었다.

장·진해거담제, 항생제, 소화성 궤양약 등을 복용하며 암울하게 연명하고 있었다(사진 90; 91). 가쁜 숨을 몰아쉬면서 병실을 지나치는 낯선 사람들을 향해 이유 모를 경계심을 드러내고 민감하게 반응하는 그들을 대하면서 불편함보다는 오히려 미안한 마음이 앞서는 것은 어떤 이유인지 모르겠다. 성주리를 이미 떠난 환자는 논

산 백제종합병원, 서천 푸른병원, 순천병원, 안산중앙병원, 태백중앙병원 등 정착 지역의 진폐요양병원에서 치료를 받으며 얼마 남지 않은 생을 힘들게 정리하고 있다.

성주리의 진폐 환자는 현재 전국 진폐재해자협회 충남지회 보령시 지부에 소속되어 편의를 제공받는다. 증상을 보이는 근로자는 진폐심사회의를 거쳐 진폐병형, 합병증, 심폐기능 등을 토대로 진폐 판정을 받게 되며 근로복지공단이 결정한 장해등급에 따라 보상연금이 지급된다. 진폐는 '진폐관리구분판정' 기준에 따라 1~4종으로 분류되며 증상에 따라 7개 등급(1, 3, 5, 7, 9, 11, 13급)으로 '진폐장해등급'이 결정되는데, 대체로 1등급과 3등급은 중증환자로 간주된다. 진폐 환자는 「진폐의 예방과 진폐 근로자의 보호 등에 관한 법률」에

사진 91. 진폐병동
보령 지역 진폐 환자는 보령아산병원과 한사랑병원 등의 진폐 병동에서 치료를 받고 있다. 복도가 탄광의 갱도처럼 느껴진다.

명시된 9가지 합병증 가운데 하나라도 발병하면 「산업재해보상보험법」에 의거하여 산재보험 진폐요양 의료기관에서 조치를 받을 수 있고, 치료에 필요한 의약품은 무상으로 지급된다. 그간 등급과 무관하게 매월 63만 원씩 일괄 지급되던 '진폐장해연금'도 이제는 13~9급은 78만 원, 7~5급은 120만 원,

사진 92. 보령시 대천1동의 진폐재해자협회 사무실

3~1급은 150만 원으로 차등 지급된다고 한다(국가법령정보센터 「진폐의 예방과 진폐 근로자의 보호 등에 관한 법률」, 「산업재해보상보험법」; 사진 92). **11)** 여건이 많이 나아진 것은 사실이지만 물질적 보상이 원래의 건강을 되돌려 줄 수는 없는 일이기에 상처는 고스란히 남는다.

고통을 받는 것은 막장에서 고생하며 가족의 생계를 책임지던 가장만이 아니었다. 탄 더미 속에서 뛰놀던 어린이는 물론 낙탄이 뒹굴고 탄가루가 날리는 길거리와 밭을 오가며 가사를 돌보던 여성들도 간접적으로 영향을 받기 마련으로, 그렇게 보면 성주리 전체가 상처를 고스란히 떠안았다고 해도 과언은 아니다. 촌로의 술회에서 복받쳐 오르는 감정을 읽을 수 있다.

"착암기를 사용할 때 분진을 그대로 마셨어. 석탄광 개발 초기에는 마스크도 없었지. 일찍 죽는 사람이 많았어. 밥을 먹을 때도 석탄 먼지 때문에 동료의 얼굴이 보이지 않을 정도였거든 … 게다가 병에 걸리는 것이야 모두에게 나쁘지만 석탄을 비포장도로에서 운반하다 날린 먼지를 마시고 진폐증에 걸린 사람들은 법적 근거가 없어 보상도 받지 못하고 죽었어. … 그리고 언제 죽을지 모른다는 불안감 때문에 무척 힘들고 외로워서 술도 많이 마셨지. 언제 죽을지 모르기 때문에 동료들과 언제까지 술을 먹을지도 기약이 없잖아. 지금 같이 하지 않으면 언제 먹겠느냐 하

---

11) 제보: 복봉수(1941년생, 성주면 성주5리 183-4)

는 생각에…"(이승도, 1938년생, 성주8리 산39)

가족을 위해 막장이라는 밀폐된 공간으로 내려온 그들에게 석탄가루는 다
소 불편한 현실일 뿐 앞날을 내다보고 장기적으로 걱정해야 할 문제는 아니
었으며, 가쁜 숨을 몰아쉬고 있는 지금도 후회는 없다. 다만, 당사자들은 경
제 개발기에 산업전사로 환대받다가 폐광 후에는 '산업쓰레기'로 취급당하는
데서 오는 상실감에 괴로워한다. 시커먼 탄가루를 공기 삼아 호흡하는 위험
속에서도 국가 발전의 동력을 제공하고 국민에게 따뜻한 온기를 불어넣던
그들은 지금 가장 찬 곳으로 내몰렸다.

3. 버려진 공간과 싹트는 희망

석탄광업이 쇠락의 길로 접어들고 급기야 폐광이 현실로 구체화되면서 성
주리 같은 소지역조차 사회조직의 재편과 공간의 재구조화는 피해갈 수 없
는 과정으로 강요되었다. 외딴 지역에서 오랜 세월을 거치며 자연스럽게 형
성된 응집력과 사회경제적 동질성이 한순간에 와해되자 주변 지역과 복합적
이고 이질적인 연계를 새롭게 모색해야 할 과제를 안게 된 것이다. 준자립적
으로 현상을 유지해 온 탄광 지역이 쇠락하여 상이한 공간 구조로 편입될 때
에는 무엇보다 인구와 고용의 측면에서 심대한 변화를 겪게 된다. 단적으로
기간산업인 광업의 쇠퇴와 뒤이은 광부들의 이주에 따라 특히 중년 남성 노
동이 현저히 감소하는 반면 여성 고용은 오히려 증대되는 노동자 계층 내부
의 변동이 두드러진다. 노동자 전체적으로 임금수준은 과거에 비해 크게 저
하되고 일에 대한 주체적 통제는커녕 흥미조차 가지기 힘든 상황에 내몰리

며, 남성 광부에 국한시키면 막장에서의 노역이 가져다 준 독자성, 지위, 남성성 등으로 지탱되던 가부장 중심의 사회질서가 와해되면서 정신적, 심리적 혼란에 빠진다(Massey, 1995, pp.189, 202-205, 211).

그러나 이들 사회경제적, 심리적 문제에 앞서 지역 주민이 시급히 해결해야 할 당면 과제는 따로 있다. 다름 아닌 날로 악화되어 가는 삶의 터전과 환경이다. 광업은 일차적으로 갱목으로 쓸 엄청난 양의 목재를 필요로 하며 그에 따라 나무는 쉴 새 없이 잘려 나갔다. 나무가 넘어가고 숲이 사라질 때 야생 동물과 식물도 함께 자취를 감추고 산업 현장을 흘러내린 빗물은 계류와 하천을 오염시킨다(Goudie, 1982, p.85). 탄을 캐기 위해 산지가 지표와 지하에서 본격적으로 해체되면 오염과 파괴는 도를 더해 간다. 문제는 이 같은 환경 압박이 천연자원의 채굴이 끝난 뒤에도 지속된다는 점이다. 남겨진 성주리의 산하도 지금 극심한 몸살을 앓고 있다. 벌집으로 변해 버린 산지는 상시 지반침하의 위험을 안고 있으며, 산림이 제거된 사면은 금방이라도 무너져 내릴 듯하고, 불도저와 굴삭기 같은 중장비가 도입되면서 지표면에 처리 불능 상태로 과도하게 쌓이거나 계곡을 두텁게 매운 버력(폐석) 더미는 경관을 심하게 훼손할 뿐만 아니라 계류 범람의 우려를 낳고 있다.

갱도에서 흘러나온 폐수는 주민의 건강까지 위협한다. 광산 채굴로 지하에 미로를 형성하는 무수한 공동과 격벽 안쪽에 수압을 이용한 채굴 장비가 운영되면서 하천으로 유입하는 침전물의 양이 급증하는 문제를 양산한다(홍욱희 역, 2008, pp.93-94). 광산이 버려지면 갱내 침출수를 배출하던 펌프의 작동이 중지됨으로써 지하수가 갱으로 상승하고 그로 인해 화학변화가 발생하는데, 결과적으로 폐광에 고인 물은 강산성을 띠며 철분을 비롯한 2차 금속과 광물질로 농축되어 외부로 방출되었을 때 심각한 하천 오염을 유발하는 것으로 알려진다(Robb, 1994, pp.33-35; 사진 93). 자본의 축적과 순환을 촉진시

사진 93. 폐갱 입구

폐갱은 광해관리공단이 부착한 적색 천으로 확인이 가능하다. 위의 세 갱은 심원동과 먹방에 남아 있고, 아래의 것은 덕흥광업소, 뱁재, 수원터에 폐기되어 있다. 폐갱에 고인 침출수는 우기에 갱도 바깥으로 흘러나온다.

킨 동인으로서 자원은 흔적도 없이 사라지고 이제는 훼손된 자연과 위기에 처한 인간이라는 냉엄한 현실만이 존재할 뿐이다. 탄광촌 사람들이 그간 자연에 저지른 만행을 깨닫게 되는 것도 이때가 아닐까 한다.

파괴된 자연과 폐기된 탄광 현장에 대해 산림 복구, 오염수질 개선, 토양오염 개량, 폐석 유실 방지, 광물찌꺼기 유실 방지, 지반침하 방지, 폐시설물 철거, 먼지날림 방지 등 치유를 위해 해야 할 일은 많지만 무엇보다 시급한 것은 산림 복구가 아닐까 한다. 개발을 위해 피복을 상실한 나지는 자연의 본 모습은 결코 아니며 생동하는 삶을 결여한 죽은 대지에 불과하기 때문이다. 벌거벗은 자연의 녹화를 위한 사업은 개발할 때와 마찬가지로 유관 기관이 전면에 나서야 했다. 절차상으로 성주리처럼 탄광 개발로 훼손된 산림지는 허가권자의 명령에 의거 광업권자가 복구해야 하는 것이 원칙이었지만 실제로는 허가 기관이 대리 복구하는 형식을 취하였다. 그리고 이를 지원

사진 94. 폐광 지반침하 경고판
위험지역임을 알리는 경고판과 경고문도 탄광촌의 역사를 담은 화석경관으로 남아 있다. 석탄산업합리
화사업단은 2006년에 광해방지사업단, 2008년에 한국광해관리공단으로 개칭되었다.

할 목적으로 1989년에 「석탄산업법시행령」을 개정하여 산림훼손 복구는 해
당 지자체와 영림서가 시행하고 석탄산업합리화사업단은 산림 복구에 필요
한 실비 전액을 석탄산업안정기금 중 폐광대책비에서 지급한다는 체제를 갖
추었다. 그러나 사업의 효율성을 감안해 추진 기관을 일원화하고자 1994년
에 재차 시행령을 개정하여 산림 복구는 물론 광해 방지와 폐시설물 철거 등
폐광 잔해의 처리 일체를 석탄산업합리화사업단이 전담하게 된다(석탄산업합
리화사업단, 1996, p.34; 사진 94).

폐광 지역의 광해 방지 및 환경 개선 사업은 1990년부터 순차적으로 진행
되었다. 9월 5일에 보령시가 1,684만 원의 사업비를 투여해 덕흥광업소를
대상으로 광해 방지 사업을 시행한 것이 출발이었다. 1990년 11월 16일에
광업권 소멸 등록을 마친 성주리 최대의 신성산업에 대해서는 1991년 8월 5
일부터 9월 7일까지 635만 원을 들여 광해 방지 사업이 추진되었고, 1993년
3월부터 5월까지 30만 1,517m²에 대한 산림 복구를 마쳤다(석탄산업합리화사
업단, 1996, pp.81-84, 280-345; 한국광해관리공단, 2009, pp.78-80; 표 22). 그 밖에 덕

표 22. 성주리 폐광 지역 산림 복구 및 광해 방지 사업(1990~1995)

탄광	대표	구분	폐광	탄질(kcal/kg)	생산(88년, 톤)	공사기간	사업량	지급액(천 원)
덕수 덕흥	박종무	산림 복구	890804	3,613	44,659	90.09.11~91.04.25	34,124㎡	92,876
		광해 방지				90.09.05~90.11.05	8,776㎡	92,876
대보 성보	구창회	산림	890726	3,669	11,775	90.09.17~91.05.14	2,000㎡	8,892
		광해				90.12.27~91.06.04	10m	8,892
덕수 덕성	김찬원	산림	890629	3,607	32,358	90.09.17~91.05.14	59,003㎡	161,968
		광해				90.12.10~91.07.01	67m	161,968
		광해				90.09.17~90.11.30	9,797㎡	161,968
영보 원보	이남규	산림	890713	3,499	3,610	90.09.17~91.05.14	5,647㎡	17,298
		광해			3,610	90.12.27~91.06.04	20m	17,298
원풍	이춘우	산림	890817	3,879		90.09.17~91.05.14	37,000㎡	75,105
영보 태광	조성옥	산림	890714	3,550	57,888	90.09.17~91.05.14	25,468㎡	81,814
		광해				90.10.21~90.11.09	4,532㎡	81,814
경원 동림	김재현	산림	900608	3,774	10,441	91.11.06~92.05.15	23,008㎡	84,131
삼풍 삼보	조경형	산림	910103	3,613	20,968	91.11.06~92.05.15	29,500㎡	118,346
원풍 건일	이춘우	산림	900803	3,571	14,277	91.11.06~92.05.15	13,945㎡	46,804
영보 태전	김상건	산림	900930	3,529	7,531	91.11.06~92.05.15	9,010㎡	29,336
대한석탄공사 신성	신현주	광해	901116	3,980	420,297	91.08.05~91.09.07	14m	1,096,173
		산림			420,297	93.03.11~93.05.30	301,517㎡	1,096,173
영보 대봉	박연식	산림	911217	3,778	7,656	93.03.11~93.05.30	12,859㎡	41,227
경원	최재영	산림	911221	3,682		93.03.11~93.05.30	57,320㎡	109,529
우성	박종무	산림	910803	3,609		93.03.11~93.05.30	8,275㎡	14,497
성림	김종식	산림	921130	3,589		93.09.13~94.05.30	98,526㎡	271,089

자료: 석탄산업합리화사업단, 1996, 『폐광 지역 산림 복구 및 광해 방지비 지원실적(1990~1995)』, pp.81-84, 280-345

수, 영보, 원풍, 성림 등의 탄광과 군소 광업소에서도 광해 방지와 산림 복구를 위한 사업이 이루어졌다. 1995년 이후로는 앞서 지적한 시행령 개정에 따라 시행자 또는 발주처로서 석탄산업합리화사업단이 보령시를 대신하고 보령임업협동조합(2000년부터 보령시산림조합)이 시공자가 되어 각지에서 사업을

사진 95. 먹방 폐석 유실 방지 공사

이어 갔다. 답사 중에 찾은 심원탄광 지역의 경우 1996년에 산림 복구가 이루어졌고, 먹방골에서는 1998년부터 2000년까지 폐석 유실 방지 공사가 있었음을 알 수 있었다(사진 95). 이와는 별도로 충남 산림환경연구소와 보령시 산림과도 자체적으로 사방댐을 조성하여 산사태에 대비하고 있다.

그러나 각종 조처에도 불구하고 폐광 지역 복구 사업은 소기의 성과를 거두지 못하고 있는 것으로 보인다. 훼손지에서 평탄 작업, 돌망태 흙매기, 돌수로와 평수로 조성, 개거석축 쌓기, 집수정과 관 매설, 갱구 막기, 물막이 옹벽 축조 등의 기초 작업과 아울러 풀과 나무를 식재하는 후속 작업이 시행되었지만, 산사면에는 폐석 더미가 노출되어 있고 식재한 나무는 제대로 뿌리를 내리지 못하고 쓰러져 있으며, 물로 가득 채워진 폐갱도 곳곳에 분포하여 산사태와 지반 붕괴의 위험은 도처에 도사리고 있는 실정이다(사진 96). 복구 사업 이후에 발생한 훼손은 대체로 강우가 집중되는 장마철과 태풍이 내습하는 기간에 초래된 듯하다. 따라서 6월과 7월에는 각별한 주의와 관리가 요구되며 태풍을 대비한 조처도 수시로 강구되어야 하겠다. 원상을 완전하게 회복하는 것이 불가능하다지만 더 이상의 훼손을 막고 지역 주민의 안전을 확보하려면 향후에도 많은 노력과 재원과 시간을 투여해야 할 것으로 보

사진 96. 광해 방지 대책 추진 현장

폐광구에서는 산림 복구를 비롯해 다양한 광해 방지 대책이 수립·시행되었다. 폐석의 유실을 방지하기 위한 대응책도 다각도로 마련되었지만 계곡 여러 지점에서 설비의 훼손 실태를 확인할 수 있다. 가려진 산림 내부에는 버력의 흔적이 아직 뚜렷하다.

인다.

　환경 문제 이상으로 지역경제를 회생시키는 일 또한 화급을 다툰다. 극심한 인구 유출과 구조적 실업 및 빈곤을 야기하는 한편 사회적 낙인을 찍고 소외화를 유발하는 탈광업화의 여파는(Binns & Nel, 2003, p.44) 성주리에도 어김없이 밀어닥쳤다. 한때 80여 곳에 달한 삼거리 인근의 음식점은 합리화가 시작될 무렵인 1989년에 35곳으로 줄고 9군데의 다방 가운데 5군데가 문을 닫았으며, 탄광 경기가 좋았을 당시 허름했음에도 1,000만 원을 호가하던 산기슭 슬래브 집의 경우 상황이 악화되면서 100만 원에도 팔리지 않을 정도로**12)** 빠르게 쇠락하였다. 폐광 직후 막장을 나선 적지 않은 인원이 서울 지하철 공사장에 취업하였고 일부는 일용직 노동자가 되었으나 별다른 대책

―――――――――――――

12) 『동아일보』, 1989년 6월 23일자, 13면

없이 소일하는 구조적 실업자도 양산되었다. **13)** "공기 좋고 깨끗하지만 할 일이 없어 한산한 지금에 비해, 빨래를 널 수 없을 정도로 탄가루가 날리고 숨쉬기조차 힘들었을지언정 생활에 한층 여유가 있었던 과거로 돌아가고 싶다."라는 심정을**14)** 이해할 만하다.

성주리처럼 석탄 단일 자원에 입각해 번성을 구가하다가 한순간에 쇠퇴의 길을 걷게 된 지역이 재기하는 데에는 지역공동체의 다각적인 개발 전략이 필요하다. 먼저, 비슷한 경험을 가진 다른 탄광 지역의 사례에 비추어 다시 일어서겠다는 현지 주민의 '의욕과 목적의식'은 도약을 위해 더없이 소중한 발판이 될 것이다. 또한 미래의 비전을 구현할 수 있는 독창적인 개발 계획을 수립하는 단계에서 지역 고유의 미적 풍광, 평온함, 정적 등은 마케팅에 활용할 수 있는 '자연자원'으로 중요하다. 교육 및 전문 기술수준이 높고 고도로 동기 부여가 된 주민과 지도자의 통솔력 및 역량은 귀중한 '인적자원'이 된다. 현지 사업가와 그들의 기업정신은 '사회적 자본'으로서 지역공동체에 활력을 불어넣으며, 지자체의 '행·재정적 지원'은 지역 발전에 탄력을 부여한다. 그리고 사회적 네트워크를 따라 진행되는 '상호작용'은 건설적인 소통에 입각한 협조 체제를 도출하고 사회적 응집을 다지는 초석으로서 폐광 후 지역의 재생을 위한 관건이 된다(Binns & Nel, 2003, pp.42-46, 59-61).

비록 외국의 사례에 기초한 제언이지만 의욕과 목적의식, 자연자원, 인적자원, 사회적 자본, 행·재정적 지원, 상호작용 등은 성주리의 부활을 위해서도 절대적으로 필요한 조건이 아닐 수 없다. 사실 성주리는 현재 지역 내 역량을 총동원하여 개발 전략을 모색하고 있다. 하지만 난관도 없지 않다. 무엇보다 대규모 개발 사업이 보령시 주도로 진행되고 있기 때문에 의사 결정

---

13) 제보: 복민수(1954년생, 성주면 성주6리 200-1), 정강월(1932년생, 성주면 성주7리 212-7)
14) 제보: 복민수(1954년생, 성주면 성주6리 200-1), 정강월(1932년생, 성주면 성주7리 212-7)

과정에서 지역의 요구를 정책으로 관철시키거나 사업에 따른 이익을 공유할 수 있는 장치가 마련되어 있지 않다. 2000년 10월 9일로 돌아가 보면, 정부는 「폐광 지역 개발 지원에 관한 특별법」에 의거 석탄산업의 사양화로 지역경제가 과도한 침체 국면에 접어든 보령 지역을 폐광지역진흥지구로 지정함으로써 지역 개발에 부가되는 각종 규제와 제한을 완화하고 절차를 간소화하며 사회 기반시설 건설을 보조하는 재정 지원에 나선다. 1988년도 1인당 산업 생산액 중 광업 점유율이 50% 이상이고, 석탄 생산량이 전국 총생산량의 3% 이상이며, 1988년 대비 1995년의 석탄 생산량이 40% 이상 감소한 시·군 안에 있는 지역 등 세 가지 요건을 동시에 충족해(「폐광 지역 개발 지원에 관한 특별법 시행령」) 지정이 가능했던 것이다. 이를 계기로 보령시는 지역 특성을 감안해 대천해수욕

사진 97. 대천리조트
옥마역 부지와 야적장은 성주탄 수송을 위해 갖추어졌다. 합리화 이후 해당 부지에는 콘도미니엄, 골프장, 레일바이크 등의 여가 시설이 화려한 모습으로 들어섰다.

장과 연계한 관광·레저 산업을 개발하고 다양한 대체 산업을 육성하여 고용 창출, 소득 증대, 지역 진흥의 세 가지 목적을 동시에 달성하려는 사업 계획

을 수립, 활로를 모색해 왔다. 특히 2007년 12월에 한국광해관리공단, 강원
랜드, 15) 보령시가 공동 출자하여 옥마저탄장이 자리했던 명천동 43만m²에
서 시행한 대천리조트(Westopia) 사업은 2011년 현재 골프장, 콘도, 16) 스파,
야외수영장, 남포폐선 레일바이크 등을 갖춘 가족 단위 휴양지의 조성을 이
끌었다. 이 역시 예상대로 성주리에 미칠 파급효과는 크지 않을 것이라는 것
이 중론이다(사진 97).

축산 단지를 조성하고 경공업을 유치한다는 산림훼손지 활용 방안(석탄산
업합리화사업단, 1990, pp.355-356) 또한 여의치 않다. 왜냐하면 성주리가 '7개 시
군에 생활용수와 농업 및 공업용수를 공급하기 위해' 1996년에 조성한 보령
호 상류 청정지역에 위치하므로 폐수 유발 업종이 일체 들어설 수 없기 때문
이다. 게다가 지역 내에서 발생하는 수익은 대부분 외부로 유출되고 있는 실
정이다. 국비, 도비, 시비를 투자해 건립한 청소년수련관과 국내 최초의 보
령석탄박물관은 지역경제에 직·간접적인 영향을 미치지만 정작 보령시 시
설관리공단이 운영하고 있고 화장골과 심원골 성주산자연휴양림도 보령시
가 직영하여 주차료, 입장료, 시설이용료 수입은 성주리에 재투자되지 않고
있다.

낙후되고 정체된 현실을 좀처럼 벗어나기 어렵다는 하소연이 난무하는 가

---

15) 강원랜드는 지식경제부 산하 한국광해관리공단, 강원도가 설립한 강원도개발공사, 정선군·
   태백시·영월군·삼척시 등이 51%의 지분을 보유한 주식회사이다[강원랜드(http://kangwon
   land.high1.com) 참조].
16) 대천리조트 관광개발사업 콘도 및 부대시설 공사 당시의 현황을 보면 다음과 같다. 대지 위
   치: 보령시 명천동 산33-1 일원. 발주자: 대천리조트. 감리단: 해안건축. 시공사: 서희건설. 지
   구: 유원지, 숙박체험 부지. 대지면적: 33,990㎡. 건설규모: 지하 2층, 지상 10층. 용도: 관광숙
   박시설 휴양 콘도미니엄 총 100세대. 부대시설: 세미나실 및 연회장, 마트, 노래방, 전시홀, 식
   당, 주방, 카페, 스카이라운지, 주방, 웰니스, 내츄럴 팜 센터. 연면적: 지상층 14,032.51㎡, 지하
   층 4,364.35㎡. 용적률: 41.28%. 건축면적: 4,381.25㎡. 건폐율: 12.89%. 주차: 146대. 조경면적:
   17,201.08㎡(대지면적의 50.61%).

사진 98. 폐갱의 활용
갱도에서 나오는 연중 일정한 기온의 바람은 양송이버섯을 재배하거나 새우젓을 숙성시키는 저장고와 여름철 행락객을 대상으로 한 냉풍욕장을 운영하는 데 긴요하다. 신성산업 화장5갱처럼 정기적인 수질 검사를 거쳐 신사택에 식수를 공급하는 수원지로도 활용된다.

운데 주민들은 현실을 타개하기 위한 방안을 다각도로 강구해 왔으며 아이러니하게도 대책의 하나를 그간 질곡으로 여겨 왔던 폐갱에서 찾고 있다. 보령시 농업기술센터는 1992년에 자체 연구를 거쳐 지하 갱도에서 불어오는 12~14℃의 신선한 자연바람을 활용하는 기술을 개발하여 제104249호 특허를 취득하였다. 이 '폐광 냉풍유도터널 활용 버섯 재배 방법'은 청정하고 적정한 수준의 습도를 함유한 냉풍을 이용해 양송이를 재배할 수 있게 해 줌으로써 여름철 수입원으로 전격 부상한 것이다(사진 98). 성주면사무소 산업계가 제공한 자료에 따르면 2010년 당시 면 전체적으로 성주양송이작목반과 성우양송이작목반 소속 43농가의 199개 재배동에서 855톤의 양송이가 생산되어 46억 8,400만 원의 매출을 올렸다. 폐광으로 실직한 성주리 주민 대다수에게 혜택이 돌아갈 정도는 아니지만 일자리 창출과 지역경제 활성화에 어느 정도 기여하고 있다는 이야기이다. 이 재배 기술은 보령을 넘어 전국의 폐광 지역으로 확산 중이다.

유사한 원리로 갱도는 각종 젓갈을 숙성시키는 데에도 적절하게 활용된다. 사시사철 온도가 일정하게 유지되는 지하 공간은 젓갈을 신선하게 보관하는 더없이 좋은 환경을 구비하여 '새우젓 굴'로 유명한 광천의 뒤를 이을 천혜의 저장소로 주목을 받을 수 있을 것이다. 그런가 하면 성주탄을 옥마저 탄장까지 운반하던 전차갱은 냉풍체험장으로 피서객의 시선을 끌고 있다. 차고 신선한 바람 자체를 관광 상품으로 활용한 사례라 하겠는데, 고개 너머의 대천해수욕장과 더불어 무더운 열기를 식혀 줄 이색적인 피서지로 떠오르고 있다.

폐갱은 또한 생활용수를 얻는 원천으로 중요하다. 산업화 이전은 물론 탄광 개발이 본격적으로 이루어진 동안 주민들은 생활에 필요한 용수를 주로 우물에 의존하였다. 폐광을 거친 지금도 보령호의 상수를 공급받는 마을 일부를 제외하면 식수는 대체로 지역 내에서 자체적으로 조달하는데, 예를 들어 오카브 도로변의 성주급수대는 지하 100m의 암반층에서 용출되는 천연 자연수를 활용하기 위해 지하 70m 깊이에 7.5마력의 모터를 설치하고 음용수로 적합한 1급수를 하루 170톤가량 채수하여 일대에 공급하고 있다. 심원동의 성주정수장은 전자동 여과기를 갖추고 하루 900톤의 물을 처리하고 있으며 염소를 사용해 여과된 물에 내포된 세균을 소독한 다음 하루 400톤 분량의 양질의 식수를 멀리 면사무소 일대까지 공급하고 있다. 하지만 이런 혜택을 보지 못하는 성주8리의 신사택은 폐기된 화장골 안쪽의 신성산업 화장 5갱에서 흘러나오는 물을 정화 장치로 유도하여 불순물을 걸러낸 다음 각 가정에 배급하고 있다.

청라면으로 넘나들던 뱁재 근방에서는 지금 성주리와 바깥 지역을 연결하기 위한 토목공사가 한창이다. 보령개발촉진지구사업의 일환으로 250억 원의 국비를 투자하여 성주리 냉풍욕장, 청라면 향천리 청라호수공원, 의평리 성주산자연휴양림을 연결하기 위한 연장 641m의 터널을 굴착하고 있는 중이다. 2008년부터 진행되고 있는 이 사업이 마무리되어 관통 도로가 개설되면 성주면

사진 99. 청라터널

과 청라면 간 접근이 한결 수월해질 전망이다(사진 99). 터널 반대편의 의평리는 영보탄광이 있던 곳으로 탄광 취락의 모습은 퇴색되었지만 잔적은 아직도 역력하다. 영보연탄 공장이 아직도 운영 중이며 산사면을 거슬러 만나게 되는 냉풍욕장과 버섯 재배동은 과거의 갱도 근처임을 알려 준다. 영보탄광의 광구가 청라면과 성주면에 걸쳐 있었던 것처럼 관광객을 유치하려는 전략에서 양 지역의 연계가 강조되고 있는 점이 흥미롭다. 사업의 취지에 대해 주민들은 마을을 번잡스럽게 만들 것이라는 우려의 목소리와 함께 지역경제의 활성화에 조금이라도 보탬이 될 수 있을 것이라는 기대 섞인 전망을 내놓고 있다. 지역 내부로의 접근은 분명 개선되겠지만 그 경제적 파급효과에 대해서는 얼마간 지켜보면서 판단을 내려야 할 것 같다.

성주천이 깊게 파 놓은 계곡으로는 매년 행락객이 찾아와 차가운 계곡물과 짙게 드리워진 그늘의 시원함을 맛보고 산림욕을 즐긴다. 특히 풍수형국의 모란형 명당이 감추어져 있다고 하는 화장골(花藏谷)은 성주리의 비경을 간직한 구곡동천(九曲洞天)으로서 깨끗한 물과 맑은 공기가 어우러진 쾌적한 쉼터를 제공한다. 보령시는 이곳에 야영장을 갖추고 '숲속의 집'을 조성해 운영하

사진 100. 피서철 행락객과 삼림자원
여름 휴가철에는 성주리 일대의 계곡이 인파로 가득하다.
화장골 안쪽에는 물놀이와 삼림욕을 즐기려는 관광객의 발
길이 잦다. 가을에는 오색으로 물든 단풍이 사람들의 발길
을 이끈다.

고 있으며 휴양림이 늘어선 오솔길을 걸으며 숲의 향내라 할 수 있는 피톤치드를 호흡하고 자연경관을 감상할 수 있도록 꾸몄다(사진 100). 산행가는 계곡을 타고 육화분비형(六花粉飛形)의 화장봉(花藏峰) 정상에 오른 다음 심연동 계곡으로 내려오는 등산로를 타면서 요산요수의 기쁨을 누리기도 한다. 20년 전만 해도 폐석이 나뒹굴고 검푸른 오염된 물이 흘러내리던 곳이 이제는 많은 사람들로 하여금 성주리를 찾게 만드는 매력을 발산하고 있는 것이다.

가을 단풍은 성주리의 화사한 정취를 알리며 잊고 지내던 명촌 성주리의 명성을 되살리는 전령이 되고 있다. 아직 산림 복구가 완전하지 않고 수종 갱신이 필요한 만큼 단풍을 감상하려는 관광객을 유치할 정도는 아니지만 탄 더미로 뒤덮였던 지난날을 생각해 보면 검은 고장의 이미지를 불식하기에는 충분하다. 한편, 심연동과 먹방 일대에 서식하는 고로쇠나무 600여 그루에서 채취한 수액은 농가 소득에 한몫을 담당하고 있으며, 산지 안쪽에서는 작은 규모이지만 양

봉도 시도되고 있다. 이와 함께 성주면사무소 관계자에 따르면 현재 조계사 주도로 성주사 복원 계획이 수립되어 있으며, 폐사지 내에 사찰을 복원할지 아니면 유적을 보호하기 위해 외곽에 조성할지 결정만을 남겨 두고 있다고 한다. 성주사지는 탄광촌 이후 성주리의 정체성을 새로이 정립하고 과거 성주리가 지닌 본연의 장소성을 외부인에게 각인시키는 문화유산으로서 앞으로의 역할이 기대된다.

진행 중인 사업과 별개로 필자는 폐갱도를 포도주 저장고로 이용하는 것도 합리화 이후 지역에 남겨진 자원을 활용하는 좋은 대안일 것이라고 판단된다. 현재 성주리에서 가까운 남포면 옥서리 사현마을은 80호의 농가 가운데 56호가 포도 재배에 관여하고 있으며 보령시 재배 면적 103ha 가운데 56ha를 차지하고 있다(사진 101). 1965년경 처음으로 식재된 후 1980년대 초부터 논으로 면적이 확대되어 지금은 서해안을 남북으로 종단하는 21번 국도 변을 따라 포도 재배지가 마을 전역을 덮고 있는 상태이다. 물 빠짐이 좋은 모래땅으로서 벼농사에는 불리하지만 대체작물인 포도에는 유리하게 작용하는 조건이다. 사현포도는 유기재배로 인한 지속 가능의 이점과 함께 송이당 무게가 380~400g에 이르고 당도는 14~15Brix로서 높은 편이며 색도 또한 최고 등급인 10단계에 달해 지역 내에서 좋은 평판을 얻고 있다.[17] 재배 품종은 캠벨 얼리(Campbell's Early)로서 생산품은 일반 소비용 외에도 포도즙과 포도주로 가공되고 있다. 2005년부터 9개 농가가 연간 750ml 용량의 포도주 15만 병을 생산할 수 있는 시설을 갖추고 'Sand Hill'이라는 브랜드로 시판하고 있다. 주민들은 머루포도의 일종인 M.B.A.(Muscat Bailey A) 등 당도가 높고 산도가 적합한 주류용 포도의 재배를 시도하고 있는데, 포도주 생산이 본

---

17) 제보: 김원영(1956년생, 남포면 사현리 57)

사진 101. 사현포도와 포도주 공장

격적으로 진행된다면 보존 최적 온도인 12~13℃의(김혁, 2004, p.41) 조건을 구비한 성주리의 폐갱도와 연계시켜 명성을 쌓아 가는 것도 지역경제를 활성화시키는 하나의 방안이 될 수 있을 것으로 생각한다.

　굳이 경제적 목적에 국한시키지 않는다면 갱도의 활용은 더욱 다양해질 수 있을 것인데, 서양에서 시도된 문서보관소나 지하음악당 같은 문화 공간으로의 활용 가능성 또한 적극 모색해 볼 만하다. 그런 의미에서 시흥광산의 폐갱도를 문화예술 공간으로 활용하고 있는 광명시의 사례는 매우 모범적이라 생각된다. 필자가 방문한 광명시 가학동 산17번지 일대의 일명 가학광산은 1912년의 광업권 등록 이후 1972년 폐광까지 금, 은, 동, 아연 등의 광물이 채굴되어 한때 중금속 오염 지역의 오명을 안고 있었으나,**18)** 최근 들어

---

18) 『경향신문』, 1996년 2월 27일자, 21면; 『동아일보』, 1978년 4월 5일자, 1면

지방정부의 적극적인 관심 아래 문화 소비층을 겨냥한 다양한 행사가 기획되어 부정적 이미지를 떨칠 수 있는 발판을 다지고 있다. 한여름의 행락객을 상대로 냉풍체험의 기회를 부여하고 동굴전시회를 기획하는 한편, 여러 사람을 모을 수 있는 막장의 공동(空洞)에서는 단편 애니메이션을 상영하고 음악회를 개최하여 호평을 얻고 있다. 2013년 6월 29일에는 '동굴 예술의 전당' 개관 행사가 열려 공식적으로 가족 문화행사 공간을 천명하기에 이르렀다. 미로처럼 얽혀 있는 성주리의 지하갱도를 활용하는 데에도 참고할 만하다.

그러나 이런 하나하나의 사업이 성공을 거둔다 할지라도 지역정체성을 되살리는 근본적인 방책은 될 수 없으며 다른 무엇보다 공동체를 회복하는 획기적 방안을 마련하는 일이 절실해 보인다. 비록 성취 여부에 대해서는 회의적인 반응이 있는 것도 사실이지만 강원도의 폐광 지역인 철암의 회생을 위해 마련한 프로젝트의 정신만큼은 성주리의 미래를 설계하는 데 시사점을 전해 줄 것으로 기대한다. 총량경제의 양적 성장에 앞서 사람과 공동체를 전면에 배치하는 통합 전략의 하나로 구상된 빌리지움(village museum) 안이 그것인데, '탄광 관련 시설, 폐가와 하천변 상가 같이 지역의 역사를 간직한 남루한 건물 등 지금까지 낙후의 상징으로 간주된 시설들을 문화적 시각에서 재평가하여 적극적으로 보존·활용하며, 방치된 자연환경과 인문환경을 정비하고 양자의 관계로 새롭게 정립함으로써 일상의 연속성을 회복하자'는 계획이다(철암지역건축도시작업팀, 2002, pp.90-133). 풍광에 더하여 석탄과 함께한 역사를 지역의 자부심으로 느끼고 지역 회생의 자산으로 삼겠다는 적극적인 개발 방안으로서 산업화 시기 성주리의 정체성을 확인하고 건설적인 미래를 설계하는 과정에 본받을 만한 가치가 있다. 물리적 환경의 개선에 초점을 맞추기보다는 지역의 문화와 역사를 소중한 자산으로 여기는 인식과 태도의 전환을 촉구한다는 측면에서 주목할 만하다.

그와 관련해 「2011 마을미술 프로젝트」가 관심을 끈다. "역사, 지리, 생태, 문화적 가치가 잠재되어 있는 마을의 생활공간을 공공미술을 통해 새로운 문화 공간으로 조성한다."라는 목적에서 문화체육관광부가 주최하고 마을미술 프로젝트 추진위원회와 보령시가 주관한 사업이다. '테마 이야기' 공모를 통해 '다시 그려진 성주리 이야기'를 주제로 한 제안서가 채택되어 사업 구상이 실제로 옮겨지는데, '꽃피는 탄광 마을'의 푯말을 달고 신사택 입구에 세워진 조형물로서 석탄을 채취하는 광부를 형상화한 철판 작품을 비롯해, 활짝 웃고 있는 광부의 얼굴 부조, 솟대를 포함한 폐탄 조형물, 버스정류장 벤치와 마을 쉼터 같은 목재 조형물, 벽 부조, 다양한 색채와 내용을 담은 벽화 등의 공공미술 작품이 제작되어 쓰러져 가는 탄광 사택에 화사함을 더해준다(사진 102). "문화적으로 소외되고 쇠락한 폐광 지역 주민들의 생활공동체 공간을 공공미술로 재생하여 문화적 활력을 불어넣고 나아가 관광자원으로 활용하겠다."라는 목표를 내걸고 출발한 이 프로젝트에서는 탄광촌의 지역정체성이 문화콘텐츠로 활용된다. 버려진 자원과 공간인 폐탄과 폐광촌을 공공미술을 통해 새롭게 스토리텔링을 시도함으로써 마을 이미지 개선과 새로운 문화 공간의 창출을 기하고자 하였다(「마을미술 프로젝트」 홈페이지 참조). 국비 5,000만 원과 지방비 5,000만 원이 소요된 사업으로서 일상 공간을 특색 있는 문화예술 공간으로 탈바꿈시킴으로써 그동안 관리 소홀과 건축물의 노후화로 퇴락한 성주리 탄광촌 신사택 일대의 미관을 개선하고 부수적으로 지역경제의 활성화를 도모하겠다는 시도이다.

전반적인 취지에는 공감하지만 공공미술 사업 하나만으로 지역성을 회복하고 지역경제에 활력을 불어넣을 수 있을지는 미지수이다. 또한 사업이 외부 기관 주도로 이루어진 까닭에 지역의 실상을 올바로 이해하고 주민의 감정을 제대로 읽어 내려는 노력도 부족했다고 판단된다. 단적으로 마을 중심

사진 102. 문화예술 공간으로

가로변 담장에 그려진「2011 마을미술 프로젝트」홍보 벽화에는 '문화체육관
광부'와 '황진문화예술연구소'의 이름이 큼직하게 아로새겨져 있다. '주민 주
도적 문화예술 마을'을 추구하겠다던 사업 취지를 무색하게 만든다. 벽화 가
장자리에 적어 놓은 아래 글귀도 주민들이 경험한 삶의 애환을 녹여내지는
못하고 있다.

옛날 탄광촌에는 동네 강아지도 만 원 짜리를 물고 다닌다는 이야기가
있을 정도로 시대의 전성기를 누리던 시기가 있었다. 우리는 이곳에 문
화로 또 한 번의 전성기를 누리길 소망하고 … 성주리 어르신들이 무탈

하시고 건강하시길 소망하며 마음을 이곳에 새긴다.

강아지들까지 누렸다는 번영의 시대만을 생각한다면 토막집 한 칸에 온 가족이 뒤엉켜 밀린 임금을 고대하고 출근하는 가장의 안전을 걱정하던 애달픈 탄광촌의 일상은 망각에 묻혀 버릴 것이다. 상투적인 문구로 광부들이 지내 온 삶의 역정을 희화하는 것은 당사자들이 원하는 바가 결코 아니다. 더구나 화려한 색채로 장식된 허름한 주택의 내부는 변함없이 퇴락한 그대로의 상태이다. 외부자의 시선에 비춰진 모습이 조금 바뀌었을 뿐이다. 마을미술 프로젝트의 대상 지역이 성주산 자연휴양림 초입에 위치하기 때문에 양자를 연계하면 더 많은 관광객을 유치할 수 있을지 몰라도 발생하는 혜택이 주민에게 온전히 귀속되는 것도 아니다. 주민들이 진정으로 원하는 것이 무엇인지 물어 가능한 해결책을 다방면으로 탐문해 본 연후에 그들이 원하는 방향으로 거주 환경을 개선해 나가는 노력이 필요해 보인다.

2012년 벽두에 신사택 주민들 앞으로 희소식이 전달되었다. 숙원이었던 도유지 매각이 충청남도의회에서 결의된 것이다. 이곳은 사유지도 있지만 대부분 도유림 부지로서 탄광 경제가 한창이던 당시 대한탄광이 사택을 건립하고 그것을 대한석탄공사가 일괄 매입하였는데, 석탄산업이 사양길에 접어든 뒤에도 경제적 여력이 없는 노년층은 이주하는 대신 현지에 남아 빈한한 생활을 지속하고 있다. 거주하고 있는 사택은 현행법상 불법 점유지에 들어서 있기 때문에 비가 새고 지붕이 내려앉아도 개보수가 금지되어 외관이 부실할 수밖에 없다. 이런 상황에서 도유림을 불하받을 수 있는 법적 근거가 마련되어 광산 근로자와 가족들이 안착할 수 있는 길이 열린 셈이다. 이들 생계형 부지에 대한 매각이 승인되면 감정평가를 거쳐 해당 건물 소유주에게 등기를 이전시키는 절차만이 남는다. 그렇게 되면 건물의 개축, 증축, 신

사진 103. 임대아파트 건설 부지

축이 가능해져 마을의 미관은 물론 거주민의 삶의 질이 크게 향상될 것으로 기대된다.

　도유림을 불하받는다 해도 한 가지 문제는 남는다. 주민 대다수가 병약한 노년층이고 경제력이 없어 허름한 주택을 헐고 새집을 마련한다는 것은 거의 생각할 수 없는 상황이다. 그동안 지역민은 석탄산업합리화 기금을 주거환경 개선에 사용해 줄 것을 희망하였지만 받아들여지지 않았다. 그러던 중 지난 2011년 12월 26일에는 대대적인 홍보와 함께 LH(한국토지주택공사) 사장, 지역 국회의원, 보령시장, 주민 다수가 참석한 가운데 성주탄광아파트 건설 사업 기공식이 개최되었다. 사택 거주민을 위해 67억 4,400만 원의 사업비를 투입하여 5,147㎡ 면적의 하천변 부지에 70세대를 수용할 수 있는 4층의 공공 임대주택 2동을 2013년까지 건립한다는 계획이다(사진 103). 국토해양부의 승인을 얻어 LH가 사업을 추진하게 되며 2012년 8월에 입주자 모집 공고를 내고 9월에 계약을 체결하는 일정으로 입주 대상자를 선정할 예정이다. 아마도 도유림 부지 매각과 연계하여 주민들을 임대아파트에 입주시킴으로써 주거 안정을 기하고 주변 환경을 쾌적하게 정비하여 지역경제의 활성화를 도모하는 방향으로 진행될 것으로 보인다. 성주리 탄광 사람들을 위한다는 본연의 취지가 사업 진행과 함께 퇴색되지 않기를 희망하며, 모든 지역 개발이 진정으로 주민의 입장을 고려하여 계획되었는지 사업을 추진하기에 앞서 한번 더 신중하게 돌아보았으면 하는 바람이다.

맺음말

　1990년에 성주리 최대의 조광업체인 신성산업과 그 광업권자인 대한석탄공사 성주광업소가 폐쇄되고 1994년을 마지막으로 민영의 심원탄광이 문을 닫으면서 성주리의 탄광사도 막을 내린다. 어느새 석탄에 울고 웃던 시절이 20년 전의 일이 되어 버린 것이다. 모든 것이 하루가 다르게 변해 가는 오늘의 기준에 비추어 강산이 두 번이 아닌 여러 번 바뀌고도 남을 만한 긴 시간이 아닐 수 없다. 우리가 안일하게 지켜보고 있는 사이 과거의 잔적은 인멸되고 지금 이 순간에도 해체되거나 소멸될 위기에 처해 있다. 흔히 경관은 인간의 의식에 잠재된 과거의 기억을 촉발시키는 중요한 기제로 설명된다. 묻혀 있던 지난날의 어렴풋한 경험들을 되살리는 데 경관이 강한 자극을 부여한다는 것이다. 그럼에도 우리는 성주, 대천, 보령, 나아가 충남을 지탱하던 석탄의 기억과 역사를 간직한 경관이 앞에서 사라지는 현실을 너무도 자연스럽게 인정하고 있다. 필자로서는 기억을 망각의 늪으로 빠뜨리는 경관의 소멸도 개탄스럽지만 기억 자체가 지워진다는 것은 더욱 큰 손실이 아닐 수 없다는 생각이다. 석탄과 함께 했던 광원들이 진폐의 고통 속에서 한 명씩 사라져 갈 때 성주리의 역사지리를 복원할 수 있는 길도 한층 요원해질 것이기 때문이다.

　받아들이기 힘든 현실에 당면하여 필자는 더 이상 지체해서는 안 된다는 경각심에 현장으로 뛰어들었고, 컴컴한 막장에서 젊음을 바친 성주리 사람들을 만나 나눈 이야기와 그들의 빛바랜 지난 시절의 기억을 되살려 얻어 낸 작은 성과를 본서에 담았다. '검은' 고장 성주리에 얽힌 추억과 장소성의 변화에 대한 소묘라 하겠다. 원하던 것을 얻었는지 잘은 모르겠지만 적어도 탄광 마을 성주리에 대한 흐릿한 윤곽 정도는 그려 볼 수 있었다. 요컨대, 산 자수명한 산골 마을 성주리는 사찰 취락으로 성장하여 국가이념을 지탱하는 사상적 연원이 되었고, 조선시대에는 유교적 이상향을 구현하는 명촌으로 각종 문집에 오르내렸으며, 산업화 시기에는 성주탄을 매개로 지역경제와 국가경제를 이끌었다. 성주리가 거쳐 온 역사지리적 여정은 한마디로 파란만장했으며 탄광촌으로서의 변신은 특히나 극적이었다. 농촌근대성(rural modernity)이 농촌사회에 초래된 정치, 경제, 기술, 인구의 변화와 함께 근대화에 대한 경험과 태도의 변화를 의미한다고 할 때, 성주리의 근대성은 석탄에 의해 형성되었다 해도 과언은 아니다. 제약·규율·감시 등 이전에 볼 수 없었던 지역정치의 요소가 이식되었고, 광산업체의 집중으로 금전적 유동성이 과거에 비해 빨라졌으며, 인력으로 이루어지던 일상적인 업무를 기계와 전기가 대신하는 변화가 찾아오고, 도시에 버금가는 인구 집중을 경험하였던 것이다. 아울러 산업화를 추동한 자본이 여러 지역에서 몰려든 '뜨내기' 노동자 집단을 막장으로 내몰며 축적이라는 본연의 욕망을 채우는 동안, 물적 가치를 내재화한 남성 광부들 또한 여성 억압적인 폐쇄사회를 구축하면서 자신의 신체를 담보로 한탕을 꿈꾸었다.

돌아보건대 무연탄은 산업화 체제를 견인하던 에너지자원으로서 국가 전체의 근대화 담론을 형성하고 지역경제의 성장을 이끌며 성주리 같은 말단 취락의 역사지리적 변화를 추동하는 동인으로 작용하였다. 1947년 광업권에 대한 등록이 최초로 이루어진 후 석탄산업합리화의 여파로 1994년에 마지막 남은 탄광이 사라지는 모습을 지켜볼 때까지의 성주리 근대화의 역정은 곧 성주탄의 역사라 하겠다. 석탄 경기에 부응하여 인구 이동의 양상이 결정되고 촌락의 규모와 지역 중심지가 달라졌으며 결과적으로 지역 구조에 변화가 초래되었다. 전국 각지에서 몰려든 이주민은 탄광촌 특유의 문화와 경관을 형성하고 기억이라는 이름의 심상지리를 아로새겼다. 그와 함께 빈곤, 노사 갈등의 첨예화, 남성 중심 사회의 고착, 환경 파괴 등의 문제가 파생된 것 또한 사실이다. 임금 체불이 다반사인 상황에서 광부들은 외부에서 생각하는 것과 달리 극심한 생활고에 시달렸고, 단조로운 생활 속에서 연중무휴로 이어지는 위험하고 힘든 노동은 거친 탄광촌 문화를 낳았다. 산업역군으로 칭송되지만 현실에서는 여성들이 시집가기를 꺼려하는 천한 직종이 탄광 근로자라는 데에서 밀려드는 자괴감과 떨칠 수 없는 죽음에 대한 두려움에서 석탄인들은 하루하루를 술에 의지하며 보냈다.

어떻게 보면 석탄은 분명 성주를 위한 선물이었다. 사람들로 붐비고 돈이 풍족하게 돌았으며 자신의 이름이 딸린 성주면도 만들어졌다. 그러나 그 내부에는 파괴의 씨앗이 움트고 있었다. 산업화라는 국가의 명분을 위해 시대적 사명을 충실히 이행했지만 향토는 신음하기 시작하였고 지역민으로 하여금 잿빛 하늘 아래 구멍 뚫린 산하에서 막장 인생을 살도록 강요하였다. 그뿐만 아니라 영세 광주와 덕대가 뚫어 놓은 '개미굴' 주변의 산과 구릉은 앞다투어 갱목과 건축재를 확보하려는 가운데 나무 한 그루 찾아볼 수 없을 만큼 극심하게 헐벗게 된다. 정부의 산림녹화 시책에 따라 석탄광업의 중요성이 재인식되고 채굴된 석탄이 대중 연료로 각광을 받았지만 정작 석탄이 묻힌 현장은 파괴의 악순환에 내몰리게 된 것이다. 그런가 하면 탄광촌의 생활양식은 주민을 갑·을·병방으로 물화(物化, reification)시켰고 막장 밖 여성과 어린이를 배제의 공간으로 몰아붙였다. 석탄산업이 위기로 몰린 이후에는 삶의 애환이 서린 장소 자체가 버려지고 장소성을 구축해 온 주체 또한 진폐증에 허덕이게 만들었다. 그전까지 소우주의 기운을 느끼며 대자연을 벗 삼아 물아일체의 삶을 영위해 온 지역 주민들의 소속감, 안정감, 친밀감은 석탄이라는 상품을 생산하기 위해 산업 전선에 뛰어들면서 조각났다. 자연의 질서에 순응하면서 흙과 대지를 딛고 편안하게 이어 온 일상의 토대가 흔들리면서 환경은 물론 주민들 자신까지 병들어 갔다. 폐광 이후 사람들이 물밀 듯 빠져나가면서 성주리의 발전도 결국은 허상에 불과하였던 것이 명백해졌다.

안타까운 것은 산업화에 동원되어 지역과 지역민 모두 막대한 희생을 감수하였음에도 성주리가 주변부에 위치지어짐으로써 관심에서 멀어져 있다는 사실이다. 거칠게만 보이는 성주리 탄광촌은 사실 위험하고 고된 작업을 공유하는 데서 오는 진한 의리가 있고, 다른 곳에서 볼 수 없을 정도로 결속력이 강하며, 구성원이 어려움에 처했을 때 주저 없이 상부상조의 미덕이 발휘되는 끈끈한 공동체였다. 사회적 약자라는 공유된 관념에서 일찍부터 노동자 의식이 형성되었고 정치에 대한 관심이 높았으며 그런 까닭에 노동운동이 가장 활발했던 곳이기도 했다. 그러나 그런 사실을 알아 주는 사람은 거의 없다. 과거는 오직 남겨진 사람들의 기억으로만 남아 있고 고단하게 지내온 삶의 족적은 위령탑, 폐석 더미, 석탄산업합리화사업단의 지반 붕괴 위험 안내판, 석탄을 실어 나르던 산복도로, 한국광해관리공단의 표식이 달린 폐광구, 버려진 권양기 등의 흔적으로 구석에 처박혀 있다. 산 너머에 자리한 대천이 탄광의 화폐경제에 힘입어 대천읍으로 승격된 데 이어 대천시, 나아가 보령시청 소재지로 성장했던 것을 고려하면 무심한 차별이 아닐 수 없다. 대체산업이 부재하여 인구의 공동화와 노령화가 심각한 수준에 이른 것은 물론 검은 먼지로 뒤덮인 음지에서 지역의 발전을 뒷받침하던 주역은 이제 존재조차 부정당하고 있다.

사진 104. 장순희 송덕비

그런 의미에서 보령시 성주면 개화리 개화초등학교 앞에 세워진 송덕비는 특별하게 다가온다. 관공서 앞에는 으레 그러한 것처럼 이곳에도 학교 발전에 도움을 제공한 인사를 기리는 비석이 줄을 이루고 서 있다(사진 104). 석탄 광업이 자리를 잡아 가면서 광부들이 모여들고 그들의 자녀 교육을 위해 도화담국민학교 개화분교가 개화국민학교로 설립인가 취득을 앞둔 시점에 시설물 증축을 위해 물적 지원에 나선 인사들의 공덕을 새겨 놓은 비석이다. 빗돌이 특별한 의미를 지니는 것은 단순히 이 고장 특산인 오석으로 다듬었기 때문만은 아니다. 그보다는 오히려 비석군 안에 성주리 최초로 광산 개발에 나선 장순희 사장의 이름이 들어 있다는 이유가 클 것이다. 개화초등학교 앞에 세워진 7기의 기념비 가운데 사진 속 왼쪽 첫 번째 것이 지역 최초로 광산 개발을 주도했던 석탄인 장순희를 기억하는 비석이다. 개화학교증축기성회가 1955년 10월에 건립한 성주탄광주 장순희 송덕비(聖住炭鑛主張洵熹頌德碑)의 비문에는 "寬厚天性 闊達度量 産業開發 福利民邦 捐財補校 育成群英 紀念公德 鐫石不忘"이라 그의 인물됨과 치적을 적고 있는데, 품성이 관대하고 도량이 넓으며 산업 개발에 힘써 국가와 국민의 복리를 증진하였고 학교를 위해 재산을 기부하여 영재 육성에 뜻을 두었음을 기억하고자 한 것이다. 먼지가 자욱하게 쌓인 이들 허름한 비석에 관심을 두거나 장순희 송덕비의 존재 자체를 의식하고 있는 주민들은 거의 없지만, 탄광 마을 성주리의 서막을 고한 성주탄광의 소유주를 잊지 않고 오랜 기간 자리를 지키고 서 있는 비석만큼은 대견하게 느껴진다.

성주리 사람들은 지금 '천년의 역사 성주사지', '자연의 멋이 살아 숨 쉬는 성주산의 중심', '예부터 맑은 공기와 계곡, 경관이 아름다운 명소', '찬란한 문화유산과 천혜의 자원이 풍부한 지역'으로 자신의 터전을 알리고 있다. 성주사의 고장이자 풍광 수려했던 성주리의 전통적 장소성을 회복하려 몸부림치고 있는 양상이 흥미롭다. 불국토를 채우고 있어야 할 대웅전과 부속 건물은 인멸된 지 오래되어 불가피하게 겨우 형체만 남은 불탑과 주춧돌에 의지해 명맥을 유지하고 있는 사라진 고찰 성주사와, 과거의 청정했던 기억 속의 자연이 이질적인 문화와 경관의 침투를 막는 대항 공간(counter-space)의 역할을 충실히 수행해 준 공적은 누가 무어라 해도 인정해야 할 몫이다. 다만 지역의 애환이 담긴 석탄에 대한 언급이 어디에도 없다는 것이 아쉬울 뿐이다.

지역 전체에 벌집 같은 구멍을 뚫어 수려했던 고장을 만신창이로 만들었다고 해서 사람들의 머릿속에 남아 있는 검은 고장 성주리를 의도적으로 지워 버리거나 거부하고 부정해서는 안 되며 또 그럴 수도 없다. 소중한 경험과 지역민의 희생에 대한 모욕일 수 있기 때문이다. 현실을 냉정하게 돌아보면 광업은 이제 공해를 유발하고 환경에 압박을 가하는 천덕꾸러기 산업으로 전락하였다. 석탄이 한때 가정의 난방과 취사를 책임지고 화력발전소를 움직여 전기를 생산하던 국민 연료였던 사실을 생각하면 격세지감을 느낄 정도이다. 사양길에 접어든 석탄광업은 물론 폐광의 아픔을 이미 20년 전에 맛본 성주리를 둘러싼 많은 이야기들이 우리의 뇌리에서 서서히 잊혀져 가고 있는 것이다. 다행인지 마을미술 프로젝트를 통해 성주리 탄광촌의 역사가 재조명을 받고 있는 것 같지만 실상은 지역경제의 활성화를 위한 외관상의 미화에 지나지 않는다. 한마디로 진심이 와 닿지 않는다. 과거를 기억하기 위해 의욕적으로 조성한 석탄박물관과 위령탑 또한 박제화된 상태로 무기력하게 자리만 지킬 뿐이다. 관람객을 이끌고 바로 옆에 자리한 사택촌으로 안내해 주민들의 경험담을 청취하는 것만으로도 산업전사를 위로하고 그들과의 교감을 이룰 수 있지만 어느 누구도 나서질 않는다. 사회로부터 가장 못나고 거칠다며 팽개쳐진 성주리 사람들이 우리에게 바라는 바는 그리 거창한 것은 아니다. 단 한 가지, 산업화의 주역이자 국가 발전의 견인차로서 광부와 탄광 마을이 그곳에 있었다는 사실을 진정으로 기억해 달라는 바로 그뿐이다.

참고문헌

■ 고서
고려사(아세아문화사, 1990)

대동여지도

대동지지(아세아문화사, 1976)

동국여지(아세아문화사, 1983)

면천복씨대동보

산경표(조선광문회, 1913)

삼국사기(조선사학회, 1941)

삼국유사(이병도 역주, 명문당, 1986)

신증동국여지승람(명문당, 1981)

여지도서(국사편찬위원회, 1973)

영조실록(국사편찬위원회, 1986)

임원경제지(보경문화사, 1983)

택리지(조선광문회, 1912)

해동지도(서울대학교규장각, 1995)

희암집(민족문화추진회, 1997)

■ 문서
광업원부(광업등록사무소)

국토건설합자회사 폐쇄등기부등본

대한탄광주식회사 폐쇄등기부등본

동일화물자동차주식회사 폐쇄등기부등본

성주광업소 폐쇄등기부등본

성주광업주식회사 폐쇄등기부등본

성주탄좌개발주식회사 폐쇄등기부등본

신성산업개발합자회사 폐쇄등기부등본

영보연탄주식회사 폐쇄등기부등본
지적별 광업권 출원 상황표(광업등록사무소)
태웅공업주식회사 폐쇄등기부등본
합동연탄공업주식회사 폐쇄등기부등본
합자회사우조토건사 폐쇄등기부등본

■ **신문**
강원일보
경향신문
독립신보
동아일보
매일경제신문
상공일보
서울신문
조선중앙일보

■ **지도**
남포현지도(서울대학교 규장각, 2005)
1:1,200 성주리 지적원도(임시토지조사국, 1914)
1:5,000 지형도(국립지리원, 1987년 대천도엽 056~059, 066~069, 076~078, 085~087;
　　　국토지리정보원, 2008년 보령도엽 056~059, 066~069, 076~078, 085~087)
1:10,000 충남탄전 성주지역 지질도·지질단면도(자원개발연구소, 1980)
1:20,000 항공사진(1977년, 1989년, 2007년, 2010년)
1:25,000 지형도(국립건설연구소 1967년 외산도엽; 국립지리원, 1976년 외산도엽; 1986
　　　년 외산도엽; 1990년 외산도엽; 1996년 외산도엽; 국토지리정보원, 2009년 외산
　　　도엽)
1:50,000 지형도(조선총독부, 1919년 남포도엽, 대천리도엽; 삼능공업사, 1956년 남포도
　　　엽; 국립건설연구소, 1963년 대천도엽; 국립지리원, 1977년 대천도엽; 1986년
　　　대천도엽; 1991년 대천도엽; 국토지리정보원, 2009년 보령도엽)

■ **논저(국내)**
강홍준, 2001, 충남 성주지역의 탄광취락 연구, 공주대학교 교육대학원 석사학위논문.

건설교통부·한국수자원공사, 2002, 우리 그룹 길라잡이.

경제통신사, 1975, 한국기업체총람.

경제통신사, 1976·1979, 한국기업체연감.

권태원, 1992, "성주사지의 사략에 관하여," 호서사학 19·20, pp.1-20.

권태환·김두섭, 2002, 인구의 이해, 서울대학교출판부.

권태환·신용하, 1977, "조선왕조시대 인구추정에 관한 일시론," 동아문화 14, pp.289-330.

권혁재, 1999, 한국지리: 각 지방의 자연과 생활, 법문사.

권혁재, 2000, "한국의 산맥," 대한지리학회지 35(3), pp.389-400.

김두식·한성덕·김남선, 1991, "탄광지역사회의 구조적 변동과 개발 방향에 관한 경험적 연구," 한국사회학 25, pp.119-154.

김두진, 1973, "낭혜와 그의 선사상," 역사학보 57, pp.23-58.

김민환, 2001, 미군정기 신문의 사회사상, 나남출판.

김상봉, 2010, 광업인생 50년, 가산출판사.

김수태 외, 2001, 성주사와 낭혜, 서경문화사.

김용환·김재동, 1996, "석탄산업의 생태와 역사: 태백 지역을 중심으로," 한국문화인류학 29(1), pp.193-244.

김정호·이해준, 1992, 향토사 이론과 실제, 향토문화진흥원출판부.

김 혁, 2004, 프랑스 와인 명가를 찾아서, 세종서적.

남춘호, 2005, "1960−70년대 태백지역 탄광산업의 이중구조와 노동자 상태," 지역사회연구 13(3), pp.1-33.

대전공업대학동문회, 1992, 동문회원명부, 회상사.

대천문화원, 2010, 사진으로 보는 보령의 어제와 오늘.

대천청년회의소, 1994, 한내돌드리: 대천JC 20년사(1974~1994).

대한광업진흥공사, 1990, 한국의 석탄광(상).

대한광업진흥공사, 1992, 한국의 석탄광(하) − 문경, 보은, 충남, 호남탄전 −.

대한광업협동조합, 1967, 광구일람, 낙운인쇄사.

대한광업협동조합, 1983, 광구일람, 삼화사.

대한광업회, 1952, 광구일람.

대한광업회, 1960, 광업연감.

대한광업회, 1962, 광업연감.

대한상공회의소, 1958·1961·1962·1965·1968·1975·1979·1986, 전국기업체총람.

대한상공회의소, 1964, 전국회사명감.

대한석탄공사, 2001a, 대한석탄공사 50년사.

대한석탄공사, 2001b, 대한석탄공사 50년 화보.

대한석탄공사 사사편찬실, 2001, 『대한석탄공사 50년사』 제작을 위한 기초 연표 자료.

대한석탄협회, 1988, 탄협사십년사.

류승주, 1993, 조선시대 광업사 연구, 고려대학교 출판부.

매일경제신문사, 1978, 회사연감.

박인보, 1981, 충남 대천 성주산 일대 남포층군의 층서 및 퇴적상 연구, 고려대학교 교육
　　　대학원 석사학위논문.

박인식, 1938, 광업성공가실화집, 조선광업시대사영업부.

보령군, 1963~1994, 보령군 통계연보.

보령군지편찬위원회, 1991, 보령군지.

보령시, 1995~2010, 보령시 통계연보.

보령시지편찬위원회, 2010abc, 보령시지(상·중·하).

상공부, 1974, 충남탄전정밀지질보고서.

상공부광무국, 1948, 광구일람.

상공부광무국, 1958, 광구일람.

석탄산업합리화사업단, 1990, 한국석탄산업사.

석탄산업합리화사업단, 1994, 석탄통계연보.

석탄산업합리화사업단, 1995, 석탄광 폐광지원내역서.

석탄산업합리화사업단, 1996, 폐광지역 산림복구 및 광해방지비 지원 실적.

석탄산업합리화사업단, 1997, 사업단십년사.

석탄산업합리화사업단, 2001, 석탄통계연보.

송태윤 편, 1987, 한국석탄장학회사, 한국석탄장학회.

송태희 편, 1959, 건국 10년에 걸친 한국산업부흥사진연감, 정경민보사.

신동하, 2009, "백제 성주산 신앙과 성주사," 불교학연구 22, pp.75-122.

신병태, 1994, 광부: 그 묻혀진 얼굴, 호영.

신병현, 2003, "6, 70년대 산업화 과정에서 노동자들의 사회적 정체성에 영향을 미친 주요
　　　역사적 담론들," 산업노동연구 9(2), pp.307-351.

신성산업노동조합·신성산업개발합자회사, 1988, 단체협약서.

양승률, 1998, "김립지의 『성주사비』," 고대연구 6, pp.61-109.

오홍석, 1985, 취락지리학, 교학연구사.

원재훈, 2008, 참 따뜻한 사람: 그리운 마지막 개성상인, 송암 이회림 선생의 誠과 敬의
　　　　삶, 생각의나무.

윤성순, 1952, 한국광업지, 대한중석광업회사.

윤성하, 1984, "우리나라 석탄산업의 사양화와 탄광취락의 변모," 한국의 인구와 취락 연
　　　　구, 팔역 이지호 교수 정년퇴임 기념논집, pp.181-199.

윤택림 편, 2010, 구술사, 기억으로 쓰는 역사, 아르케.

윤택림·함한희, 2006, 새로운 역사 쓰기를 위한 구술사 연구방법론, 아르케.

은평구, 2011, 물빛고운동네 수색·증산, 은평구청 도시환경국 도시계획과.

이능화, 1918, 조선불교통사, 신문관.

이선향, 2002, "한국 산업화 과정(1961~1979)의 사회통제 양식," 담론201 5(1), pp.29-
　　　　65.

이한풍, 1985, 탄광조합이십년사, 대한탄광협동조합.

이헌창, 2006, 한국경제통사, 법문사.

임보영, 2008, "정부 산하기관의 기관변동에 관한 연구: 석탄산업합리화사업단 구조조정
　　　　사례를 중심으로," 행정논총(서울대 한국행정연구소) 46(2), pp.199-224.

임채성, 2007, "군파견단의 대한석탄공사 지원과 석탄산업의 부흥(1954.12~1957.8)," 동
　　　　방학지 139, pp.241-285.

자원개발연구소, 1980, 석탄자원조사보고서 2, 충남탄전(I) (성주지역).

장기홍, 1985, 한국지질론, 민음사.

전국경제인연합회 편, 1975, 한국경제정책 30년사, 사회사상사.

전종한, 2004, "사족집단의 사회관계망과 촌락권 형성과정: 오서산의 계거지 청라동을 사
　　　　례로," 문화역사지리 16(2), pp.36-52.

정 암, 1989, 사북지역의 광산취락에 관한 연구, 동국대학교 대학원 석사학위논문.

정 암, 1995, 광산취락의 공간구조에 관한 연구: 태백산지 일대를 중심으로, 동국대학교
　　　　대학원 박사학위논문.

정연수, 2010, 탄광촌 풍속 이야기, 북코리아.

정의목·김일기, 2000, "영월군의 광산취락에 관한 연구: 북면 마차리를 중심으로," 문화
　　　　역사지리 12(1), pp.77-97.

정헌주, 2004, "석탄산업과 탄광노동자계급의 성장과 쇠퇴," 지역사회학 5(2), pp.79-116.

조동성 외, 2003, 한국 자본주의의 개척자들, 월간조선사.

조성호·성동환, 2000, "신라말 구산선문 사찰의 입지 연구: 풍수적 측면을 중심으로," 한
　　　　국지역지리학회지 6(3), pp.53-81.

철도청, 1986, 한국철도요람집.

철도청, 1993, 한국철도요람집.

철암지역건축도시작업팀, 2002, 철암세상.

최 준, 1990, 한국신문사, 일조각.

한국광해관리공단, 2009, 2008년 광해통계연보.

한국동력자원연구소, 1981, 충남탄전 개발합리화 연구.

한국동력자원연구소, 1983, 탄전 개발합리화 연구: 성주터널 개설타당성 연구.

한국동력자원연구소, 1989, 석탄지질조사 연구.

한국석탄장학회, 1987, 한국석탄장학회사.

한국어사전편찬회, 1995, 국어대사전(상), 삼성문화사.

한글학회, 1977, 한국지명총람 4(충남편 상).

합동통신사, 1959~1968, 합동연감.

합동통신사, 1967, 현대한국인명사전, 합동연감 1967년판 별책.

합동통신사, 1969, 현대한국인명사전(인명·명부), 합동연감 1969년판 별책.

허흥식, 1984, 한국금석전문(고대), 아세아문화사.

허흥식, 1990, 고려불교사연구, 일조각.

홍경희, 1985, 촌락지리학, 법문사.

홍금수, 2004, "역사지역지리의 기초연구: 호서지방을 사례로," 문화역사지리 16(2), pp.1-35.

홍금수·지명인·황효진, 2011, "기억의 저편: 보령 성주리 탄광마을의 삶과 경관, 그리고 회상," 문화역사지리 23(2), pp.1-28.

홍사준, 1969, "백제오합사고," 고고미술 9(91), pp.473-475.

홍욱희 역, 2008, 20세기 환경의 역사, 에코리브르 (McNeill, J. R., 2000, *Something New Under The Sun: An Environmental History of the Twentieth-Century World*, W.W. Norton & Co.).

황수영, 1968a, "숭암산성주사사적," 고고미술 9(9), pp.24-27.

황수영, 1968b, "신라성주사 대낭혜화상백월보광탑의 조사," 고고미술 9(11), pp.464-468.

황수영, 1969, "김립지찬 신라성주사비," 문화재 4, pp.9-14.

황수영, 1974, "신라 성주사의 연혁," 불교미술 2, pp.1-4.

■ 논저(일본)

島村神兵衛, 1931, "地質說明書," 朝鮮地質圖 13: 靑陽大川里夫餘及藍浦圖幅, 朝鮮總督府
　　　地質調查所.

素木卓二, 1929a, "朝鮮に於ける石炭(其の一)," 朝鮮鑛業會誌 12(2), pp.51-61.

素木卓二, 1929b, "朝鮮に於ける石炭(其の二)," 朝鮮鑛業會誌 12(3), pp.121-152.

素木卓二, 1940, "三陟無煙炭々田調查報告," 朝鮮炭田調查報告 第十四卷(江原道三陟無煙
　　　炭々田), 朝鮮總督府燃料選鑛研究所.

臨時土地調查局 編, 1912, 朝鮮地誌資料(地名篇).

臨時土地調查局 編, 1918, 朝鮮地誌資料, 朝鮮總督府.

諸岡存・家入一雄, 1940, 朝鮮の茶と禪, 日本の茶道社.

朝鮮總督府, 1915, 鑛區一覽.

朝鮮總督府, 1932, 昭和五年 朝鮮國勢調查報告.

朝鮮總督府, 1935, 朝鮮鑛區一覽.

朝鮮總督府及所屬官署 職員錄

朝鮮總督府殖産局, 1929, 朝鮮の石炭鑛業.

朝鮮總督府殖産局鑛山課, 1943, 鑛區一覽.

朝鮮總督府地質調查所, 1921, 朝鮮鑛床調查報告 第九卷(忠淸南道).

中村資郎 編, 1941, 朝鮮銀行會社組合要錄, 東亞經濟時報社.

中村資郎 編, 1943, 朝鮮銀行會社組合要錄, 東亞經濟時報社.

川崎茂, 1974, "鑛山業と環境," 田辺健一・福井英夫・岡本次郎 編, 地理學と環境, 大明堂,
　　　pp.173-189.

■ 논저(서양)

Binns, T. and Nel, E., 2003, "The Village in a Game Park: Local Response to the Demise
　　　of Coal Mining in KwaZulu-Natal, South Africa," *Economic Geography* 79(1),
　　　pp.41-66.

Bradford, M. G. and Kent, W. A., 1977, *Human Geography: Theories and their applica-
　　　tions*, Oxford University Press.

Clements, D. W., 1977, "Recent Trends in the Geography of Coal," *Annals of the AAG*
　　　67(1), pp.109-125.

Deasy, G. F. and Griess, P. R., 1957, "Some New Maps of the Underground Bituminous
　　　Coal Mining Industry of Pennsylvania," *Annals of the AAG* 47(4), pp.336-349.

Earle, C. V., 1999, "Continuity or discontinuity - that is the question! *The Shaping of America* in the gilded age and progressive era," *Journal of Historical Geography* 25(1), pp.12-16.

Goudie, A., 1982, *The Human Impact: Man's Role in Environmental Change*, Cambridge, MA: The MIT Press.

Holdsworth, D. W., 1997, "Landscape and Archives as Texts," in *Understanding Ordinary Landscapes*, ed. P. Groth and T. W. Bressi, New Haven and London: Yale University Press, pp.44-55.

Hudson, R. and Sadler, D., 1990, "State Policies and the Changing Geography of the Coal Industry in the United Kingdom in the 1980s and 1990s," *Transactions of the Institute of British Geographers*, N.S., 15(4), pp.435-454.

Humphries, J., 1981, "Protective Legislation, the Capitalist State, and Working Class Men: The Case of the 1842 Mines Regulation Act," *Feminist Review 7*, pp.1-33.

Jakle, J. and Wilson, D., 1992, *Derelict Landscapes*, Rowman & Littlefield.

Langton, J., 1979, "Landowners and the development of coal mining in south-west Lancashire, 1590-1799," in *Change in the Countryside: Essays on Rural England, 1500-1900*, ed. H.S.A. Fox and R.A. Butlin, London: Institute of British Geographers, pp.123-144.

Lefebvre, H., 1991, *The Production of Space*, trans. D. Nicholson-Smith, Blackwell.

Lewis, P., 1979, "Axioms for Reading the Landscape: Some Guides to the American Scene," in *The Interpretation of Ordinary Landscapes*, ed. D. Meinig, New York: Oxford University Press, pp.11-32.

Lowenthal, D., 1961, "Geography, Experience, and Imagination: Towards a Geographical Epistemology," *Annals of the AAG* 51(3), pp.241-260.

Massey, D., 1995, "The Effects on Local Areas: Class and Gender Relations," in *Spatial Divisions of Labor: Social structures and the geography of production*, New York: Routledge, pp.187-225.

McBride, T., 1992, "Women's Work and Industrialization," in *The Industrial Revolution and Work in Nineteenth-Century Europe*, ed. L. R. Berlanstein, London and New York: Routledge, pp.63-80.

McDowell, L., 1999, *Gender, Identity, and Place: Understanding Feminist Geographies*, University of Minnesota Press.

Mitchell, D., 2010, "Battle/fields: Braceros, Agribusiness, and the Violent Reproduction of California Agricultural Landscape during World War II," *Journal of Historical Geography* 36, pp.143-156.

Robb, G. A., 1994, "Environmental consequences of Coal Mine Closure," *Geographical Journal* 160(1), pp.33-40.

Roberts, J. S., 1992, "Drink and Industrial Discipline in Nineteenth-Century Germany," in *The Industrial Revolution and Work in Nineteenth-Century Europe*, ed. L. R. Berlanstein, London and New York: Routledge, pp.102-124.

■ **웹사이트**

국가법령정보센터(http://www.law.go.kr)

국사편찬위원회 한국사데이터베이스(http://db.history.go.kr)

대천리조트(http://www.westopia.co.kr)

대한석탄공사(http://www.kocoal.or.kr)

마을미술프로젝트(http://www.maeulmisul.org)

보령시청(http://www.boryeong.chungnam.kr)

보령신문(http://charmnews.co.kr)

성주면(http://www.boryeong.chungnam.kr/ctnt/dong/sungj/00/sungji.00.000.jsp)

성주초등학교(http://www.seongzu.es.kr)

한국역대인물 종합정보시스템(http://people.aks.ac.kr)

한국자원정보서비스(http://www.komis.or.kr)

부록

■ 성주리 · 성주탄전 연표

연도	주요 사항
1914.03.01	• 남포군 북외면이 보령군 미산면으로 개편
1916.03.	• 川崎繁太郎 보령 일대 중생대 지층 조사
1926.	• 島村神兵衛 성주리 일대 지질계통 체계적 정리
1934.03.17	• 이민귀 외 1인 성주금광 광업권 등록
1947.12.27	• 장순각과 이석준 성주탄광 광업권 등록(등록번호 23828)
1950.11.01	• 대한석탄공사 발족
1951.05.	• 중소탄광 저탄 매입(성주탄 3,600톤)
1951.09.10	• 장순각의 광업권 장순희에게 증여
1951.11.	• 성주탄광 낙반사고로 7명 사망
1952.	• 성주탄광 탐탄 및 갱도굴진 보조금 2,900만 원
1952.01.24	• 원풍탄광 광업권 등록
1953.	• 탐탄 및 갱도굴진 보조금 137만 원
1953.05.27	• 성림탄광 광업권 등록
1954.	• 탐탄 및 갱도굴진 보조금 280만 원. ICA와 UNKRA의 지원
1955.06.04	• 심원탄광 광업권 등록
1955.08.19	• 영보탄광 광업권 등록
1956.03.21	• 성주탄광 낙반사고로 11명 사망
1960.04.11	• 옥마탄광 광업권 등록
1961.02.08	• 덕수탄광 광업권 등록
1961.04.11	• 정부 독일 Simens사와 광부 파견 각서 교환
1961.08.16	• 성주광업(주) 설립
1961.12.31	• 「석탄개발임시조치법」
1962.11.31	• 「광업개발조성법」에 의거 석공 추천으로 성주탄광 4,500만 원 융자

연도	주요 사항
1963.01.11	• 성주탄좌 지정. 11광구, 생산 규모 84만 톤, 자본금 1,000만 원, 가채 매장량 3,210만 5,000톤, 융자 1억 520만 원
1963.01.24	• 성주광업(주) 사명 성주탄좌개발(주)로 변경
1963.04.03	• 융자금 3,858만 원 지급. 경영관리 결함으로 개발 부진
1964.01.21	• 성주탄광 노무자 전면 파업
1964.04.06	• 한보탄광 광업권 등록
1964.12.17	• 제103차 경제장관회의에서 2년간 성주탄좌 공동관리 의결
1964.12.22	• 정부에서 성주탄좌 공동관리 지시
1964.	• 개화~옥마 전차갱 개통
1964.12.30	• 남포선(옥마선. 남포역~옥마역 4.5㎞) 개통. 옥마역사 준공
1965.01.06	• 성주탄좌개발(주) 공동관리협정 체결
1965.04.01	• 미산지서 성주파견소 설치
1965.04.	• 대한탄광(주)이 성주탄좌개발(주) 매입
1965.	• 대한탄광(주) 사택 건립
1965.04.16	• 개화국민학교 성주분실(3학급) 개실
1965.	• 금남여객자동차(주) 설립
1966.09.08	• 연탄 기근으로 가격폭등, 연탄파동
1967.02.	• 성주탄좌개발(주) 대표 유종 대통령 표창
1967.04.26	• 성주탄좌개발(주)로부터 6억 원 매도 의향 문서 접수
1967.05.29	• 석공 성주탄좌 매수 결의. 광업권 13개 및 광산시설 일체 4억 7,000만 원에 수의계약. 13광구, 면적 753만 2,775평, 탄질 5,100~5,199kcal, 매장량 6만 5,734톤, 가채량 1만 6,373톤, 연생산 48만 톤, 광산수명 20년
1967.06.29	• 성주탄좌 매수자금 융자 차입[한국산업은행, 4억 7,000만 원(2년 거치 10년 균등분할 상환]
1967.07.13	• 대한석탄공사 대한탄광 성주탄좌개발(주)의 13개 광구 매입
1967.07.21	• 석공 초대 성주광업소장 황민성 임명
1968.10.10	• 성주국민학교 개교(9학급)
1969.08.04	• 「석탄광업육성에 관한 임시조치법」
1971.01.08	• 옥마저탄장 토지매입 승인. 충남 도유림(대천 종축장) 대천읍 명천리 산 33-14번지 외 5필지 1만 6,530평, 매입금 335만 5,600원
1971.07.26	• 성주광업소 수해로 1만 382톤 유실. 오전 2시부터 7시까지 5시간 동안 326mm 집중호우로 저탄장과 중간저탄장 일부 유실

연도	주요 사항
1971.09.30	• 성주광업소 임무사업 폐지 영주 임무소(林務所)로 이관
1971.10.	• 영주 임무소 성주광업소 임무사업 인수. 채탄용 갱목 공급 임무소가 전담
1972.03.18	• 석공 성주 저질탄 생산 억제에 관해 대정부 건의
1972.05.02	• 성주선탄장 준공. 2,800만 원 투입, 연 54만 5,000톤 선탄 능력
1972.12.30	• 성주광업소 조광 고려
1973.01.13	• 성주 기본 경영방침 수립. 흑자경영체제로의 전환 위해 생산작업 완전 사외도급화, 생산량 10만 톤, 석탄수급 안정 위한 탄질 확보(6급탄 4,500kcal 이상만 인수), 인원(37명) 및 시설 극소체제, 시행일 1973.3.1, 기대효과(3억 9,268만 원 비용 절감)
1973.01.25	• 성주탄광 광부 600여 명 탄광 폐쇄하려는 본사방침에 항의 파업
1973.02.07	• 광업법 개정. 조광권 제도 신설
1973.03.20	• 성주 기본 운영방침 변경. 생산량 축소(10만 톤→4만 1,000톤), 개화구는 직영(3만 6,000톤), 백재(뱁재)구는 사외도급(5,000톤), 정원 200명, 시행일 1973.4.1
1973.06.18	• 성주 불하 결정. 불하 불가능할 시 위탁경영(조광)
1973.07.25	• 성주(27광구) 조광권 설정 결정. 광산 단위로 1인에게 일괄 조광. 조광기간 계약일로부터 3년
1973.07.31	• 성주 가행 중지. 탄층 불량, 광량부족, 원가압박
1973.08.03	• 신성산업개발(합) 설립등기
1973.10.06	• 제4차 중동전 발발, 제1차 석유파동
1973.12.17	• 성주광업소 조광권 설정
1973.12.22	• 신성산업개발(합) 정마수와 3년 조광 계약
1974.01.29	• 성주 조광 실시(~1977.1.29)
1974.	• 개화~옥마 전차갱 폐쇄
1974.10.24	• 저질탄광 40% 폐광 직면. 충남 보령 일대 열량미달 체크에 출하 기피. 석탄 품질 단속 강화하자 5년 이하 징역 등 두려워 채탄 및 출하 기피
1974.12.18	• 석탄장학회 창립총회
1974.12.20	• 성주광업소장을 1급으로 승격
1975.03.29	• 「석탄수급조정에 관한 임시조치법」
1975.05.17	• 성주광업소 조광권 해지. 광업법 46조 11에 정하는 바에 따라 상공부 장관에게 조광권 소멸 신청. 조광권 해지통고문이 조광권자에게 접수된 날부터 1개월 이상이 경과되는 1975.7.1 해지. 상공부로부터 조광권 설정 계약 해지 승인신청이 승인되어 석공이 인수 직영

연도	주요 사항
1975.05.30	• 성주 사외도급 조건 및 조광권자 요망사항 처리방침 결정 – 사외도급 조건: 현 하도급자 중 희망자 전원과 개별 사외도급 계약 체결. 기개설 갱도에 대해 계속작업권 인정. 석공의 작업계획에 부합하는 경우 신규 갱도 개설 승인. 계약기간 만료 후 우수업자 계속 작업 우선권 부여. 도급범위는 인건비 및 일부자재 – 조광권자 요망사항에 대한 방침: 기존업자 전원에 덕대계약 체결은 광업법 10조 2에 위배되어 불가. 신성산업과 단독 사외도급 계약 체결
1975.07.01	• 성주 직영으로 전환 결정
1975.12.31	• 성주광업소 조광운영 지속. 광업법 시행령이 제정되지 않아 상공부 장관의 직권 소멸이나 조광권자와의 합의 소멸이 불가능하므로 조광계약을 성실히 이행하겠다는 공증 각서를 제출하게 하여 직영 인수 방침 변경
1976.11.	• 광업권 연장 신청. 1952.2.21설정 1977.2.20자로 존속기간(25년) 만료되는 광구. 성주광업소(6광구), 연기신청(만료 3~6개월 전), 1976.12.16 연장 승인
1977.05.31	• 신성산업개발(합) 조광기간 5년 연장(~1982.1.29)
1977.06.21	• 근로자복지회관 개관(도비 1,200만 원)
1978.12.27	• 제2차 석유파동
1979.	• 석공 성주광업소 조광료율 14.5%에서 10%로 하향 조정
1979.03.05	• 성주우체국 개국
1979.07.27	• 성주출장소 설치
1979.08.05	• 집중호우로 인한 수해
1979.12.29	• 금남여객자동차(주) 보령군 버스운송사업권 대천여객자동차(주)에 매각
1981.	• 옥마 석탄 비축장 설치
1982.05.25	• 신성산업개발(합) 조광 연기. 조광기간 3년 연장(~1985.5.27)
1983.01.10	• 복지회관 개관(대통령 특별 지원금)
1983.02.	• 성주 일부 직영
1983.03.31	• 서천화력발전소 1호기 준공
1983.11.30	• 서천화력발전소 2호기 준공
1983.12.10	• 서천화력선 개통
1984.03.30	• 성주터널 착공
1984.08.	• 성주광업소 직영분 조광 편입 등록
1985.	• 석공 성주광업소 조광료율 10%에서 5%로 하향 조정

연도	주요 사항
1985.05.22	• 성주 조광 연장 시행. 조광권자가 안정된 상태에서 합리적인 심부개발 투자를 할 수 있도록 10년으로 연장하여 시행. 신성산업개발(合). 시행일 1985.5.27
1986.01.08	• 「석탄산업법」
1986.	• 먼지, 일산화탄소, 악취, 중금속 등의 공해 및 오염물 방제 위해 직할시 이상 학교, 병원, 관공서, 요식업소, 숙박업소, 일정 규모 이상의 신축 단독주택, 아파트 등에서 연탄 사용 금지
1986.04.01	• 성주출장소가 성주면으로 승격
1986.10.17	• 성주광업소 본관 준공
1987.04.03	• 석탄산업합리화사업단 발족
1987.08.17	• 신성, 영보, 대보, 원풍, 덕수 등의 탄광 대규모 노사 분규
1987.12.31	• 성주터널 준공
1988.03.17	• 신성산업개발(합) 단체협약서 작성
1988.12.	• 성주면사무소 현 성주리 191–1로 이전
1989.12.15	• 환경청 대도시오염 감소 위해 연탄사용 60만 가구 LNG 보일러 대체 계획 발표
1990.08.03	• 원풍탄광 광업권 소멸
1990.08.07	• 성주광업소 1990년도 정부의 폐광대책비 지원대상 탄광으로 선정
1990.08.17	• 조광권자 신성산업개발(합) 조광 소멸 동의 신청
1990.09.30	• 조광권 소멸 동자부 승인
1990.10.26	• 성주광업소를 화순 성주지소로 직제 개정
1990.11.06	• 화순 성주지소 폐소
1990.11.16	• 석공 성주광업소 신성산업 광업권 소멸
1991.08.05	• 석공 성주광업소 신성산업 광해방지 사업
1991.12.21	• 경원탄광(구 덕수탄광) 광업권 소멸
1992.	• 폐광 냉풍유도터널 활용 버섯 재배 방법 특허 취득
1992.11.30	• 성림탄광 광업권 소멸
1993.03.11	• 석공 성주광업소 신성산업 산림복구사업
1993.08.31	• 합리화 폐광 13개 광구(2,562ha) 광업권 취소 처분
1994.10.28	• 심원탄광 광업권 소멸
1995.05.18	• 보령석탄박물관 개관
1995.12.11	• 성주세아아파트 준공(성주리 194–2). 연면적 5,992㎡, 1동 10층 72호

연도	주요 사항
1999.(?)	• 신홍식 회장 타계
2000.10.09	• 보령지역 폐광지역진흥지구로 지정
2004.12.01	• 연립주택(성주리 227-1). 연면적 1,458㎡, 1동 16호
2005.02.22	• 장순희 사장 타계
2006.06.01	• 석탄산업합리화사업단 해산, 광해방지사업단으로 계승
2007.12.	• 대천리조트 관광개발사업 콘도 및 부대시설 공사 착공
2008.	• 청라터널 공사 착공
2008.06.29	• 광해방지사업단 한국광해관리공단으로 개칭
2009.12.28	• 남포선 폐선, 옥마역 폐쇄
2010.	• 석공 성주광업소 건물 철거
2011.	• 마을미술 프로젝트
2011.12.26	• 성주탄광아파트 건설 사업 기공식

자료: 대한석탄공사 사사편찬실, 2001, 『대한석탄공사 50년사』 제작을 위한 기초 연표 자료; 필자 수집 자료.

■ 석탄개발임시조치법

(법률 제936호, 1961.12.31 제정, 1962.1.1 시행)

제1장 총칙

제1조(목적) 본법은 석탄광산의 효율적인 경영과 투자를 촉진함으로써 석탄광산의 종합적인 개발을 도모함을 목적으로 한다.

제2조(정의) 본법에서 사용하는 용어의 정의는 다음과 같다.

  1. 광업권이라 함은 광종이 석탄인 광업권을 말한다.

  2. 개발탄좌(이하 탄좌라 한다)라 함은 제14조 및 제15조의 규정에 의하여 상공부장관이 설정한 구역 내의 석탄광구의 집합체를 말한다.

  3. 광업권자라 함은 광종이 석탄인 광업권을 가진 자를 말한다.

  4. 개발회사라 함은 개발탄좌(기개발탄좌를 포함한다)를 개발하는 회사를 말한다.

제3조(행위의 효력) 본법의 규정에 의하여 행한 처분 또는 절차 기타의 행위는 광업권자, 토지소유자, 이해관계인 및 이들의 승계인에 대하여도 효력이 있다.

제2장 석탄개발위원회

제4조(설치) 석탄개발에 관하여 상공부장관의 자문에 응하게 하기 위하여 상공부에 석탄개발위원회(이하 위원회라 한다)를 둔다.

제5조(기능) 위원회는 다음 각 호의 사항을 심의한다.

  1. 탄좌의 설정에 관한 사항

  2. 탄좌별 석탄개발계획에 관한 사항

  3. 탄좌개발회사의 자금계획과 자금의 기준에 관한 사항

  4. 광업권과 시설의 평가와 주식 또는 광업권(시설을 포함함) 양도에 관한 사항

  5. 본법의 규정에 의한 석탄개발에서 생기는 분쟁의 조정 및 손실보상에 관한 사항

  6. 탄좌 내의 계속작업승인에 관한 사항

  7. 재투자지시에 관한 사항

  8. 기타 상공부장관이 필요하다고 인정하는 사항

제6조(구성)

  ① 위원회는 다음 각 호의 자로써 구성한다.

336 탄광의 기억과 풍경

1. 상공부차관

2. 대한석탄공사 총재

3. 탄광업계에서 추천하는 자 1인

4. 탄좌개발회사(기존개발탄좌의 광업권자를 포함한다)가 호천하는 자 2인

5. 지질학계에서 추천하는 자 1인

6. 국민경제에 관한 학식과 경험이 풍부한 자 중 경제기획원장이 추천하는 자 1인

7. 석탄광업에 관한 학식과 경험이 풍부한 자 중 광업계에서 추천하는 자 2인

② 전항의 규정에 의한 탄광업계, 지질학계, 광업계의 위원의 추천에 관하여는 각령으로 정한다.

제7조(위원의 위촉과 임기 등)

① 위원회의 위원은 상공부장관이 위촉한다.

② 전조 제3호 내지 제7호의 규정에 의한 위원의 임기는 2년으로 하되 연임할 수 있다.

③ 위원의 보수에 관한 사항은 각령으로 정한다.

제8조(위원의 결격사유) 다음 각 호의 1에 해당하는 자는 위원이 될 수 없다.

1. 대한민국국민이 아닌 자

2. 국가공무원법 제8조 각 호의 1에 해당하는 자

3. 정권에 소속된 자

제 9조(의장)

① 위원회회의의 의장은 상공부차관인 위원이 된다.

② 의장이 사고가 있을 때에는 대한석탄공사의 총재인 위원이 그 직무를 대행한다.

제10조(회의의 소집 등)

① 위원회의 회의는 의장이 이를 소집한다.

② 위원회의 회의는 위원 3분의 2 이상의 출석과 출석위원 과반수의 찬성으로써 의결한다.

③ 의장은 표결권을 가지며 가부동수인 때에는 결정권을 가진다.

제11조(위원회의 실지조사권)

① 위원회는 의안의 심의를 위하여 필요하다고 인정할 때에는 광구를 실지조사하거나 광업권자에게 필요한 서류의 제출을 요구할 수 있다.

② 위원회는 필요하다고 인정할 때에는 전항의 규정에 의한 조사를 상공부장관에게 요청할 수 있다.

제12조(간사 및 서기)

① 위원회에 위원회의 서무를 담당하게 하기 위하여 간사 1인 및 서기 약간인을 둘 수

있다.

② 간사 및 서기는 상공부 소속 공무원 중에서 상공부장관이 위촉한다.

제13조(위원의 의무) 위원, 직원 또는 위원이나 직원이었던 자는 직무상 지득한 비밀을 누설 또는 이용하여서는 아니된다.

제3장 탄좌와 탄좌개발회사

제14조(탄좌의 설정)

① 상공부장관은 석탄의 합리적인 개발을 위하여 필요하다고 인정할 때에는 지형, 지질, 매장량과 채광, 운반 및 송전조건을 고려하여 연간 30만 톤 이상의 석탄을 생산할 수 있다고 인정되는 지역 내의 광구의 집합체를 개발탄좌로 하여 이를 설정할 수 있다.

② 상공부장관이 전항의 규정에 의하여 탄좌를 설정하였을 때에는 지체 없이 이를 공고하여야 한다.

제15조(기개발탄좌의 설정)

① 본법시행 당시의 광업권자가 상당한 광업시설을 보유하고 본법 시행 후 상공부장관이 위원회의 심의를 거쳐 정한 양의 석탄을 2년 이내에 생산할 수 있다고 인정되는 기개발탄광은 개발탄좌의 설정에 지장이 없는 범위 내에서 이를 기개발탄좌로 설정할 수 있다.

② 기개발탄좌에 대하여는 제16조, 제17조의 규정은 이를 적용하지 아니한다.

제16조(탄좌개발회사의 설립)

① 탄좌가 설정되었을 경우에는 개발탄좌를 구성하는 광구의 광업권자는 탄좌설정의 공고가 있은 날로부터 5월 이내에 광업권자의 결의로써 탄좌개발주식회사를 설립하여야 한다.

② 전항의 규정에 의한 결의에 참가한 광업권자는 개발회사설립의 발기인이 된다.

③ 개발회사에는 당해 탄좌를 구성하는 광구의 광업권자이외의 자의 출자를 하게 할 수 있다.

제17조(개발회사의 자본금 등)

① 개발회사의 자본의 총액은 상공부장관이 정한다.

② 개발회사를 설립하는 경우 탄좌 내의 광업권은 현물출자로 하여야 하며 그 광업권자는 금전출자에 있어서 우선권을 가진다.

제18조(광업권과 시설의 평가) 탄좌 내의 광업권과 시설의 평가방법 및 기준은 각령으로 정한다.

제19조(조광권) 탄좌 내의 광업권자가 제16조 제1항의 규정에 의한 개발회사설립을 원하지 아니하는 경우에는 그 광업권에 대하여 개발회사는 조광권을 설정할 수 있다.

제20조(조광권의 존속기간) 조광권의 존속기간은 그 광업권의 존속기간과 같다.

제21조(조광료 등) 조광료 기타 조광권의 설정에 관하여 필요한 사항은 각령으로 정한다.

제22조(조광권자의 권리의무) 조광권자는 그 광업권에 대하여 광업법상의 권리와 의무를 가진다.

제23조(광업권의 국유화)

① 탄좌 내의 광업권자가 제16조 제1항의 규정에 의한 개발회사의 설립 또는 제19조의 규정에 의한 조광권의 설정을 원하지 아니한 때에는 그 광업권은 국유로 한다.

② 전항의 규정에 의한 광업권의 국유화 절차에 관한 사항은 각령으로 정한다.

③ 제1항의 규정에 의하여 광업권을 국유로 할 때에는 그 광업권에 따르는 광업시설도 이를 국유로 하여야 한다.

제24조(탄좌 내의 계속작업)

① 개발회사에 속하는 광구 또는 제28조 제2항의 규정에 의하여 대한석탄공사가 개발하게 된 광구 내의 종전의 개발작업에 대하여는 상공부장관이 석탄개발종합계획상 지장이 없고 광리보호상 필요하다고 인정하여 갱과 작업조건 및 기타 필요한 사항을 지정하고 계속작업을 승인할 수 있다.

② 전항의 규정에 의하여 계속작업의 승인을 얻은 자는 그 승인된 범위 내에서 광업법상의 권리와 의무를 가진다.

제25조(보상)

① 상공부장관은 제23조의 규정에 의하여 광업권 및 광업시설을 국유로 하고자 할 때에는 상당한 보상금을 지급하여야 한다.

② 상공부장관은 보상금의 지급에 관하여는 미리 당해 광업권자와 협의하여야 한다.

③ 상공부장관은 전항의 규정에 의한 협의를 할 수 없거나 협의가 성립되지 아니할 때에는 광업법 제73조의 규정에 의한 광업조정위원회의 재정을 신청할 수 있다.

제26조(보상금의 공탁) 상공부장관은 광업권자가 전조의 규정에 의한 광업권과 시설에 대한 보상금을 수령할 수 없거나 또는 수령을 거부한 경우에는 이를 공탁할 수 있다.

제27조(광업권의 이전등록) 상공부장관은 제25조, 제26조의 규정에 의하여 보상금을 지급하였거나 또는 공탁이 있는 때에는 각령의 정하는 바에 의하여 광업권의 이전등록을 한다.

제28조(국유화된 광업권의 개발)

① 상공부장관은 제23조 제1항의 규정에 의하여 탄좌의 일부 광업권이 국유로 되었을

때에는 광업권을 제17조 제2항의 규정에 의하여 당해 광구가 소재하는 탄좌의 개발회사설립에 이를 현물출자하여야 한다.

② 제23조의 규정에 의하여 광업권의 전부가 국유로 되었을 경우에는 그 탄좌는 대한석탄공사로 하여금 개발하게 하여야 한다.

③ 제1항의 규정에 의한 개발회사가 설립된 후 적당한 시기에 정부소유주는 당해 회사의 민간주주에 우선매도할 수 있다.

제4장 지도와 감독

제29조(사업계획서의 승인)

① 개발회사는 각령의 정하는 바에 의하여 매연도의 석탄개발계획서를 작성하여 당해 연도 개시 2월 전에 상공부장관에게 제출하여 그 승인을 받아야 한다. 개발계획서를 변경할 때에도 또한 같다.

② 상공부장관은 필요하다고 인정할 때에는 석탄개발계획서의 수정이나 변경을 명할 수 있다.

제30조(재투자지시) 상공부장관은 개발회사에 대하여 심부채탄을 위한 연차투자액을 책정하고 그 회사의 이익금 중에서 이를 적립하게 할 수 있다.

제31조(개발의 조성) 상공부장관은 탄좌의 개발을 위하여 필요하다고 인정할 때에는 다음 각 호의 조성을 하여야 한다.

1. 수송 및 송전시설
2. 시추 및 탐탄조사
3. 개발자금의 장기융자
4. 기술 및 경영의 지도
5. 탄광시설을 위한 외국으로부터의 차관에 대한 정부보증

제32조(공과금의 면제) 개발회사에 대하여는 그 설립일로부터 5년간 법인세, 영업세와 소득세를 면제한다.

제33조(감독)

① 상공부장관은 개발회사에 대하여 생산, 시설 기타 석탄의 개발에 관하여 필요한 기술적인 지도와 감독을 할 수 있다.

② 상공부장관은 필요하다고 인정할 때에는 개발회사에 대하여 필요한 서류의 제출 또는 보고를 하게 하거나 소속 공무원으로 하여금 필요한 사항을 검사하게 할 수 있다.

③ 전항의 규정에 의하여 검사를 하는 공무원은 그 권한을 표시하는 증표를 휴대하고 관

계인에게 제시하여야 한다.

제5장 잡칙

제34조(양도와 담보의 제한) 개발회사의 광업권 기타 시설은 상공부장관의 승인을 받지
아니하고는 이를 양도하거나 담보의 목적으로 할 수 없다.

제35조(분쟁의 재정) 본법 또는 본법의 규정에 의하여 발하는 명령이나 처분에 불복이 있
는 자는 광업법 제73조의 규정에 의한 광업조정위원회에 재정을 신청할 수 있다.

제6장 벌칙

제36조(벌칙) 개발회사의 대표자 또는 그 직무를 대행한 자가 다음 각 호의 1에 해당한 때
에는 1년 이하의 징역 또는 50만 환 이하의 벌금에 처한다.

1. 제24조 제1항의 규정에 의한 승인 없이 작업한 자
2. 제29조 제1항의 규정에 의한 석탄개발계획서를 제출하지 아니하거나 승인 없이 변
경하였을 때
3. 제29조 제2항 및 제30조의 규정에 의한 명령 또는 지시에 위반한 때
4. 제11조 제1항 또는 제33조 제2항의 규정에 의한 실지조사나 검사를 거부, 방해
또는 기피한 때
5. 제33조 제2항의 규정에 의한 보고에 있어서 허위의 보고를 한 때
6. 제34조의 규정에 위반한 때

부칙(제936호, 1961.12.31)

본법은 서기 1962년 1월 1일부터 시행한다.

■ 석탄광업육성에 관한 임시조치법

(법률 제2236호, 1969.8.4 제정, 1970.1.1 시행)

제1조(목적) 이 법은 석탄광업을 합리화하고 석탄수요의 확보·유통의 원활화 및 고용의 안정을 기하기 위한 종합적인 시책을 강구하여 석탄광업의 안정성장을 도모함으로써 국민경제의 발전에 기여함을 목적으로 한다.

제2조(석탄광업조성심의회의 설치) 이 법의 규정에 의하여 그 권한에 속하는 사항을 조사심의하는 외에 상공부장관의 자문에 응하여 석탄광업의 합리화와 안정성장에 관련되는 중요사항을 조사심의하게 하기 위하여 상공부에 석탄광업조성심의회를 둔다.

제3조(심의회의 조직 등)

① 석탄광업조성심의회(이하 심의회라 한다)는 위원장 1인과 위원 16인 이내로 구성한다.

② 전문적인 사항을 조사하기 위하여 심의회에 조사위원을 둘 수 있다.

③ 위원 또는 조사위원은 관계기관의 공무원 또는 석탄광업에 관한 학식과 경험이 있는 자 중에서 상공부장관이 임명 또는 위촉한다.

④ 위원 및 조사위원은 비상근으로 한다.

⑤ 심의회의 운영 기타 필요한 사항은 대통령령으로 정한다.

제4조(석탄자원장기개발계획)

① 상공부장관은 심의회의 의견을 듣고 석탄광업의 안정성장을 위한 장기적이며 종합적인 개발계획을 수립하여야 한다.

② 전항의 장기개발계획에는 다음 사항을 정하여야 한다.

  1. 석탄자원개발정책의 목표
  2. 석탄의 생산수량에 관한 사항
  3. 석탄광산시설의 근대화에 관한 사항
  4. 광구조정에 관한 사항
  5. 석탄수요확보에 관한 사항
  6. 석탄의 유통원활화에 관한 사항
  7. 석탄광산의 보안확보대책에 관한 사항
  8. 탄광이직자대책에 관한 사항
  9. 석탄의 열효율의 향상을 위한 연구대책에 관한 사항
  10. 기타 석탄광업의 합리화와 안정성장을 위하여 필요한 사항

③ 전항의 규정에 의한 장기개발계획은 석탄개발임시조치법의 규정에 의하여 설정된 탄좌에 대한 개발계획이 우선되어야 한다.

④ 상공부장관은 제2항의 규정에 의한 장기개발계획이 수립된 때에는 국무회의에 보고하고, 이를 공고하여야 한다.

제5조(연차실행계획) 상공부장관은 심의회의 의견을 듣고 전조의 규정에 의한 석탄자원장기개발계획에 의거하여 매연도 석탄자원개발실행계획을 연도개시 1월 전까지 수립하여야 한다.

제6조(조성사업의 재원) 국가는 석탄광업의 안정성장을 위한 조성사업비로 매연도 방카씨유에 대한 석유류세의 세입예상액에 상당하는 금액 이상을 세출예산에 계상하여야 한다.

제7조(조성사업비의 용도) 전조의 규정에 의한 세입예상액은 다음 각 호의 용도에 따라 세출예산에 계상한다.

1. 탄광시설의 근대화자금 및 운영자금에 대한 융자금
2. 석탄의 원거리수송에 대한 수송비 보조
3. 석탄의 해상수송에 대한 수송비 보조
4. 산업용탄(발전용탄을 포함한다)의 대량 소비처에 대한 가격 보조
5. 탄광의 탐부개발을 위한 견갱시설비 보조
6. 대한석탄공사가 민영탄광을 매입할 때에 소요되는 자금의 일부 보조
7. 석탄의 이용 및 열효율 향상에 관한 연구기관에 대한 연구비 보조
8. 석탄광업의 육성을 위하여 필요한 사업으로서 대통령령으로 정하는 사업에 대한 융자금
9. 기타 대통령령으로 정하는 조성사업에 대한 보조

제8조(민영탄광에 대한 융자)

① 이 법에 의한 재정자금은 민영탄광개발을 위하여 융자하고자 할 때에는 대한광업진흥공사로 하여금 이를 취급하게 한다.

② 전항의 규정에 의하여 대한광업진흥공사가 취급하는 재정자금의 융자금에 관하여는 대한광업진흥공사법 제22조·제23조·제24조 및 제25조의 규정을 적용한다.

제9조(목적 외 사용금지) 이 법의 규정에 의하여 융자된 재정자금의 상환금은 이 법에서 규정한 목적 외에는 사용할 수 없다.

제10조(광업권양도의 권고 등) 상공부장관은 석탄광산의 광상의 상태·지질상태, 기타 자연조건 및 입지조건 등에 관하여 조사를 한 결과 그 광산이 개발가치가 있다고 인정되는 광산으로서 그 광업권자가 개발능력이 없어 상당한 기간 휴업을 하고 있거나 또는

개발상태가 부진한 광산을 제3자로 하여금 개발하게 함으로써 탄광개발이 촉진된다고 인정되는 광산이나, 인접광구의 광산으로서 이를 통합하여 개발하는 것이 현저하게 합리적이라고 인정되는 광산에 대하여는 광업권의 양도 또는 광업법 제31조의 규정에 의한 굴진증구의 출원에 관하여 제3자 또는 굴진증구를 출원하고자 하는 자에게 당해 광업권자에게 대하여 협의할 것을 권고할 수 있다.

제11조(재결의 신청)

① 전조의 규정에 의한 협의를 할 수 없거나, 협의가 성립되지 아니한 때에는 당사자는 상공부장관에게 재결을 신청할 수 있다.

② 전항의 규정에 의한 재결을 신청할 때에는 전조의 규정에 의한 협의의 경과를 기재한 서류, 기타 대통령령으로 정하는 서류를 제출하여야 한다.

제12조(의견서의 제출)

① 상공부장관은 전조의 규정에 의한 재결의 신청이 있을 때에는 당해 광업권자 및 당해 광업권에 관하여 등록상 이해관계를 가진 제3자에게 통지하여 30일 이상의 기간을 정하여 의견서를 제출할 기회를 주어야 한다.

② 상공부장관은 전조의 기간이 경과한 후가 아니면 재결을 할 수 없다.

제13조(재결)

① 상공부장관은 제11조의 규정에 의한 신청에 대하여 재결을 할 때에는 다음에 게기하는 사항을 정하여 재결을 한다.

1. 광구소재지
2. 광업권의 등록번호
3. 광업권자의 주소·성명
4. 광업권의 양도의 경우에는 그 양도의 시기, 굴진증구의 경우에는 광업권변경의 시기 및 내용
5. 대가와 그 지불시기 및 방법

② 상공부장관은 전항의 재결을 하고자 할 때에는 심의회의 의견을 들어야 한다.

③ 제1항의 재결은 문서로써 하며, 그 이유를 기재하여야 한다.

④ 상공부장관은 제1항의 규정에 의한 재결을 하였을 때에는 재결서의 등본을 당사자에게 교부하여야 한다.

제14조(처분의 금지) 광업권자는 제12조 제1항의 규정에 의한 통지를 받은 때에는 제11조의 규정에 의한 신청을 거부하는 결정이 있을 때까지, 또는 제15조의 규정에 의한 광업권의 이전이나 변경의 등록이 있을 때까지 당해 광업권을 양도하거나 변경할 수 없다.

제15조(재결의 효력)

① 제13조 제1항의 규정에 의한 재결이 있은 때에는 당사자 간에 광업권의 양도 또는 굴진증구 출원에 관하여 협의가 성립된 것으로 본다.

② 전항의 규정에 의하여 협의가 성립된 것으로 보는 경우에 대가를 지불할 자가 대가의 전부를 지불하였거나, 또는 공탁을 하였을 때에는 상공부장관은 그 광업권의 이전등록 또는 굴진증구 출원에 대한 광업권설정의 허가 및 등록을 하고, 이를 당사자에게 통지하여야 한다.

제16조(타인광구의 사용)

① 광업권자는 광상의 위치형장이 인접하는 타인의 광구로부터 굴진하지 아니하고는 그 광상을 합리적으로 개발하기 곤란하다고 인정되는 경우에는 그 인접광구의 사용에 관하여 인접광구의 광업권자와 협의를 할 수 있다.

② 광업권자는 전항의 규정에 의한 협의를 할 수 없거나, 또는 협의가 성립되지 아니한 때에는 인접 광구의 사용에 관하여 상공부장관의 재결을 신청할 수 있다.

③ 전항의 규정에 의한 신청이 있은 때에는 상공부장관은 인접광구의 작업상 지장유무를 조사한 후 심의회의 의견을 듣고 인접광구의 사용에 관하여 재결을 한다.

④ 전항의 규정에 의한 재결에는 광구사용에 관하여 위치와 면적을 지정하여야 한다.

⑤ 제3항의 규정에 의한 재결이 있은 때에는 인접광구의 광업권자는 광구사용을 방해하여서는 아니 된다.

제17조(지도와 감독)

① 상공부장관은 이 법의 규정에 의한 피융자자 또는 피보조자에 대하여는 피융자 사업 또는 피보조 사업에 관하여 기술상 또는 경영상의 지도와 감독을 할 수 있다.

② 상공부장관은 필요하다고 인정할 때에는 피융자자 또는 피보조자에 대하여 필요한 서류의 제출 또는 보고를 하게 하거나 소속 공무원으로 하여금 필요한 사항을 조사하게 할 수 있다.

③ 전항의 규정에 의한 조사를 하는 공무원은 그 권한을 표시하는 증표를 휴대하고 관계인에게 제시하여야 한다.

제18조(벌칙) 다음 각 호의 1에 해당하는 자는 5만 원 이하의 벌금에 처한다.

1. 제17조 제2항의 규정에 의한 서류의 제출 또는 보고를 하지 아니하거나, 허위의 보고를 한 자

2. 제17조 제2항의 규정에 의한 조사에 응하지 아니하거나, 조사를 방해한 자

제19조(시행령) 이 법 시행에 관하여 필요한 사항은 대통령령으로 정한다.

■ 석탄수급조정에 관한 임시조치법

(법률 제2746호, 1975.3.29 제정, 1975.3.29 시행)

제1조(목적) 이 법은 석탄 및 석탄가공제품의 수급을 조정함으로써 국민생활의 안정을 도
　　모함을 목적으로 한다.

제2조(정의) 이 법에서 "석탄가공제품"이라 함은 석탄을 주원료로 하여 가공된 제품으로
　　서 상공부령이 정하는 것을 말한다.

제3조(석탄 등의 수급조정을 위한 조치) 상공부장관은 석탄 및 석탄가공제품의 수급에 중
　　대한 지장을 초래할 우려가 있다고 인정할 때에는 국민생활의 안정을 도모하기 위하
　　여 대통령령이 정하는 바에 따라 다음 각 호의 조치를 할 수 있다.

　　1. 석탄의 생산 또는 석탄가공제품의 종류의 제한과 생산량에 관한 사항

　　2. 석탄 및 석탄가공제품의 판매에 관하여 지역적 또는 계절적으로 수량을 조정하는
　　　사항

　　3. 석탄 및 석탄가공제품의 매점매석의 방지에 관한 사항

　　4. 석탄 및 석탄가공제품의 사용제한에 관한 사항

　　5. 석탄 및 석탄가공제품의 품질관리에 관한 사항

　　6. 기타 대통령령으로 정하는 사항

제4조(기금의 설치)

　　① 정부는 석탄수급의 조절에 필요한 저탄자금의 재원을 확보하기 위하여 기금(이하 저
　　　탄기금이라 한다)을 설치한다.

　　② 저탄기금은 200억 원으로 한다.

　　③ 저탄기금의 관리기관·지원대상·감독 및 기타 필요한 사항은 대통령령으로 정한다.

제5조(석탄가공업의 허가)

　　① 석탄가공업(이하 가공업이라 한다)을 하고자 하는 자는 상공부장관의 허가를 받아야
　　　한다. 허가 내용 중 상공부령이 정하는 사항을 변경하고자 할 때에도 또한 같다.

　　② 제1항의 규정에 의한 허가의 기준과 절차에 관하여 필요한 사항은 대통령령으로 정
　　　한다.

제6조(판매업의 등록)

　　① 석탄가공제품의 판매업(이하 판매업이라 한다)을 하고자 하는 자는 서울특별시장·부
　　　산시장 또는 도지사(이하 도지사라 한다)에게 등록을 하여야 한다.

　　② 제1항의 규정에 의한 등록에 관한 기준과 절차는 상공부령으로 정한다.

제7조(허가 또는 등록의 제한)

① 다음 각 호의 1에 해당하는 자는 가공업의 허가를 받을 수 없다.

　1. 이 법에 위반하여 벌금 이상의 형을 받고 그 집행이 종료되거나 집행을 받지 아니하기로 확정된 후 2년이 경과되지 아니한 자

　2. 제13조 제1항의 규정에 의하여 가공업의 허가가 취소된 후 2년이 경과되지 아니한 자

　3. 임원 중 제1호 또는 제2호에 해당하는 자가 있는 법인

② 다음 각 호의 1에 해당하는 자는 판매업의 등록을 할 수 없다.

　1. 제1항 제1호 또는 제3호에 해당하는 자

　2. 제13조 제2항의 규정에 의하여 판매업의 등록이 취소된 후 2년이 경과되지 아니한 자

제8조(승계)

① 가공업자가 그 가공업의 전부를 양도하거나 사망하거나 가공업자의 합병이 있는 때에는 그 가공업의 전부를 양도받은 자, 상속인 또는 합병 후 존속하는 법인이나 합병에 의하여 설립되는 법인은 그 가공업자의 지위를 승계한다. 다만 그 가공업의 전부를 양도받은 자, 상속인 또는 합병 후 존속하는 법인이나 합병에 의하여 설립된 법인이 제7조 제1항에 해당하는 때에는 그러하지 아니 하다.

② 제1항의 규정은 판매업자에 관하여 이를 준용한다. 이 경우에 "가공업자"는 "판매업자"로, "가공업"은 그 "판매업"으로 "제7조 제1항"은 "제7조 제2항"으로 한다.

제9조(신고)

① 가공업자가 그 가공업의 전부나 일부를 휴지 또는 폐지하고자 할 때에는 상공부령이 정하는 바에 의하여 미리 상공부장관에 신고하여야 한다. 휴지한 사업을 재개하고자 할 때에도 또한 같다.

② 제8조 제1항의 규정에 의하여 가공업자의 지위를 승계한 자는 상공부령이 정하는 바에 의하여 그 승계한 사실을 상공부장관에게 신고하여야 한다.

③ 제1항의 규정은 판매업자에게 제2항의 규정은 제8조 제2항의 규정에 의하여 판매업자의 지위를 승계한 자에게 이를 준용한다. 이 경우에 "가공업자"는 "판매업자"로, "가공업"은 "판매업"으로, "상공부장관"은 "도지사"로 한다.

제10조(장부의 비치) 석탄생산업자·가공업자 또는 판매업자는 상공부령이 정하는 업무에 관한 장부를 비치하여야 한다.

제11조(보고·검사 등)

① 상공부장관 또는 도지사는 이 법의 시행을 위하여 필요한 때에는 석탄생산업자·가공

업자 또는 판매업자에게 그 업무에 관한 보고나 서류의 제출을 명할 수 있다.

② 상공부장관 또는 도지사는 이 법의 시행을 위하여 필요한 때에는 그 소속 공무원으로 하여금 석탄생산업자·가공업자·판매업자 또는 사용자의 사무소·공장·사업장이나 창고에서 석탄·석탄가공제품·장부·서류 및 기타의 물건을 검사하게 할 수 있다.

③ 제2항의 규정에 의한 검사를 하는 공무원은 그 권한을 표시하는 증표를 관계인에게 제시하여야 한다.

제12조(품질유지)

① 석탄생산업자 또는 가공업자는 판매를 목적으로 석탄 및 석탄가공제품의 품질을 저하하거나 저하시켜 판매하여서는 아니된다.

② 제1항의 품질의 기준과 품질검사방법은 상공부령으로 정한다.

제13조(허가 등의 취소와 업무의 정지명령)

① 상공부장관은 가공업자가 다음 각 호의 1에 해당할 때에는 그 허가를 취소하거나 6월 이내의 기간을 정하여 그 가공업의 정지를 명할 수 있다.

　1. 제3조의 규정에 의한 조치에 위반한 자

　2. 제5조 제2항의 규정에 의한 허가기준에 적합하지 아니하게 된 때

　3. 제9조의 규정에 의한 신고를 하지 아니하거나 허위의 신고를 한 때

　4. 제10조의 규정에 의한 장부를 비치하지 아니하거나 장부에 허위의 사항을 기재한 때

　5. 제11조 제1항의 규정에 의한 보고나 서류의 제출을 하지 아니하거나 또는 허위의 보고나 허위 서류의 제출을 한 때

　6. 제12조의 규정에 위반하여 판매를 목적으로 석탄 및 석탄가공제품의 품질을 저하시키거나 저하시켜 판매한 때

　7. 부정한 방법으로 허가를 받은 때

② 도지사는 판매업자가 다음 각 호의 1에 해당할 때에는 그 등록을 취소하거나 6월 이내의 기간을 정하여 그 판매업의 정지를 명할 수 있다.

　1. 제1항 제1호 또는 제3호 내지 제5호의 1에 해당한 때

　2. 제5조 제2항의 규정에 의한 등록기준에 적합하지 아니하게 된 때

　3. 부정한 방법으로 등록을 한 때

제14조(권한의 위임)

① 상공부장관은 대통령령이 정하는 바에 의하여 이 법에 의한 그 권한의 일부를 도지사에 위임할 수 있다.

② 도지사는 상공부장관의 승인을 얻어 제1항의 규정에 의하여 위임받은 권한의 일부

및 이 법에 의한 그 권한의 일부를 구청장·시장 또는 군수에게 위임할 수 있다.

제15조(다른 법령에 의한 허가의 취소 등) 다른 법령의 규정에 의하여 허가·인가·등록·면허 및 신고(이하 허가 등이라 한다) 중 대통령령으로 정하는 허가·인가·등록·면허 및 신고를 받은 개인 또는 법인이 제3조의 규정에 의한 조치에 위반한 때에는 상공부장관의 요청에 의하여 그 허가 등을 행한 행정청은 당해 법령의 규정에 불구하고 이를 취소하거나 6월 이내의 기간을 정하여 그 영업의 정지를 명할 수 있다.

제16조(벌칙)

① 다음 각 호의 1에 해당하는 자는 1년 이하의 징역 또는 100만 원 이하의 벌금에 처한다.

  1. 제3조의 규정에 의한 조치에 위반한 자

  2. 제5조 제1항의 규정에 의한 허가를 받지 아니하고 가공업을 하거나 제6조 제1항의 규정에 의한 등록을 하지 아니하고 판매업을 한 자

  3. 제11조 제2항의 규정에 의한 검사를 거부, 방해 또는 기피한 자

  4. 제12조의 규정에 위반하여 판매를 목적으로 석탄 및 석탄가공제품의 품질을 저하시키거나 저하시켜 판매한 자

  5. 제13조의 규정에 의한 명령에 위반한 자

② 다음 각 호의 1에 해당하는 자는 1년 이하의 징역 또는 50만 원 이하의 벌금에 처한다.

  1. 제10조의 규정에 의한 장부를 비치하지 아니하거나 장부에 허위의 사항을 기재한 자

  2. 제11조 제1항의 규정에 의한 보고나 서류의 제출을 하지 아니한 자 또는 허위의 보고나 허위의 서류를 제출한 자

제17조(양벌규정) 법인의 대표자 또는 법인이나 개인의 대리인·사용인 기타 종업원이 그 법인 또는 개인의 업무에 관하여 제16조 위반행위를 한 때에는 그 행위자를 처벌하는 외에 법인 또는 개인에 대하여도 동조의 벌금형을 과한다.

제18조(상공부장관의 고발) 제16조의 죄는 상공부장관의 고발이 있어야 논한다.

제19조(시행령) 이 법 시행에 관하여 필요한 사항은 대통령령으로 정한다.

탄광의
기억과 풍경

초판 1쇄 발행 2014년 3월 28일

지은이 홍금수

펴낸이 김선기
펴낸곳 ㈜푸른길
출판등록 1996년 4월 12일 제16-1292호
주소 (152-847) 서울시 구로구 디지털로 33길 48 대륭포스트타워 7차 1008호
전화 02-523-2907, 6942-9570~2
팩스 02-523-2951
이메일 purungilbook@naver.com
홈페이지 www.purungil.co.kr

ISBN 978-89-6291-252-4 93980

*이 도서의 국립중앙도서관 출판시도서목록(CIP)은 서지정보유통지원시스템 홈페이지
(http://seoji.nl.go.kr)와 국가자료공동목록시스템(http://www.nl.go.kr/kolisnet)에서 이용하실
수 있습니다.(CIP제어번호: CIP2014008433)